光 明 城

LUMINOCITY

看见我们的未来

[*开放的上海城市建筑史丛书, 3*]

卢永毅　主编

佘山教堂寻踪

朝圣建筑和
历史图景

[比] 高曼士(Thomas Coomans)　著

田炜帅　任轶　译

同济大学出版社·上海

Tongji UNIVERSITY PRESS·SHANGHAI

序言

　　近代之前的上海，是一个后起的城市，长期处于传统中国社会、政治与文化的边缘。然就其自身发展而言，自元代立县，到明清的筑城与兴建，上海已成长为一个繁华的江南城镇，城里街肆密布、风俗浓郁、人物荟萃、造园成风，不仅积淀了传统文化底蕴，而且已因海上贸易的兴旺孕育了开放的城市性格。鸦片战争后，上海迅速成为东亚最重要的通商口岸之一，并通过半个多世纪的发展，跃升为远东最具影响力的国际大都市，书写了中国近代城市史上史无前例的一页。

　　近代上海的城市传奇，注定了对其历史研究的题材和视角都会十分丰富，更不必说，这些研究对于考察这座城市作为开启近代中国政治、社会、经济和文化变革的一扇大门，作为认识中国近代化进程的一把钥匙，进而认识中国的现代性，都意义深远。事实上，上海近代史研究已成为中国改革开放以来史学研究中最活跃的一支，不仅汇聚了国内历史学、社会学、经济史、宗教史、文学史、电影史、出版史、城市史、建筑史和园林史等各学科领域专家的持续探讨，而且在国外的学术界亦已成为一门显学，吸引了众多欧、美、日学者的研究兴趣。自1989年国内外第一部完整的上海通史《上海史》正式出版以来，相关学术成果已汗牛充栋，卷帙浩繁，而且从中还可以发现，很少有一座中国的城市会像上海这样，对于它的近代化历史不仅有如此多线的叙述，而且还随时代变化、因主体不同，形成了如此多样的叙述。

　　以"万国建筑博览会"著称的上海近代建筑，展现了这座城市历史演进中最丰富的表情，也是她传奇经历最持久的物证和记忆。因此，近代建筑史及城市建设史的研究，也已成为整个上海史研究中最引人入胜的学术园地之一，并对推进当代城市历史文化遗产的保护工作产生了持续而深远的影响。从20世纪80年代末起，上海近代建筑史研究在宏观、中观和微观层面都有出色成果。在建筑界，以陈从周和章明的《上海近代建筑史稿》、王绍周的《上海近代城市建筑》、罗小未主编的《上海建筑指南》、伍江的《上海百年建筑史1840—1949》以及郑时龄的《上海近代建筑风格》等为代表的著作，以汇编、综述以及多线梳理形成全景式叙述，是具有奠基石作用的研究成果，其中郑时龄的著作结构完整且史料最为翔实，具有里程碑意义的贡献。近10多年来，更加引人瞩目的是各种专题研究的迅速成长，不仅成果纷呈，而且视野日益开阔。有从城市史角度的历史片区、风貌街道及其历史建筑的专题研究，有基于自然历史、城市化进程、租界市政发展及其建设管理制度下的城市形态，日常空间与建筑类型的研究，有以外滩建筑、里弄建筑、教堂建筑以及更多类型建筑甚至个案的研究，有以邬达克研究为代表的建筑师、事务所甚至营造商的专题研究，还有近代建筑教育、建筑学科知识体系以及聚焦建筑话语及其观念史的专题研究，等等，已汇聚出一幅多彩的画卷，其中不仅有中国学者的贡献，而且有国际学者的成果。还需要特别关注的，是2016年《中国近代建筑史》五卷本的出版，在这部鸿篇巨制中，相关上海近代建筑及其近代城市的内容，不仅在呈现中国建筑现代转型过程中成为举足轻重的实证，而且其本身又被置于更大的历史背景中观照，构成了更宽广视野和更复杂文脉环境中的地方史的认识。

可以看到，随着研究的不断深入和拓展，上海近代建筑史研究既不断汲取整个学术领域及其跨学科研究成果的养分，也成为推动上海近代史研究的一支日益活跃的力量。与此同时，旧城改造和城市更新步伐的不断加速，亦使得建筑历史研究的任务更加迫切而沉重。如果说，每一座城市的历史建筑及其街道空间都构成了一部可阅读、可触摸的城市史，那么上海的历史建筑及其城市空间的复杂性和丰富性，仍然远远超出我们的认知和想象，尤其是面对近代时空压缩中经历的突变，若要探入历史深处就能发现，还有无数被折叠、被遮蔽之处有待展开，还有许多看似熟知却仍需剥离层层迷雾才能看清的细节有待呈现。

这套"开放的上海城市建筑史"丛书，正是试图从专题研究入手，揭示一些尚未厘清的历史，叙述部分未曾详述的故事。这些将陆续出版的专著，有十余年来我与我的研究生们在共同研究探讨的基础上形成的成果，也有相关领域经验丰富、造诣深厚的国内外中青年学者和建筑史学家的作品。对读者来说，被收入丛书的各种专著在研究对象及选题上并不陌生，有些已是家喻户晓的近代建筑遗产。但事实上，主编与作者们仍努力使这些研究能提供历史新知，带来新的史学思考，因而以"开放的"和"城市建筑"两个关键词，表明其目标内涵。

明确一种"城市建筑"的研究立场是要表明，尽管主题各异，但每一部历史叙述的展开，都与这座城市的演进和剧变紧密相关。近代上海的城市化及其建筑奇观，其背后并没有理想宣言和宏伟规划，但无论是一种新类型的出现，一个事务所的诞生，还是一次建造活动的开始，甚至一个传统场所的现代转型，都需在这座城市的现代进程和时空演变中，才能开启叙述，形成解读。因港兴市集聚的驱动力，工商业发展带来的都市剧变，中外力量的杂处与共栖，以及独特制度下的竞争与共融，形成了近代上海大都市超乎寻常的包容性、流动性和不确定性，也在混乱中凝结了空间生长的结构逻辑，汇成了奇特多元的文化景观。或许可以说，近代上海的城市肌理恰似"拼贴城市"理念的呈现，因为理解她的城市文脉始终是认识历史建筑及其场所空间的起点，而微观建筑的阅读，又始终可以不断探视这个大都市深藏的奥秘。

丛书强调研究的开放性，意在推动新的史学思考。一是选题的开放性，以充分认识近代上海城市复杂性特质为基础，使研究的视角不断超越传统建筑史学的局限，以全景观察、问题意识、史实论证与跨学科自觉，力争形成历史的新发现和新解读。二是时空的开放性，各种专题的展开不仅关注研究对象，还要关联文脉；不仅聚焦近代发生的外来冲击和突变生长，也从传统要素及其空间场所中追溯文明嬗变的轨迹；不仅准确呈现新事物的产生与特征，也将它们置于社会、经济、技术与生活方式变迁的世界进程中认识。三是观念的开放性，在努力摆脱某种"宏大叙事"的自觉中切入研究专题，超越中与外、冲击与反应、传统与现代以及科学性与民族性等传统的二元范式，尽可能挖掘新史料，打开新视野，回到历史的复杂性中探究，再来寻找史实与思想的连接点。最后是主体的开放性，首先，丛书的作者有中有外，有不同学科背景，以体现研究主体的多样性；其次，研究更关注如何将历史对象化，尝试既有主体立场，又离开自我主体，强调历史对象的主体性，各种专题因而不仅关注建筑，还关注建造活动的过程，不仅关注建筑师，还关注业主、营造商、使用者甚至媒体和文化观察者，在见物又见人中认识历史建筑的特征，及其建造活动中的动机与欲望、观念与情感、审美与时尚以及生活方式和身份认同，力图更加真切地呈现上海近代建筑的时代面貌及其城市的文化景观。

由于研究专题各异，作者们的研究经历和研究条件不同，也由于组织出版丛书的主编经验有限，因此这些陆续出版的专著中可能存在某些不足。敬请业内专家和广大读者多多批评、指正。

卢永毅

2020 年 11 月 30 日

目录

引言
INTRODUCTION

1. 圣山，东方与西方

中国传统圣地有数不胜数的掩映于山峦叠嶂之中的寺庙、佛塔、修道院。佘山是其中之一（图I.1）。十几个世纪以来，这些自然风景胜地被认为是吉祥之地，山被视为神明的居处，是与超自然力量建立联系的有利场所。"在中国人的想象中，朝圣因此总与山联系在一起，因为山是神圣事物显现的地方。"[1] 道教、儒教、佛教的建筑顺应地势、因地制宜，寻求自然景观与人类建筑的平衡并始终注重和谐，以保留这个地方的精神磁力和正能量。[2] 建于山顶的寺庙也是景观中的可见标记，是稳定和提升精神的地方，寺庙中的宝塔则是宇宙的连接器。17世纪时，众多佛教名山中的四座脱颖而出，被选为"四大佛教名山"，它们奠定了中国的佛教地理版图，并延续至今。[3] 韩书瑞（Susan Naquin）和于君方（Yü Chün-fang）研究中国朝圣者，他们通过访查，确认了这些地方的力量并暗示了神明的存在。

中国的民间宗教应该被理解为全社会成员共同的日常生活宗教，不排除宗教界人士、受过教育的精英阶层，或者任何对这些做法可能有不同理解的人。尽管存在许多地区差异（可能随着时间的推移而减少），但民间宗教构成了中国文化的重要组成部分，并有助于将其与周边邻国和国内少数民族的文化区别开来。……朝圣是这些宗教实践共同的、流行的习俗之一，各种各样的人都进行了朝圣旅行。朝圣中心由僧侣、尼姑、善男信女、穷人、富人、博学者和文盲、有权势的和无权的人所建造。……每个朝圣者都因特定的问题而来。它们形成了一个过滤器，突出了某些吸引点，并筛除或贬低了其他吸引点。每个人肯定都有自己的"心灵地图"，即使是同一时间走同一条路的人，也必定会看到不同的东西，或者以不同的方式看待相同的事物。[4]

自从1860年代基督教[5]传教士可以在中国各地旅行以来，他们就发现了圣地的美丽和蕴含的力量，以及朝圣在中国民间宗教中所起的作用。这让他们想

1 　Bruntz, "Pilgrimage in China", 2017, introduction.
2 　Einarsen, *The Sacred Mountains of Asia*, 1995.
3 　Lin, *Building a Sacred Mountain...*, 2014.
4 　Naquin / Yü, *Pilgrims and Sacred Sites in China*, 1992, p. 10, 23.
5 　译者注：基督教，指信奉耶稣基督的各宗派，主要包括罗马公教、东方正统教会（古老的东方教会）、东正教会、基督新教（16世纪宗教改革后的各宗派）。但在中国大陆的语境中，罗马公教被称为天主教，而基督教常被狭义地用于基督新教。

I.1

起了欧洲的大量隐修会院以及建造在丘陵和山脉之巅的基督徒朝圣地，[1] 这一切均属于犹太—基督徒圣山传统的一部分——圣山是显示神迹的地方。[2] 传教士立即开始展现在中国的山峰上建立教堂，甚至以之取代寺庙的雄心壮志。这符合他们向民众传播福音和扩大地盘的理想。[3] 在山上为神灵建造房屋，即是对一个空间提出强有力的宗教诉求，尤其是当教堂取代了另一个神灵的庙宇时。位于山上的朝圣地具有灵气，是"上天之门"；它们提供了独处的宁静，自然会唤起人们的奉献。[4] 传教士文献中包含了这种殖民精神的大量证据，正如一位本笃会修士在穿越河北西北部山区的旅程中所报告的那样：

1 欧洲著名的山地寺院和朝圣地包括：希腊的阿托斯山和梅特奥拉山（Mount Athos and Meteora）、法国的圣米歇尔（中国天主教会内译为圣弥额尔）山和韦泽雷山（Mont-Saint-Michel and Vézelay）、意大利的卡西诺山和圣米歇尔山（Monte Cassino and the Sacra di San Michele）、西班牙的圣玛利亚 - 德 - 蒙特塞拉山（Santa Maria de Montserrat）、葡萄牙的博姆 - 耶稣山（Bom Jesus do Monte）、比利时的谢尔潘赫维尔（Scherpenheuvel）和爱尔兰的卡谢尔岩（the Rock of Cashel）等等。

2 来自天主的启示（神迹）经常发生在山上。梅瑟在西奈山（Mount Sinai）上接受十诫，耶稣在大博尔山（Mount Tabor）上显圣容。其他在山上发生的圣经事件包括厄里亚在加尔默罗山（Mount Carmel），诺亚（天主教《圣经》译为诺厄）方舟在亚拉腊山（Mount Ararat），撒罗满的圣殿在摩利亚山（Mount Moriah），基督在加尔瓦略山（Mount Golgotha）受死。

3 Coomans, Missionary Spaces..., 2023.

4 Caspers, "No places of pilgrimages without devotion(s)", 2012; Severn, "A History of Christian Pilgrimage", 2019.

　　"[一位赎世主会神父（Rédemptoriste）]从北京陪我们一起爬到了邻近的山上，那里有一座寺庙，里面有常见的偶像。看到这个错误崇拜的象征，他热切地表达希望有一天能够用一尊圣母像取代它。"[1]

　　在众多的基督徒朝圣地中，圣母朝圣地占有特殊的地位。19世纪是欧洲，尤其是法国的圣母朝圣地的"黄金时代"。[2] 圣母朝圣既是在一个正经历变革的世界中动员保守派天主教徒的一种方式，也是强化罗马圣座中央集权和普遍权力的一种方式。[3] 在众多圣母朝圣地中，露德圣母朝圣地于1876年获得教会批准后开始闻名世界。天主教传教士强烈意识到圣母玛利亚的受欢迎程度，因此在世界各地的传教区推广对圣母玛利亚的敬礼和朝圣。圣母敬礼在中国也开始流行，数百个堂区建造了露德圣母山洞。[4] 我们会观察到，观音和玛利亚之间的某些相似之处有利于虔诚的转移和皈依。地方性的圣母朝圣活动在中国各地发展起来，包括一些山顶朝圣地。诸多例子中的两个不同时空背景下的例子说明了这种现象：一是在贵州传教的巴黎外方传教会的神父们于1874年在当时的贵阳城北4千米处，海拔1450米的山顶上建立了一座圣母神乐堂（图I.2）[5]；二是20世纪初，比利时圣母圣心会的神父们在内蒙古推动了磨子山圣母朝圣，地点就在靠近教友村——"玫瑰营子村"的一座山上，据说圣母玛利亚曾在那里向一个牧羊人显示神迹（图I.3）[6]。在这两个例子中，都建有一座没有钟楼的小圣堂，其中一座是中国式与哥特式混合风格，另一座是西式风格，两座教堂均是为了安置圣母玛利亚的雕像并接受敬礼而建造的。

　　世界各地所有宗教的朝圣，构成了一种文化现象，也是人文、社会和宗教科学中许多学科的重要科学研究对象。如今，现代研究人员倾向于用三种不同的研究方法，寻找朝圣在或多或少世俗化的、21世纪的社会中的作用。首先，历史学家和神学家从历史、宗教、民族和政治的角度，用传统的经典方法来审视朝圣。[7] 其次，人类学家、民族学家和社会学家对人群的节日庆祝、实践、仪式和行为感兴趣，提出与非物质遗产以及宗教、政治和民族认同相关的问题。[8]

1　　[Brandstetter], "A Journey to Hsuan Hua Fu", 1928, p. 5.

2　　Agostino, "The Golden Age of Pilgrimages in France", 2020.

3　　Di Stefano / Solans, *Marian Devotions, Political Mobilization...*, 2016.

4　　Compagnon, *Le culte de Notre-Dame de Lourdes...*, 1910, p. 111-156 (on China and Manchuria).

5　　*Les Missions catholiques*, 16 January 1880, p. 31, 36.

6　　Van de Velde, "Mongolie sud-ouest...", 1914.

7　　例如：Charleux, *Nomads on pilgrimage: Mongols on Wutaishan...*, 2015; Ackerman / Martinez, *Pilgrimages and Spiritual Quests in Japan*, 2009; Tingle, *Sacred Journeys in the Counter-Reformation...*, 2020.

8　　例如：Coleman / Eade, *Reframing Pilgrimage...*, 2004; Giacalone / Griffin, *Local Identities and Transnational Cults...*, 2018; Hofman / Zoric, *Topodynamics of Arrival...*, 2012; Hermkens / Jansen / Notermans, *Moved by Mary: The Power of Pilgrimage...*, 2009.

图 I.2
贵阳圣母神乐堂
Les Missions catholiques,1880 年,
第 31 页(鲁汶大学,KADOC 图书馆)

图 I.3
内蒙古磨子山圣母朝圣地
Missions de Scheut...,1914 年,第 161 页
(鲁汶大学,KADOC 图书馆)

I.2

I.3

第三，旅游业及其经济和文化遗产维度构成了一个取之不尽的主题，包括朝圣路线、宗教旅行者、环境、朝圣地的开发以及一个地方是否被列入联合国教科文组织认可的世界文化遗产名录。[1]

然而，目前的研究者却忽略了朝圣地建筑——但正是这些房舍和圣地建筑物安置了朝圣核心的雕像、画像和圣髑。这在天主教会的《法典》中是这样定义的："圣地被理解为一座圣堂或其他神圣的地方，许多信徒出于虔诚的特殊原因到那里朝圣，并得到当地教区主教的同意。"[2] 因此，圣地建筑是为礼仪实践而设计的，划定了神圣的空间，并包含了历史变革的痕迹。根据保罗·戴维（Paul Davies）和黛博拉·霍华德（Deborah Howard）的说法：

> "无论是进行与圣地有关的物理性旅行还是专注灵性默想，朝圣者都依赖于景观中的空间和建筑结构来表达目的地的意义和情感流动。与圣地的相遇触动着所有的感觉，这些感觉则共同增强了那地方本身的力量，并加深了其在信徒记忆中的印记。自古以来，头脑中的建筑结构就被用来构建记忆中的想法，是建筑的力量强化了精神建构和信仰的力量，这是朝圣者体验的核心。"[3]

我着眼于建筑历史、施工技术、艺术和文化演变、空间布局的演变和遗产保护，将对佘山建筑及其变迁的研究纳入1840至1940年代中国基督宗教教堂建筑的历史研究之中。十年前我就开始了这项研究，并在中国多个省份展开。[5] 其创新性在于，将基于欧洲传教士档案中所存资料而做的历史研究与建筑考古的实地考察相结合，其中包括与几所中国大学合作的遗产保护的维度。[6]

本书讲述了佘山历代与圣母相关的建筑的建造历史和圣地空间布局的演变。佘山提供了一个在特殊时期中佛教圣山基督教化的案例——该处已经成为中国天主教徒最重要的朝圣地。法国耶稣会士在上海天主教徒的帮助下，在古庙废墟上建造了西方风格的建筑，考虑到了地形，适应了风水所规定的吉利方

1　例如：Yashuda / Raj / Griffin, *Religious Tourism in Asia...*, 2018; Shinde / Olsen, *Religious Tourism and the Environment*, 2020; Vidal-Casellas / Aulet / Crous-Costa, *Tourism, Pilgrimage and Intercultural Dialogue...*, 2019; Griffith / Wiltshier, *Managing Religious Tourism*, 2019; Olsen / Trono, *Religious Pilgrimage Routes and Trails...*, 2018.

2　*Code of Canon Law*, 1983, canon 1230.

3　Davies / Howard Pullan, *Architecture and Pilgrimage...*, 2013, p. 13.

5　关于这些成就和成果，见参考文献。

6　特别是自2014年以来与北京大学考古文博学院（徐怡涛教授），以及2012至2015年间和香港中文大学建筑学院（何培斌教授）的合作。

位。我们将看到玛利亚如何取代了观音，看到从1871年至1946年这75年间，建筑如何改变了佘山山丘，以及这些建筑如何为佘山圣地在地方、区域和国家层面的影响做出了贡献。

2. 现状和资料来源

我们对佘山建筑演变的研究基于有限的历史资料，并辅以2011年6月、2016年9月和2019年6月进行的实地调查。接下来所介绍资料的不同类型是基于原始资料和二手文献之间的经典区分。在原始资料中，对未发表的原始档案资料和与事件同时代的书籍和期刊上发表的印刷原始资料进行了区分（图I.4）。书后列出的一般性参考书目是按照这三类来组织的。

学术文献中的佘山

佘山圣殿在学术文献中很少被提及，直到最近，学术文献才对中国的传教士建筑给予少量关注。例如，《中国基督教手册（1800年至今）》(*Handbook of Christianity in China 1800 – présent*) 中只有9页（共1000多页）介绍基督教的艺术和建筑。[1] 如果说意大利耶稣会士包志仁（Fernando Bortone）1975年出版的《江南耶稣会史》(*L'histoire des Jésuites au Jiangnan*) 一书提到了圣地的几个发展阶段的话，[2] 澳大利亚耶稣会士戴维·斯特朗（David Strong）2018年发表的关于1842—1954年间中国耶稣会历史的大量研究，则完全无视教堂的建筑和建设，当然也无视佘山及其朝圣。[3] 另外一位澳大利亚耶稣会士杰里米·克拉克（Jeremy Clarke）2013年出版了一本关于中国历史上的圣母玛利亚和天主教身份的书，其中对佘山的关注相对不多——也许是因为佘山历代圣母玛利亚的形象不够中国化——并且也没有提及它们与建筑环境的互动问题。[4] 最后，中

---

1   Aubin, "Christian Art and Architecture", 2010, p. 733-736. 佘山在第733页被提及。

2   Bortone, *Lotte e trionfi in Cina...*, 1975, p. 245-255.

3   Strong, *A Call to Mission...*, 1, 2018, p. 68.

4   Clarke, *The Virgin Mary...*, 2013, p. 129-130, 191-194; Clarke, *Our Lady of China...*, 2009.

I.4

国的历史学家和宗教社会学家似乎对1980年代以来佘山朝圣的复兴及其最近的发展更感兴趣，[1] 但这两个方面却都不属我们研究的部分。

最近面世的关于中国基督教建筑史的出版物没有提到佘山教堂，[2] 但有关上海建筑历史的出版物中确实提到了佘山教堂。[3] 1840—1950 年间江南耶稣会传教士的建筑，至今只是笼统地被考察过，学者们主要对徐家汇主教座堂感兴趣。[4] 佘山的哥特式方案在介绍和龔柏神父作品的出版物中经常被提及，但并未展开对建筑的分析，未阐述其文化及历史意义。[5]

图I.4
耶稣会杂志《中国通讯》
(*Relations de Chine*) 1904 年
第 4 期封面，以及 1903 年第
2 期所刊介绍佘山新装饰的
文章
鲁汶大学，Sabbe 图书馆

1　Madsen / Fan, "The Catholic Pilgrimage to Sheshan", 2009, p. 74-95; Madsen, "The Catholic Church in China…", 1989, p. 110; Mariani, "The Sheshan 'Miracle'…", 2020.

2　董黎、徐好好、罗薇：《西方教会势力的在华扩张与教会建筑的发展》，载赖德霖、伍江、徐苏斌主编《中国近代建筑史》（第一卷），中国建筑工业出版社，2016，第317-402页；刘平：《中国天主教艺术简史》，中国财富出版社，2014，第344-348 页；Liu Ping, *The Art of Catholic Church in China*, 2012; Johnston / Deke, *God & Country…*, 1996, p. 98-99.

3　郑时龄：《上海近代建筑风格》，同济大学出版社，2020，第115-116页；伍江：《上海百年建筑史1840-1949》，同济大学出版社，2008，第120-121 页；周进《上海教堂建筑地图》，同济大学出版社，2014，第178-182 页。

4　Guillen-Nuñez, "The Gothic Revival and the Architecture of the New Society of Jesus in Macao and China", 2015, p. 294-299.

5　Coomans, "Islands on the Mainland…", 2022; Coomans, "Pugin Worldwide…", 2016, p. 170-171; 高曼士、徐怡涛：《舶来与本土》，知识产权出版社，2016，第43-44 页；Coomans / Luo, "Exporting Flemish Gothic…", 2012, p. 251-252.

因此，本人于2018年在法国考古学会学术期刊《纪念性建筑物通报》（*Bulletin Monumental*）上以法语发表的关于佘山历代教堂建筑的文章构成深入研究的第一步。[1] 目前的著作受益于自文章发表以来发现的新资料以及对佘山的辅助性访问。文章中没有涉及山上的佛教寺庙、天文台、庭院及圣地的附属建筑，1925年奠基的情形，以及1942年和1946年对于朝圣和圣母敬礼仪式的组织，而这些有助于更好地理解圣地，有助于对圣地建筑进行新的诠释。

有关佘山的原始资料

除了上面提到的几本书之外，对佘山圣殿的建筑及其背景的研究主要依赖于两类资料：一是没有出版的档案资料，包括文本及图片；二是1950年之前的出版物，主要由耶稣会传教士所撰写并列入传教士图书馆（*Bibliotheca Missionum*）[2] 的作品，这些都具有第一手资料的价值，但由于它们有宣传的倾向，因此需要采取批判的态度。这两类资料是迥然不同的，并且几乎全部是法语。

佘山的主要资料是一份未发表的书稿，名为《佘山圣母，中国进教之佑圣母朝圣历史》（*Notre Dame de Zô-cè. Histoire d'un Pèlerinage à N.D. Auxiliatrice en Chine*），作者是颜辛傅（Étienne Chevestrier）神父，日期为1942年，保存在巴黎的耶稣会档案馆中。[3] 颜辛傅神父1905—1955年间在上海的浦东和松江一带传教（图I.5）。[4] 1936年，他成为佘山圣地的负责神父，包括日本占领期间，

---

1   Coomans, "Notre-Dame de Sheshan à Shanghai...", 2018.

2   Streit / Dindinger, *Bibliotheca Missionum. Vol. 12, 1800-1884...*, 1958; Streit / Dindinger, /Rommerskirchen / Kowalsky, *Bibliotheca Bibliotheca Missionum. Vol. 13, 1895-1909...*, 1959; Streit / Dindinger, / Rommerskirchen / Kowalsky, *Bibliotheca Bibliotheca Missionum. Vol. 14, 1910-1950...*, 1960-61.

3   Vanves, Jesuit Archives, FCh 337: Chevestrier, *Notre Dame de Zô-cè...*, 1942.

4   颜辛傅神父（*Étienne Chevestrier*），1879年生于法国圣塞万（*Saint-Servan*），1898加入耶稣会，1905年被派往中国。学习中文后，于1910年在上海领受铎品（priest，天主教神父的正式品级职称，领受铎品即指被祝圣为神父），1916年在唐墓桥堂区服务，1925年成为浦东的总铎和唐墓桥学校校长。此后，他于1928年至1935年担任浦西堂区总铎和松江学校校长。作为总铎（vicar forane）[《教会法》（*Code of Canon Law*）第2部分第553-555条规定的职务]，他是主教的代表，巡视他所在地区的每个堂区和机构。颜辛傅神父用自己的船走访渔民社区和稻田里的村庄。他熟悉松江的人民、平原和运河，会说当地方言，为宣传佘山圣母朝圣做出了贡献。他于1955年被驱逐出中国，1959年在巴黎去世。见：Streit / Dindinger / Rommerskirchen / Kowalsky, *Bibliotheca Missionum*, 13, 1959, p. 601; Strong, *A Call to Mission...*, 1, 2018, p. 178-179, 297.

并撰写了多篇关于朝圣地的宣传文章。[1] 该稿件是200页的打印稿，但并不完整，而且未出版。[2] 它的历史可以追溯到1942年，那一年是佘山教堂被晋升为圣殿，朝圣地成为全国性朝圣地的时间（见第8.2章）。这本书的计划夭折了，仅一本21页的小册子最终于1947年出版（图I.6）[3]。颜辛傅神父并不是历史学家，但他在圣地各处行走了40年之久，对该地十分熟悉，而且他使用了目前已丢失的曾保存在佘山的朝圣地档案。他的主要素材来源是日志（diarium）或编年史，其中逐日仔细记录了事件、各朝圣团、尊贵的访客，以及领圣体的统计数据等。

对于朝圣的起源，颜辛傅神父完全依赖于更早期在上海出版的作品——1875年和1900年分别由柏立德（Gabriel Palatre）神父和高龍鞶（Augustin Colombel）神父撰写。柏立德神父从1863年开始在中国生活，直到1878年在上海逝世（图I.7），这个时间跨度涵盖了佘山朝圣的起源（见第1.2和第1.3章）和还愿圣堂的建设（见第2.2章）。他的著作为《佘山进教之佑圣母朝圣》（*Le pèlerinage de Notre-Dame Auxiliatrice à Zô-sè*）（图I.8），[4] 是第一手的见证，但他的风格是一种负有文明使命的传教士的风格，有着白人、天主教徒和法国人的优越感。[5] 他提到佘山古老的佛教寺庙（见第1.1章）和观音庙的毁坏（见第8.1章），但他对佛教——“由迷信构成的异教、腐化的宗教”——完全蔑视。他是一名活动家，强烈反对在中国的杀婴行为，并因此而闻名，还撰写了一本关于这个敏感话题的重要著作。[6] 高龍鞶神父所著的参考书《江南传教史》（*Histoire de la mission du Kian-nan*），包含了关于佘山及其朝圣活动的若干章节，书的封面也与朝圣相关（图C.6）。[7] 高龍鞶神父从1869年起居住在中国，直至1905年在上海逝

图I.5
担任松江学校校长的颜辛傅神父（中），约1925年
© AFSI 档案馆，Fi

图I.6
颜辛傅神父关于佘山圣母的小手册，1947年
© AFSI 档案馆，FCh337

图I.7
柏立德神父，1863—1878年之间
© AFSI 档案馆，Tushanwan booklet

图I.8
柏立德神父关于佘山圣母的著作，1875年
鲁汶大学，Sabbe图书馆

1 Chevestrier, “Ts’ing-Yang. Origine du pèlerinage...”, 1913; Chevestrier, “Tsing-Yang...”, 1913; Chevestrier, “Zo-cé. Mois de Marie”, 1935; Chevestrier, “Le Pèlerinage...”, 1936; Chevestrier, “Chez les païens...”, 1937; Chevestrier, “Zo-cè. Un peu d’histoire”, 1937; Chevestrier, “Lettre...”, 1937; Chevestrier, “Un procès...”, 1937; Chevestrier, “Lettre...”, 1938; Chevestrier, “Zo-Ce. Pèlerinage pendant la guerre”, 1939; Chevestrier, “Districts du sud...”, 1939; Chevestrier, “Pèlerinage à Zo-ce”, 1939.

2 第103-105、111、128-175、192-197页丢失。手稿中断于第200页。

3 我们只知道一个副本，徐家汇图书馆第1329号：Chevestrier [E.C.], *Notre-Dame de Zo-cè*, 1947, 21 p.

4 Palatre, *Le pèlerinage de Notre-Dame Auxiliatrice à Zô-sè...*, 1875. 另见：Palatre, “Variétés. La montagne de Zô-sè...”, 1877.

5 柏立德神父，1830年出生于法国布列塔尼（Brittany）的沙托日龙（Châteaugiron），居住在徐家汇，是土山湾孤儿院的院长。

6 Palatre, *L’infanticide...*, 1878; King, *Between Birth and Death: Female Infanticide...*, 2014, chapter 3. Obituary in: Colombel, *Histoire de la Mission du Kiangnan*, 3/2, 1900, notice 30. Bibliography in: Streit / Dindinger, Bibliotheca Missionum. Vol. 12, 1800-1884..., 1958, p. 379.

7 Colombel, *Histoire de la Mission du Kiangnan*, vol. 3/2, 1899-1900, p. 109-112, 190-199; vol. 3/3, p. 733-739. 这几卷书于1900年由上海的土山湾出版社出版，采用了真迹印刷技术，再现了作者的手写文本以及地图和照片上的图画。另见：Colombel, “Le Kiang-nan”, [1902-1903].

I.5

I.6

I.7 | I.8

世，1872 年他成为徐家汇天文台的第一任台长。[1] 1909 年，史式徽（Joseph de La Servière）神父接替高龙鞶神父担任传教区的历史学家、徐家汇神学院和震旦大学的历史教授。[2] 他于 1937 年在上海逝世，尽管是一位多产的作家，但他对佘山着墨极少。[3]

佘山朝圣的文章定期地发表在一些传教期刊上。这种宣传文学是叙事性的，主要宣传耶稣会在江南的传教使命，特别是佘山朝圣。在所有已发表的资料中，提及建筑的部分都非常简短，而且从未由专业人士撰写。我们从中得到的是有关圣地历史和发展、耶稣会神父、重要访客、各种活动的第一手信息。这些宣传文献还论及中国朝圣者和有关中国人皈依的启发性事迹。将这些丰富而稀缺的资料相互核对后整合在一起，有助于构建一个关于朝圣和朝圣地建筑用途的更广阔的图景。最早的文章可以追溯到 1867 年：该文章并不是谈论佘山，而是步天衢（Henri Bulté）神父写于佘山的一封信，发表在《来自中国新传教区的信函》（Lettres des nouvelles missions de la Chine）中。[4] 自 1871 年的朝圣开始，最初的、有关佘山的文章刊登在《天主教传教事业》（Les missions catholiques）杂志上——有着德语和意大利语翻译——而且佘山登上了 1877 年刊的封面（图 I.9）。[5] 1882—1935 年间，《泽西岛书信集》（Lettres de Jersey）杂志定期发表以佘山为主题的文章，该杂志是耶稣会内部的期刊，选择发表世界各地包括中国在内的法国耶稣会士的书信。[6] 面向法国读者的江南耶稣会插图杂志《中国通讯》（Relation de Chine），曾于 1903 年发表过一篇关于佘山的重要文章，后来又促成了新圣殿落成之后朝圣活动的复兴（图 I.3）。[7] 上海耶稣会中文期刊《圣教杂

图 I.9
国际杂志《天主教传教事业》第 9 期封面所刊登的佘山图，1877 年 7 月 13 日
鲁汶大学，KADOC 图书馆

1　X, "Nécrologie. Le P. Augustin Colombel", 1906.

2　de Raucourt, "Nécrologie. Le Père Joseph de la Servière...", 1939.

3　de La Servière, *Croquis de Chine*, 1912, p. 109-116; de La Servière, *Histoire de la mission du Kiang-Nan...*, 1925.

4　Bulté, "Lettre... Zo-sé le 9 Mai 1867", 1868.

5　按时间顺序排列：X, "Nouvelles. Kiang-nan...", 3 November 1871, p. 41; Pfister, "Correspondance. Kiang-nan (Chine)", 22 August 1873, p. 398-399; Della Corte, "Il Santuario di Suo-Sé...", 1876; Palatre, "Variétés. La montagne de Zô-sè...", 13 July 1877, p. 333, 342-344; Palatre, "Il Monte del Zo-Se...", 1877; Palatre, "Der Wallfahrtsort Mariahilf auf dem Sose...", 1878, p. 89-94.

6　按时间顺序排列：Bulté, "Lettre...", 1868; Chénos, "Une fête de Pâques...", 1882; Vinchon, "Journal de voyage...", 1882, p. 279-281; Croullière, "Pélerinage de Zo-sé...", 1882; Gilot, "En vacances à Zô-sè...", 1898; Chevalier, "Le nouvel Observatoire...", 1900; Hennet, "A Zo-Cé", 1905; Lamoureux, "Le mois de Mai...", 1907; Beaucé, "Fête de N.-D. Auxiliatrice...", 1908; Le Coq, "Un pèlerinage a Zo-cè...", 1910; Le Coq, "Pèlerinage...", 1910; Olivier, "Pèlerinage...", 1912; de la Largère, "La dévotion...", 1934-35, p. 201.

7　按时间顺序排列：X, "Le pèlerinage...", 1903; X, "Travaux pour la nouvelle église...", 1924; Pénot, "La basilique de Zo-sè...", 1926; Bugnicourt, "Le charme de Zo-sé", 1935; Chevestrier, "Zo-cé. Mois de Marie", 1935; Chevestrier, "Le Pèlerinage...", 1936; Haouisée, "L'histoire du pèlerinage", 1936; Loiseau, "Le jour de l'Ascension...", 1936; X, "Zo-cè. Bénédiction...", 1936; X, "Zo-cè", 1936; Chevestrier, "Chez les païens...", 1937; Chevestrier, "Zo-cè. Un peu d'histoire", 1937; Chevestrier, "Lettre...", 1937; Chevestrier, "Un procès...", 1937; Chevestrier, "Lettre...", 1938; L.D., "Au District Sud...", 1938; Chevestrier, "Zo-Ce...", 1939; Chevestrier, "Districts du sud...", 1939; Chevestrier, "Pèlerinage à Zo-ce", 1939.

Neuvième Année — N° 423

Vendredi 13 Juillet 1877

LES MISSIONS CATHOLIQUES

BULLETIN HEBDOMADAIRE ILLUSTRÉ DE L'ŒUVRE DE LA PROPAGATION DE LA FOI

RÉDACTION ET ADMINISTRATION	*Dum efficacem impenditis operam missionariorum provectui, non mediocrem certè eorum meriti partem in vos ipsos transfertis.*	PRIX D'ABONNEMENT
A LYON	En prêtant aux travaux des missionnaires un concours efficace, vous vous appropriez une grande partie de leur mérite.	POUR LA FRANCE
Rue d'Auvergne, 6	Bref de S. S. Pie IX, du 15 mai 1876, aux *Missions catholiques.*	DIX Francs par An

KIANG-NAN (Chine). — Église de Notre-Dame Auxiliatrice à Zô-sè, d'après une photographie. (Voir p. 342.)

志》（*Revue Catholique*）定期报道 1913—1937 年间的朝圣活动（图 4.28）。[1] 最后，
中国其他传教修会的期刊也刊登朝圣新闻。[2] 1939 年，蚌埠传教区的意大利耶
稣会士包志仁神父出版了一本关于佘山的意大利语小册子。[3]

　　江南耶稣会传教区的档案属于原法国耶稣会省档案的一个子集（AFSI –
Archivum Franciae Societatis Iesu），保存在旺夫（巴黎）西欧法语区耶稣会省的
档案中心。[4] 江南传教区的档案编号开端为 FCh（F 代表传教事业，[5] Ch 代表中
国），之后跟上一个数字。[6] 230 个卷宗，其中很大一部分是在上海土山湾印书
馆印刷的与传教区各个方面有关的小册子和书籍，以及一些未出版的书籍手稿，
例如颜辛傅神父关于佘山的书稿（FCh 337）。建筑平面图则非常罕见，并且混
杂在包含有地图的文件夹中。对于建筑史学家来说，最有价值的资料是建筑物
的照片，甚至为数极少的建筑工地的照片（见第 7.3 章）。这些照片有时被存

1　按时间顺序排列：《今昔之佘山》，1913 年 5 月；陈若瑟：《游佘山记》，1914 年 5 月；《近事：
　　本国之部：江苏…：五月十六日为上海公教进行会发起佘山拜圣母队出发之期》，1915 年 6 月；
　　《近事：本国之部：三月三日元首策令给予上海徐家汇气象台台前台长劳绩勋（编辑注：后文有
　　作"劳积勋"，原始文献即如此）松江佘山天文台台长蔡尚质以五等嘉禾章》，1916 年 4 月；《近
　　事：本国之部：五月二十日徐汇公学全体学生约四百人往佘山拜圣母》，1916 年 6 月；《近事：
　　本国之部：佘山：五月六日上海公教信友陆伯鸿朱志尧等组织朝觐圣母团》，1917 年 6 月；《近事：
　　本国之部：佘山本堂廖司铎来函云本年来山朝拜圣母者甚形拥挤》，1917 年 7 月；《外省男教友
　　赴佘山朝拜圣母摄影》，1917 年 11 月；《外省女教友赴佘山朝拜圣母摄影》，1917 年 11 月；《近事：
　　本国之部：佘山十月中旬有湖州男女教友八十四名》，1917 年 11 月；《佘山拟建之圣母堂／
　　佘山现在之圣母堂》，1918 年 5 月；《佘山拟建新堂记（附图）》，1918 年 5 月；《近事：本国之部：
　　佘山：五月一日瞻礼四为圣母月第一日因天气晴朗教友首往朝拜圣母者》，1918 年 7 月；《近事：
　　本国之部：佘山来函云阳历十一月十八日为圣母主保瞻礼》，1918 年 11 月；《近事：本国之部：
　　佘山母志盛》，1919 年 6 月；《近事：本国之部：徐汇天文台前台台长劳积勋司铎及佘山星台台
　　长蔡尚质司铎前由中政府给予五等嘉禾章》，1919 年 7 月；《近事：本国之部：佘山：廖司铎来
　　函云本年十一月十六日佘山圣母主保瞻礼》，1919 年 12 月；沈钦造，《文苑：佘山（七律四首）》，
　　1920 年 6 月；《和沈钦造佘山七律原韵四首》，1920 年 8 月；《近事：本国之部：江苏：国庆日
　　之佘山朝觐团》，1920 年 11 月；《近事：本国之部：佘山行圣母主保瞻礼大礼》，1920 年 12 月；
　　《近事：本国之部：三主教同莅松江佘山》，1921 年 5 月；《近事：本国之部：佘山朝觐圣母志盛》，
　　1921 年 6 月；《近事：本国之部：江苏：上海进行会朝觐团佘山朝觐圣母记》，1921 年 7 月；《题
　　登佘山随众信友朝拜十四处苦路事迹联并序》，1921 年 9 月；《近事：本国之部：江苏：佘山天
　　文台台长蔡司铎金庆志盛》，1921 年 11 月；沈公布，《文苑：纪佘山朝圣十二绝》，1922 年 6 月；《佘
　　山拜母日遇雨记》，1922 8 月；《佘山新堂南首侧面图》，1923 年 5 月；《刚钦使及主教等奉献中
　　国于佘山圣母》，1924 年 7 月；《姚主教祝圣佘山新堂奠基石》，1925 年 7 月；《近事：教中新闻：
　　浙江定海信友佘山朝圣记略》，1930 年 7 月；《教中新闻：江苏佘山圣母大殿落成后朝圣近讯》，
　　1936 年 1 月；《教中新闻：佘山圣母新堂落成开幕》，1936 年 5 月；《教中新闻：佘山进教之佑瞻
　　礼盛况空前》，1936 年 7 月；《教中新闻：吴县初次公拜佘山圣母》，1937 年 8 月。
2　例如，比利时的圣母圣心会的神父和加利福尼亚的耶稣会士：Leyssen, "Un pèlerinage en Chine",
　　1922; X, "High on a Hilltop!", 1940.
3　Bortone, *Un celebre Santuario cinese…*, 1939.
4　Archives de la Province d'Europe Occidentale Francophone des Jésuites, AFSI. 见：https://www.jesuites.
　　com/contact/bureaux-archives-jesuites/
5　法国耶稣会巴黎省不仅向江南地区派遣传教士，还向非洲（喀麦隆、象牙海岸、摩洛哥、
　　赞比亚）、北美（加拿大、肯塔基、纽约、新奥尔良）、安的列斯群岛和圭亚那，以及其他亚
　　洲国家（印度、日本和越南）派遣传教士。
6　该系列从 FCh 201 到 FCh 558，即 357 个号码，尽管有 127 个号码是未归属的，这意味着该系列
　　实际上包括 230 个号码。

放于旧相册中，或按地理分组放于 FCh 子集中。我们也能从中国肖像收藏卷宗中[1] 发现一些，其中C1~C8卷宗尤其与佘山有关。因此，江南传教区的档案资料非常碎片化，主要包括南京代牧区和上海代牧区，然而也包含安庆、蚌埠、芜湖、海门和徐州宗座代牧区从耶稣会传教区（法国会省）独立出去之前的有关资料。佘山及其建筑的特定档案仅限于照片、两份建筑图纸和上文中提到的颜辛傅神父的手稿。

上海图书馆徐家汇藏书楼保存着原徐家汇耶稣会图书馆20万册藏书中的很大一部分，[2] 向研究人员开放。我曾在那里查阅多日，发现了一些独一无二的土山湾印刷的出版物（图 I.6）。[3] 至于上海耶稣会的档案，问题要更为复杂，因为尚不清楚它们是否仍然存在或者已被毁坏。这种情况让研究上海和江南耶稣会士的研究人员，包括研究相关建筑的人感到相当沮丧。因为徐家汇的档案无疑比巴黎的档案保存的资料更为丰富，其中包括部分佘山的资料。佘山，为保障圣地的正常运转应该保存了必要的档案资料，如该地的行政文书、账目、照片、用地图、建筑设计图等，还有上面提到的日记或编年史，圣地的负责神父会在其中记录所有有意义的事件。颜辛傅神父是圣地最后一位负责神父，他应该记录了失传的编年史的最后几章。最后，佘山天文台也有自己的档案处，并与徐家汇天文台的档案处相关联。毫无疑问，完全没有与还愿圣堂、佘山圣殿和朝圣地建筑有关的设计图和其他档案，是我们工作的主要限制条件。（见第7章前言）。

在比利时圣母圣心会（CICM，Scheut Fathers）的档案馆中，鲁汶大学宗教、文化和社会文献研究中心（KADOC Documentation and Research Centre on Religion, Culture and Society）保存着一系列传教士建筑师和龚柏神父于1921年为佘山圣殿设计的图纸的照片。在没有原始设计图的情况下，这些照片对于了解现存佘山圣殿设计的起源是至关重要的（见第5.2章）。

最后，大量有关佘山的视觉资料，主要是照片，与文字记录的缺乏形成鲜明对比。造成这种情况的原因有很多，尤其与一种新媒体的快速传播和廉价复制有关，它推动了中国和中国人的真实形象在欧洲的传播。和大多数传教士团

1　这批照片包括传教士（A），徐家汇主教座堂和其他建筑（B、E），佘山（C），震旦大学、医院和上海其他天主教慈善机构（D），徐家汇和佘山的天文台、土山湾孤儿院和工坊（F），南京（G），北京、天津和耶稣会在直隶的传教使命（H、I），民族志（J），交通、寺庙和桥梁（K），中国人的肖像和日常生活（L），其他（M）。

2　King, "The Xujiahui (Zikawei) Library of Shanghai", 1997.

3　这些珍稀书籍的书架号见参考文献。

体一样，耶稣会士从欧洲带来了相机和摄影设备，并将照片寄回他们的祖国。佘山最早的照片可追溯至 1873—1874 年间（图 3.1），并被用作柏立德神父 1875 年著作的内封（图 I.8）。朝圣宣传大量使用了圣山冠以圣堂的图像，因此需要更为专业的照片，可以容易地寄送到法国并印制在出版物之中。另一方面，土山湾有一个摄像和照相制版的工坊，得以印制带有图画的书籍、圣像和明信片。

很多相册里存有佘山的美丽照片，有时甚至附有中国风格的画或者土山湾孤儿绘制的新艺术主题画（图 I.10，图 I.11，图 C.16）。木工修士葛承亮（Aloysius Beck）也是一名摄影师（见第 4.2 章）。安守约（Henry Eu）修士值得我们特别一提：他是中英混血，到土山湾的时候是一个三岁孤儿，之后先学习绘画和摄影技术，然于 1902 年成为土山湾摄影工作室的第一任主任。[1] 据安守约的讣告所述："他一生对佘山天主堂尽心尽力，其人生最后一程就是给新的佘山教堂拍照，把照片制成明信片；然而疾病阻挡了他去佘山进行最后一次朝拜的心愿（恰逢 1937 年）。"[2] 我们只找到了一张确定由安守约修士所拍的有关佘山的照片：它呈现了一群坐在山顶上微笑的中国孩子（图 8.26）。很有可能，从 1890 年代末到 1937 年间，葛承亮修士和安守约修士是绝大部分佘山照片的摄影师，本书中翻印的很多照片就是他俩拍的（图 I.1）。

除了玻璃板上的专业照片外，20 世纪初摄影胶卷的发展和便携式相机的出现使得包括传教士在内的业余爱好者得以拍摄大量照片。因此，我们看到大量摄于 20 世纪 20—30 年代选景佘山圣地周围的合影或全家福（图 3.14，图 3.15）。土山湾印刷的一系列明信片及其他虔诚的图像得到广泛的流传，也使得去佘山朝拜变得流行起来（图 8.10，图 8.21，图 C.8，图 C.14）。佘山朝圣也是 1946 年和 1947 年至少两部电影的主题。第一部记录了 1946 年 5 月 18 日圣母雕像的加冕仪式；[3] 第二部由美国耶稣会士、专业电影制片人伯纳德·哈伯德（Bernard R. Hubbard）神父拍摄。[4]

图 I.10
佘山的玛利亚画像和祭坛被插入中国式构图中，来自耶稣会省会长视察上海期间所获土山湾赠送的相册，1913 年
© AFSI 档案馆，Tushanwan Album

图 I.11
佘山的照片被插入中国式构图中，约 1905 年
© AFSI 档案馆，Album Zikawei & les environs

1　张晓依：《那些被淡忘的灵魂：土山湾印书馆之历任负责人》，载黄树林主编《重拾历史碎片 —— 土山湾研究资料粹编》，中国戏剧出版社，2010，第 184-185、186-189 页。

2　Lebreton, "Nos morts. Le Frère Eu", 1937.

3　见：Chevestrier, *Notre-Dame de Zo-cè*, 1947, p. 12. 保存于密苏里州圣路易斯，耶稣会档案与研究中心，加州省档案馆，中国传教士影片，408：关于中国大陆的影片，包括 1946 年 5 月 18 日佘山圣母玛利亚加冕仪式的 5 ～ 6 分钟。另见本书 8.1 章。

4　Ho, *Developing Mission...*, 2022.

3. 研究的问题和本书的结构

本书旨在回答的主要问题是建筑顺序，但是回答这个问题本身需要历史和文化背景。从1870年代到1940年代的四分之三个世纪中，地方性的佘山朝圣地如何发展成为中国最大的圣母朝圣地？这样的朝圣活动是如何组织的，这些圣地建筑扮演了什么角色？前后相继的教堂是什么样的：它们是如何建造的，采用什么样的风格，如何被使用，是哪些建筑师所为？为什么法国耶稣会士会选择西方建筑风格，尤其是1920年代至1930年代所建造的圣殿，恰逢罗马教廷在上海主教会议上推行新的本地化政策，提倡"中国基督徒"风格，为何仍选择西式呢？中国人又是如何看待在一座被佛教寺庙占据了数百年的圣山上建造一座基督徒的朝圣地？

本书附有大量插图，其中多数未曾出版过。图像资源有助于弥补档案资源的匮乏。全书由两部分组成，每部分包含四章。第一部分涉及清朝末期的佘山，地方（上海和松江）和区域（江南）层面的早期朝圣活动。第二部分涵盖了中华民国时期，佘山向全国性的朝圣地发展以及被普世教会认可的情况。每个部分均对应建造于山顶的一座大教堂：建于1871—1873年间的还愿圣堂和建于1923—1936年间的现存圣殿。每个部分都介绍了中国社会的历史背景，以及耶稣会在江南特别是在上海的传教情况。

第1章描述佘山，一座自宋朝就有佛教存在的神山。我们对这些佛教寺庙的历史及其对松江平原的意义了解多少？佘山为何在1860年代吸引了法国耶稣会传教士的注意，他们又是如何"占领"这座山丘的？那时期的佛寺还有什么遗存呢？耶稣会士是如何在佘山发起圣母敬礼的？

第2章探讨了区域性圣母朝圣的组织的初始阶段和三个主要建筑。一是1871—1873年建于山顶的教堂，又被称为还愿圣堂。这座圣堂于1923年被拆除，取而代之的是圣殿。二是建于1875年、位于山丘南侧半山腰的传教士驻院（Residence）。三是建于1894年的驻院附属教堂，被称为中山圣堂（Middle Church）。驻院及中山圣堂至今仍存。这三座主要建筑的建筑师是谁，它们是如何被建造的？还愿圣堂和中山圣堂的功能、形式、风格和陈设如何？

朝圣是如何进行的？除了还愿圣堂和中山圣堂之外，山上还有哪些地方是朝圣者必去的？为了回答这些问题，第3章考察了"圣山"的三个层次。圣地的入口在山脚下，靠近船只停靠的码头。中间层靠近中山圣堂，有一个山腰平台,上面有几座碑亭。从那里,朝圣者沿着苦路(Stations of the Cross)登上山顶,通往"狮子楼梯"(Lion Stairs)和还愿圣堂(Church of the Vow)两侧的高层平台。

从第4章可以看到,20世纪初,上海耶稣会士开展的伟大工程如何影响了佘山,为什么决定在山顶建造两个圆顶。1899—1901年,山顶上建立起一座天文台,由此佘山开展起卓越的国际性科研工作,它从那时起就与徐家汇天文台保持着长期联系。接着,1910年徐家汇圣依纳爵(Saint Ignatius)主教座堂落成后,耶稣会士开始为佘山制定宏伟的扩建计划。最初的设计由土山湾的工坊完成于1917年,但很快就被放弃了。围绕新佘山教堂的建筑,谁是最主要的争论者,辩论的内容又是什么?这种信仰与科学之间的联系对耶稣会士意味着什么?

第5章和第6章专门介绍了1920年代初期佘山圣殿的建筑设计。第5章考察了著名的比利时传教士建筑师和羹柏(Alphonse De Moerloose)于1920年提交的哥特式设计方案。为什么耶稣会士在并不缺乏上海本地建筑师的情况下请和羹柏神父来设计新圣殿?关于教堂的形状、规模和风格的讨论是如何展开的?那时,哥特式风格在中国的意义是什么?建筑师对于如此重要的教堂设计灵感来源是什么?

在哥特式设计方案被否决后,耶稣会士认为罗马式风格最适合于新圣殿。第6章描述了已经实现的最终设计方案,并质疑了所做选择的原因。和羹柏神父如何在1921—1922年间,借助于法国的参考将他的哥特式设计方案转变为罗马式设计方案?为什么佘山没有采用1920年代本地化政策背景下罗马教廷所提倡的"中国基督徒"风格?在这个本地化过程中,上海和佘山是否发挥了特殊的作用?哥特式和罗马式这两种西方风格的区别,对于中国人来说几乎是察觉不到的,而中式的教堂则有着截然不同的意义。我们是否应该认为佘山圣殿是一个错失的机会,一种风格上的错误?

尽管缺乏建筑工地的档案资料,但第7章试图理解圣殿是如何建造的。施工始于1923—1924年的奠基和地基的铺设,完成于1936年钟楼顶圣母玛利亚雕像的竖立。为什么建筑工期如此之久?圣殿的建筑师和建造者葡萄牙耶稣会士叶肇昌(Francisco Diniz)的确切角色是什么?他为什么提倡使用钢筋混凝土来建造圣殿,而工程师又是谁?该项目的哪些部分尚未完成?

最后一章第8章提出了两个问题。首先,1935—1949年间佘山发生了什么?战争时朝圣是如何进行的?为什么佘山教堂在1942年被晋升为乙级圣殿?为什么佘山圣母在1946年获得加冕?其次,我们将重回佘山基督教化的核心议题,研究耶稣会士如何成功地用圣母玛利亚的敬礼取代先前存在的观音崇拜。

尽管二者属于非常相异的宗教传统，但这两位女神经常被描绘成"携子女神"，这种明显的相似性是否有助于敬拜的转移？

结论部分从不同角度论述了佘山圣殿的历史文化意义。对于佘山的基督教化，以及它从1870年代到1940年代逐渐转变为大型的圣母玛利亚朝圣地，中国人如何看？前后相继的教堂是如何表达地方性、区域性和全国性朝圣地的演变的？为什么佘山山顶圣殿的形态和方位有助于理解和诠释佘山的宇宙维度？

4. 致谢

本书的缘起可追溯至2011年春季，当时我结束了第一次中国之旅。在那次游学中，我和我的博士生罗薇以及比利时德·慕路斯家族（de Moerloose family）的几位成员一起参观了由和羹柏神父（Alphonse De Moerloose）在河北省和内蒙古自治区建造的哥特式教堂。他也是佘山大教堂的建筑师（见第5章）。我们的行程于上海结束，并于6月6日和6月8日前往佘山进行了两次参观，此外还于6月7日与卢永毅教授一起参观了土山湾博物馆。卢永毅教授是我访问东南大学期间，经由朱光亚教授介绍认识的。几年后，我与北京大学的徐怡涛教授和他的学生们一起对河北省邯郸市大名县大名天主堂进行了研究。这项研究引导我于2016年访问了巴黎耶稣会档案馆。在那里，我发现了有关佘山的老照片和颜辛傅神父（Étienne Chevestrier）的手稿。得到这些材料后，我计划再次前往佘山并撰写一篇关于佘山的文章。我第二次到访佘山是在2016年8月，与我在鲁汶大学学习遗产保护专业的学生裴唯伊一同前往。这篇文章于2018年6月以法语发表。不久之后，2018年9月13日，我在同济大学卢永毅教授的研讨会上做了一场关于佘山大教堂的讲座。这场讲座之后，出版本书的计划便开始萌生，但也意味着我需要赴巴黎和罗马的耶稣会档案馆做进一步研究。2019年5月，我到上海徐家汇图书馆工作，并于6月1日在佘山进行了更多的实地调研。其间，陈中伟慷慨地分享了上海建筑装饰集团有限公司所绘制的教堂和天文台的图纸（图4.5和图6.8~图6.16）。在新冠肺炎疫情暴发之前，我对上海进行了最后一次访问。在此期间，我还在2019年9月17日在上海社科院宗教研究所做了一次关于佘山大教堂的讲座。

在本书漫长的创作过程中，有许多人以不同的方式对我提供了帮助，因此我需要向他们表达真诚的感激。我要特别感谢以下人士：芭芭拉·鲍德利（Barbara Baudry）、罗伯特·邦菲斯神父（Robert Bonfils）和弗朗索瓦·杜布瓦（François Dubois）[法国耶稣会档案馆（AFSI）]，帕特里夏·夸赫贝尔（Patricia Quaghebeur）、吕克·文茨（Luc Vints）和乔·鲁滕（Jo Luyten）（鲁汶大学KADOC 档案馆），徐锦华（上海图书馆徐家汇藏书楼）、华贝妮（Benedicte Vaerman）（鲁汶大学东方图书馆），以及我的中国朋友和我在鲁汶大学的学生们：崔金泽、吴美萍博士、罗薇博士、裴唯伊、陈聪铭博士、唐敏博士、倪以成教授、康永智（Kang Youngji）、郭威、罗元胜、雷巍，感谢他们的耐心支持和帮助。

除此之外，我还要感激一些杰出的建筑历史学家、汉学家和历史学家，他们以对学术的浓厚兴趣和支持，促使我做更深入的探究。他们是：徐怡涛教授、张剑葳教授、北京大学人文社会科学研究院、何培斌教授、梅谦立教授（Thierry Meynard）、钟鸣旦教授（Nicolas Standaert）、赖德林教授、淳庆教授、李海清教授、兰德博士（Françoise Ged）、魏扬波博士（Jean-Paul Wiest）、冯江教授、张晖教授、冈萨雷斯博士（Plácido González）、伊莱恩·韦尔格诺勒教授（Éliane Vergnolle）、丁立伟（Olivier Lardinois）、舒畅雪博士。此外，还要感谢余蕙瑛、胡新宇、蔡晓萌、张光伟博士、姜江、陈佳澐、陈中伟、晏可佳、李强博士、张靓、杨磊、朱友利、沈灵博士和姬琳等人的支持和帮助。

在本书的翻译过程中，两名翻译田炜帅博士和任轶博士展现了对法国文化和学术的深刻理解，他们的工作表现十分出色。此外，同济大学出版社光明城的李争和她的团队跟进了整个编辑工作，编排了精美的版面和丰富的插图。最后，我要向卢永毅教授表达无尽的感激之情。正是教授的热情和慷慨支持，使得本项目得以实现，也使本书得以荣登"开放的上海城市建筑史丛书"之列。

第一部分
PART ONE

晚清时期的佘山，
1863—1911 : 从地方性的敬礼到
地区性的朝圣

SHESHAN IN LATE QING, 1863–1911:
FROM LOCAL DEVOTION TO
REGIONAL PILGRIMAGE

P1.1

太平天国运动将整个长江中下游流域变成了火与血的战场。1853—1864年，南京作为太平天国的首都长达11年之久，而作为中国最富裕的地区之一的江南成了残酷内战的现场，充满着血腥屠杀和暴力破坏。1860年和1862年，太平军两次围困上海，但被清朝军队和西方军官指挥的中国雇佣军击退。在距离上海仅35公里的佘山，太平军摧毁了屹立数百年的佛教寺庙。

正是在这种长期传统被摧毁的背景下，耶稣会传教士首次踏上了佘山（图P1.1）。签署于1860年10月的不平等条约《北京条约》结束了第二次鸦片战争，并赋予了传教士在中国各地购买土地和建造教堂的权利。1863年，趁着太平天国造成的大量破坏，上海耶稣会在佘山南侧购得了一些地块，并为其患病的传教士建造了一座小型疗养院。这成为整个山丘逐步被征收和基督教化的起点（见第1章）。

1873年，随着山顶一座新古典风格教堂的落成，佘山成为天主教圣母朝圣地，并开始吸引越来越多的中国朝圣者（见第2章）。佘山的南侧被设计改造，用于容纳朝圣者和仪式队伍；在几座古老佛教寺庙的遗址上建造了第二座教堂和其他建筑物（见第3章）。最后，1900年，在义和团围攻使馆区和北京主教

图P1.1
从南面看佘山，1901—1910
年之间
© AFSI 档案馆，Fi.C8

图P1.2
寿瑞征神父（Father Gustave
Gibert）绘制的江南地图，
由制图师 H. Tropé 在法国默
东（Meudon）印刷，20世
纪20年代
© AFSI 档案馆，maps and plans

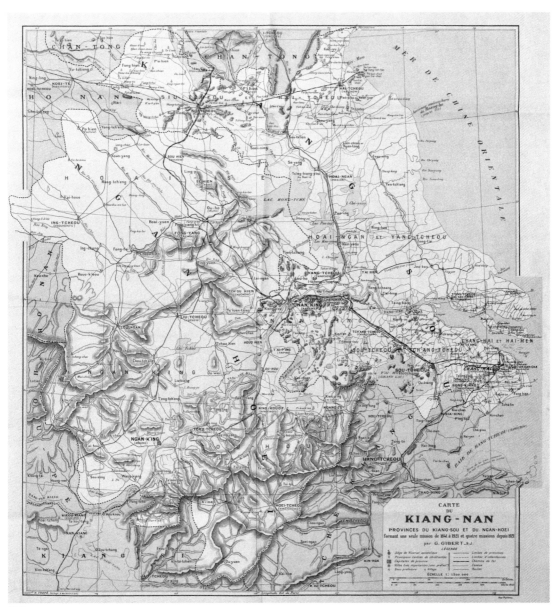

P1.2

座堂的同时，耶稣会士在佘山山顶教堂旁边建造了一座天文台，装配了当时最
先进的望远镜之一（见第 4.1 章）。

　　佘山朝圣史的第一阶段对应清朝的最后 40 年，从 1870 年到 1911 年。在此
期间，朝圣活动从地方层面——上海和松江平原——发展到区域层面，相当于
整个江南——大致是现在的江苏省和安徽省（图 P1.2）。这种朝圣活动通常在 5
月份达到全年高峰，尤其受到居住在松江运河渔船上的渔民们的欢迎。因耶稣
会士传教而皈依的城市精英们也来到朝圣地。佘山的年度领圣体统计数据为我

们提供了朝圣规模和朝圣者大致数量。高龍鞶神父提到，1878—1900 年，总共给 224 079 人次分送圣体，即年均 10 185 人次，在 13 858 人次（1878—1879 年）和 6320 人次（1882—1883 年）之间浮动。[1] 从 1900 年开始，上海进入了一个新的发展和扩建时期，许多重大工程上马。佘山朝圣者的数量开始显著增加——1901—1910 年间平均每年 14 808 人次领圣体，1911—1920 年间平均每年 24 832 人次领圣体[2]——这促发了酝酿建造一座新的、更大的、更具纪念意义的圣殿的最初计划（见第 4.3 章）。

在开始以佘山建筑史第一部分为主题的前四章之前，有必要简要描述江南耶稣会传教事业复兴的一般历史脉络，以及更为特别的上海耶稣会的背景和他们在徐家汇所建立的独特的传教中心。

重拾江南传教使命

耶稣会在华传教历史由两个不同的时期组成：第一阶段的传教事业自 1553—1582 年至 1773 年，第二阶段的传教使命始于 1842 年，终止于 1949 年。[3] 在第一阶段，耶稣会士们适应当地文化习俗，学习儒家经典，旨在能与文人和朝廷官员交往。这种由利玛窦（Matteo Ricci）神父所发起的文化适应的方法使他们能够利用西方科学技术来证明基督教的真理，从而使一些中国精英皈依。[4] 然而，这种方法导致了耶稣会士与朝廷和圣座之间的争吵，即所谓中国礼仪之争，其结果是清廷从 1724 年开始禁教，1746 年教宗禁止了中国礼仪。[5] 第一阶段的传教使命于 1773 年结束，耶稣会被教宗克雷芒十四世解散。历史学家对于居住在中国大陆的耶稣会士的确切人数存在分歧——在 429 至 467 人之间——其中大多数是葡萄牙人、意大利人、法国人和中国人。[6] 耶稣会在华第一次传教事业以及这些传教士作为中西文明之间的知识调解人的作用，是中西方汉学历史学家最喜欢的研究课题之一，并且在近几十年来产生了丰富的著作。[7]

---

1   Colombel, *Histoire de la Mission du Kiang-nan...*, 3/3, 1900, p. 739. 该书引言到第 3 章收录了更多这一时期的统计数据。

2   Hermand, *Les étapes de la Mission du Kiang-nan...*, 1933, p. 80.

3   Vermander, "Jesuits and China", 2015.

4   Hsia, *Foreigners in a Strange Land...*, 2010.

5   Mungello, *The Chinese Rites Controversy...*, 1994; Brockey, *Journey to the East...*, 2007.

6   其他国籍的人有比利时、波希米亚、德国、西班牙、日本、韩国、立陶宛、波兰、奥地利和汤加人。见：Standaert, "The Jesuit Presence in China...", 1991.

7   Vermander, "Jesuits and China", 2015; Standaert, *Handbook of Christianity in China...*, 2001, passim; Mungello, *The Great Encounter of China and the West...*, 2013.

P1.3

图 P1.3
中国江南地区和法国的面积
对比：这种相同比例的叠加
地图是西方殖民主义对外国
领土的典型描述，在这种情
况下，法国是世界性的度量
单位。由制图师 H. Tropé 在
法国默东（Meudon）印刷，
20 世纪 20 年代
© AFSI 档案馆

　　耶稣会在华传教的第二个阶段是在一个非常不同的背景下进行的。耶稣会
于 1814 年由教宗比约七世恢复，并深受法国大革命、浪漫主义和天主教复兴
的影响。耶稣会在法国重建并得到迅速发展，再次开始对外传教的理想。罗马
宗座委托耶稣会法国会省派遣传教士到南京教区——江南宗座代牧区——江南
是长江流经的地区，由平原、山脉和河岸组成，面积相当于法国的一半。首批
三位传教士于 1842 年抵达上海和南京，紧随其后的大约有三十位。[1] 南格禄
（Claude Gotteland）神父和他的同伴们的传教使命是与大约六七万名"老教友"
重新建立联系。这些信徒在多年的忽视和不公平对待中幸存下来，以小团体的
形式生活下来，长期没有神职人员牧养。[2] 他们分散在江南三千万居民中（图
P1.3），其中一些人会讲官话，另一部分人讲上海通行的另一种方言。传教士
要向城市和农村地区传福音、发展堂区和学校，并为"新教友"施洗。正如上
文所言，太平军于 1853—1864 年间在江南造成各种破坏，使这些新来的传教
士的工作变得几乎不可能，只有上海除外。

1　　Ruhe, "Restoration or New Creation? ...", 2014.
2　　Wiest, "La Chine et les Chinois...", 2013, p. 55, 69-71; Wiest, "Les Jésuites français et l'image de la Chine...",
　　　1998.

对照 17 和 18 世纪的传教使命，此时的另外一个主要区别是欧洲与中国的不同发展水平。在工业革命各种技术进步的刺激下，最先进的欧洲国家寻求经济全球化，并开始大规模的国际性殖民和军事行动。英国在 1839—1842 年、英国和法国在 1856—1860 年分别对清朝发动了两次鸦片战争，随后的其他殖民战争还有 1885—1886 年的中法战争和 1894—1895 年的甲午中日战争，这些战争加速了大清帝国的瓦解，不平等条约迫使清朝让出部分领土，以及对越来越多的西方帝国主义国家做出其他重要利益方面的让步。这些退让的结果包括第一次鸦片战争后英国、美国、法国在上海设立租界，在长江口有了持续的殖民和军事存在。

传教士普遍受益于其他西方人在中国的存在，而法国是参与中国天主教传教事务最多的国家。一方面，法国受益于上文提及的 1860 年《北京条约》，该条约授权传教士在中国各地自由行走、购买土地和建造教堂。另一方面，法国自 1860 年代获得天主教在华保教权，也就是说，关于任何国籍的传教士在华天主教事务——传教士护照、财产和纷争，法国都是中华帝国的唯一对话方。[1] 这不仅赋予了法国干涉天主教所有在华传教事务的权力，而且赋予了法国传教士由其母国军事和外交援助确保的优势。上海和江南的法国耶稣会士从这种政治-宗教勾结中获益匪浅。

拒绝了利玛窦神父于 17 世纪所发起的文化适应方法，19 世纪的耶稣会传教士是保守的，坚信自己的文化、科学和宗教具有优越性，并满负"文明使命"。[2] 此外，他们还必须遵守 1746 年教宗对中国教会颁布的礼仪禁令，该禁令直到 1939 年才被罗马宗座解除。[3]

江南耶稣会士制作了大量关于他们传教工作的统计资料，[4] 撰写了上级领导的访问报告，并出版了许多追溯江南传教发展历程的书籍。这些书是第一手资料，但应该以批判的眼光来阅读，因为它们仅提供传教士自己的观点，并且以西方法语读者为受众。[5] 应该指出的是，1949 年在华传教使命结束后，也是耶稣会士撰写了唯一的回顾性历史总结。[6] 因此，这个课题远未穷尽，需要用全球和特定的史学方法进行重新审视。

1   Young, *Ecclesiastical Colony...*, 2013; Chen, "Les réactions des autorités chinoises...", 2014.
2   Wiest, "La Chine et les Chinois...", 2013, p. 52, 66-67, 77.
3   Clarke, "The Chinese Rites Controversy's Long Shadow...", 2014.
4   AFSI, FCh 226 à 232. Hermand, *Les étapes de la Mission du Kiang-nan...*, 1926 and 1933.
5   按时间顺序排列：Colombel, *Histoire de la mission du Kiang-nan...*, 3 vol., [1899-1900]; Havret, *La mission du Kiang-nan...*, 1900; Colombel, "Le Kiang-nan", [1902-1903]; de La Servière, *Croquis de Chine* 1912; de La Servière, *Histoire de la mission du Kiang-Nan...*, 1914; de La Servière, *La nouvelle mission du Kiang-Nan...*, 1925.
6   Bortone, *Lotte e trionfi in Cina...*, 1975; Strong, *A Call to Mission...*, 1, 2018, p. 1-142.

在这些耶稣会的出版物中，双国英（Louis Hermand）神父制作了1842—1922年间的统计数据和地图，描绘了江南传教事业每十年的发展历程，并记述了传教士们居住的地方。[1] 这些地图非常直观地揭示了征服领地的策略以及上海及其周边地区的突出作用，与长期以来对传教士怀有敌意的南京不同。[2]

- **1852—1862 年**："老教友"和传教士主要分布在上海的浦东、松江和崇明岛。传教士的足迹也到过苏州、无锡、海门、沙州（江苏张家港的旧称）和南京。镇江、扬州、淮安等城市也有天主教徒，但没有传教士。除了靠近五河的东北部和最南端的屯溪地区外，安徽省几乎没有天主教徒（图P1.4/1）。由于太平天国动乱，传教事业在1852—1862年的十年间没有进展，1862年受洗的天主教徒人数达到约 73 000。

- **1872—1882 年**：上海—海门—苏州地区的传教士人数有所增加，而且运河沿岸的常州、镇江、扬州、丹阳和淮安等城市也有传教士。南京在太平天国时期被遗弃，后来又被收回，传教规模仍然极小。在安徽，传教士在省会安庆，在宣城、宁国、广德和水东，以及在五河、六安和霍邱附近的小地方安置下来（图 P1.4/2）。1882 年，受洗天主教徒人数超过了 10 万。

- **1892—1902 年**：地图显示了这些小型传教点如何沿着长江形成的轴线发展并相互连接起来，特别是在芜湖地区和大运河地区，在那里福音传播延伸到了徐州地区。在安徽，这些小型传教点在农村地区汇合在一起。一些尚未开始集中传教的大片区域在地图上仍然是白色的（图 P1.4/3）。1902 年，江南计有天主教徒 124 307 人，慕道者 51 050 人。高龙鞶神父提供了 1900 年江南传教士的统计数据：一位法籍耶稣会士宗座代牧——姚宗李主教（Mgr Prosper Paris），137 位耶稣会神父（包括 23 位中国人），30 位耶稣会修士（包括 13 位中国人），20 位圣母小昆仲会会士，22 位中国世俗神父，以及大量的修生，还有 770 位中国献身贞女，27 位赤脚加尔默罗会修女（包括 16 位中国人），86 位拯亡会修女（包括 30 位中国人），29 位仁爱会修女，以及 127 位中国圣母献堂会修女。[3]

1   AFSI, FCh 214, 原创于 1922 年；出版见：Hermand, *Les étapes de la mission...*, 1926 (2nd augmented edition 1933).

2   Coomans, "Islands on the Mainland...", 2022.

3   Colombel, "Le Kiang-nan", [1902-1903], p. 225.

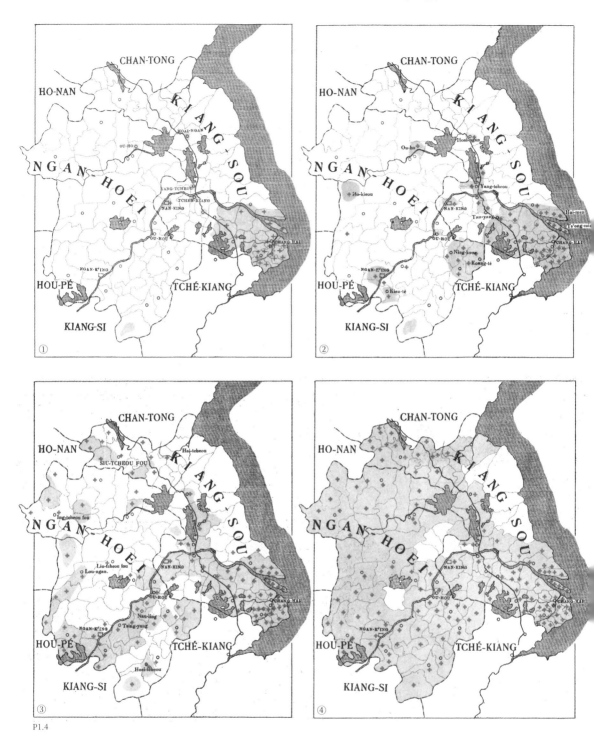

P1.4

图P1.4
1852 年 (①)、1882 年 (②)、
1902 年 (③) 和 1922 年 (④)
江南地区福音化阶段图；十
字架表示有常驻牧师
双国英，Les étapes de la mission du
Kiang-nan...，1926 年，第 52 页 (鲁
汉大学，Sabbe 图书馆)

· **1902—1912 年：** 义和团运动之后的这十年是中国基督徒数量显著增长的时期。江南地区受洗的天主教徒达到近 21 万人。地区集中持续发展，福音未触及的区域缩小，特别是在安徽。南京以北地区和江苏东北沿海地区仍然没有传教士（图 P1.4/4）。

这是清末和第一次世界大战前夕天主教在江南传教事业的状况。1873—1912 年间，佘山朝圣随着天主教在江南传教区的发展而发展：其影响最初是局部的，并与上海、浦东、松江和崇明的"老教友"人口有关，之后随着福音传播的进展而传播到其他地区。

上海耶稣会与徐家汇的发展

天主教于 1608 年左右由利玛窦的上海朋友徐光启传入上海，徐光启于 1603 年接受了利玛窦主持的洗礼。徐光启是一位对几何、数学、天文学和农业都感兴趣的学者，他通过协助利玛窦翻译西文和中文文本，最终为欧洲和中国之间的文化交流做出了决定性的贡献。[1] 当在北京的政治职务允许时，徐光启会留在上海，那时的上海只是一个不起眼的县城，16 世纪中叶修筑了保护性城墙。1633 年徐光启逝世，葬于徐家汇一处至今仍可见的陵墓。清朝初期，徐光启的孙女徐甘第大（Candida Xu）为天主教在上海及其周边地区的传播做出了贡献，特别是她资助建造了大约 30 座圣堂和祈祷所。[2]

尽管 1724 年耶稣会士离开了，但上海、浦东、松江的"老教友"以及徐氏家族与耶稣会的联系在 1842 年时仍然牢固。耶稣会士的回归受到热烈欢迎，并得到"老教友"的帮助，但耶稣会士不得不重新培育这些长期被遗弃的团体，重新宣讲教理。[3] 在这些"老教友"的帮助下，他们设法恢复了一些以前的产业，特别是他们在 1846 年所修的墓地，但仍等待了 15 年才重新拥有位于城墙内的旧教堂（老堂）（图 P1.5，图 6.34）。其间，1847—1848 年，耶稣会士在这座中国城市的南郊董家渡建造了圣方济各沙勿略（Saint Francis Xavier）堂，然后又于 1853 年增建了一所修院（图 2.6）。同样是在 1847 年，耶稣会士在信徒徐家

1   Jami / Engelfriet / Blue, *Statecraft & Intellectual Renewal in late Ming China...*, 2001.
2   King, "Candida Xu and the Growth of Christianity...", 1997 (p. 58-59 记述了教堂相关).
3   Mariani, "The Phoenix Raises from its Ashes...", 2014.

所在的村庄徐家汇（Zikawei）征地，并在那里建造了圣依纳爵（Saint Ignatius）堂。

1849年4月，法国领事根据不平等的《黄埔条约》在中国管理的城区和英国租界之间获得66公顷（1公顷＝10 000平方米）的土地，建成法租界。[1] 英租界于1845年设立，紧随其后，1848年美国设立租界；1863年，英、美租界合并为上海公共租界。这些享有治外法权的飞地组织起城市化发展和扩张，为上海的国际化和大都市命运做出了关键的贡献。[2] 天主教和新教[3]的传教使命受益于这种国际性存在，它确保了传教士的外交和军事保护，保证了他们的金融和房地产投资，并支持他们在教育、医院、孤儿院等方面的传教工作。然而，1860年和1862年太平军对上海的围攻给这些新兴机构带来了严峻考验。[4]

1864年太平军战败后，耶稣会士在董家渡郊区巩固了他们在上海的传教活动，在法租界的洋泾浜建立了新的圣若瑟堂区（Saint Joseph's Parish），分别向华界的南部、北部和西部发展他们在徐家汇的机构，其中老堂最终于1861年得到修复（图P1.6）。[5] 正是在这个时候，耶稣会士在佘山获得了第一块土地，并在那里为饱受战争和疾病折磨的神父建造了疗养院（见第1.2章）。

在这些不同的核心区中，徐家汇的发展最为引人注目，这得益于来自法国的大量财政资源。神父们在那里建造了一座教堂和一所驻院。1860年代末之前，又增建了徐汇公学（Saint Ignatius College），这既是一所男孤儿院，也是一所工艺美术学校，以土山湾为名字的这所学校后来闻名遐迩（图2.4）（见第4.2章和4.3章）。在这个耶稣会的男性大院的对面，在运河的另一边建有同样来自法国的女修会机构（图P1.7）。[6] 1867年，拯亡会抵达上海，并于1869年与本地国籍圣母献堂会的修女们一起安置在圣母院。圣母院内包括一所学校和一个女孤儿院，主要由法国圣婴善会提供经济资助（图2.5）。[7] 赤脚加尔默罗会于1869年抵达上海，并于1874年在土山湾对面设立了中国第一所加尔默罗会院。[8]

1870年对法国而言是可怕的一年，在普法战争惨败和巴黎被围困之后法兰西第二帝国瓦解，随后是1871年的巴黎公社运动。同样在1870年，法国长期以来一直设法阻止的事还是发生了，罗马城被攻破，这标志着意大利统一

图P1.5
中国和法国神父在上海城内的老堂前，约1900年
© AFSI档案馆，Fi

1　Maybon / Fredet, *Histoire de la Concession française...*, 1929, p. 24-43.
2　Denison / Ren, *Building Shanghai...*, 2008, p. 40-77.
3　译者注：新教在中国被称为基督教。
4　Maybon / Fredet, *Histoire de la Concession française...*, 1929, p. 44-.
5　Piasra, "Francesco Brancati, Martino Martini and Shanghai's Lao Tang...", 2016.
6　Mo, "The Gendered Space of the 'Oriental Vatican'...", 2018.
7　X., "Le Sen-mou-yeu...", 1903.
8　Nicolini-Zani, *Christian Monks on Chinese Soil...*, 2016, p. 63-79.

上海

Le Sao dang

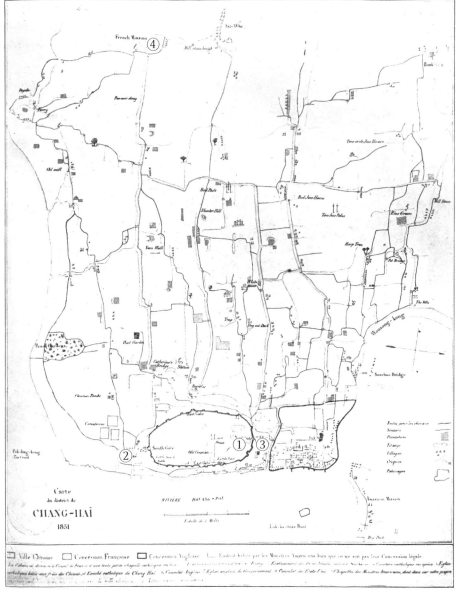

P1.6

（Risorgimento）的高潮，教宗国终结了，教宗被限于梵蒂冈。在中国，当地民众与天主教会发生冲突最终引发"天津教案"，随后在包括江南在内的各地发生了仇外和反基督宗教的骚乱。正是在这种非常紧张的情况下，江南传教区的会长谷振声（Agnello Della Corte）神父向圣母玛利亚庄严许愿，如果上海传教事业得到保护，他将在佘山建造一座奉献给圣母的朝圣教堂（见第1.3章）。

　　莫为[1]展示了在同样的背景下，耶稣会士如何在1872年发起了雄心勃勃的

1　见：https://doi.org/10.3390/rel12030159.

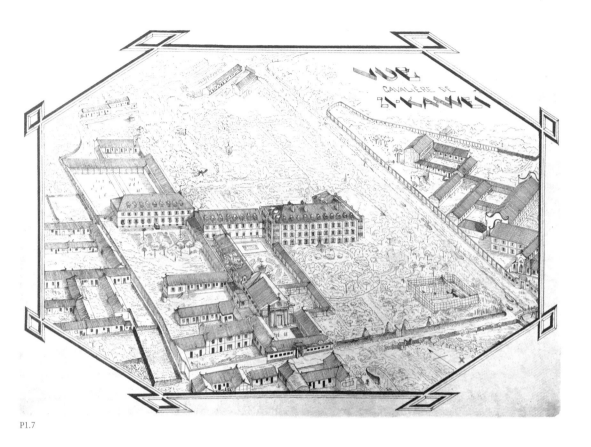

P1.7

图P1.6
1851年的上海地图以及最
早的四座天主教堂所在地：
① 位于城内的老堂
② 位于董家渡的圣方济各
沙勿略堂
③ 位于洋泾浜的圣若瑟堂
④ 位于徐家汇的圣依纳爵堂
Maybon 和 Fredet, *Histoire de la
Concession...*, 1929, 第40-41 页
（鲁汶大学，Artes 图书馆）

图P1.7
从南面鸟瞰徐家汇。从左到
右：公学、老教堂、驻院和
图书馆、自然科学博物馆；
穿过运河，右边是拯亡会修
女和献堂会姐妹共用的圣母
院建筑群
土山湾的一名孤儿在19世纪90年代
绘制（©AFSI 档案馆, maps and plans）

"江南科学计划"。[1] 其目的是重振耶稣会士在中国的文化传教工作，不再像利玛窦的时代那样在北京宫廷，而是在徐家汇，这里综合了靠近上海、对东亚开放而又不在上海法租界内的优势。[2]

"据推测，法国耶稣会士渴望建立一个综合体，为他们在东亚恢复工作提供一个多层面的榜样。这一雄心将通过建设全新的江南地区科学中心来实现。这需要仔细规划。……徐光启的形象以及徐家汇与徐氏家族的关系，为来自法国的、负责重建的耶稣会士们提供了最宝贵的参考，证实了耶稣会士应该持续不停地在中国和亚洲从事科学工作。中国的开放、复兴的需要以及西方科学的吸引力，都将为耶稣会士提供另外一个将基督宗教带给受过教育的中国人的机会。"[3]

1　Mo, "Assessing Jesuit Intellectual Apostolate in Modern Shanghai...", 2021
2　Fink, "Si-ka-wei und seine Umgebung", [1900].
3　Mo, "Assessing Jesuit Intellectual Apostolate in Modern Shanghai...", 2021, § 3.

该项目的起点是南格禄神父于 1840 年代创立的图书馆，该馆于 1860 年被安置在徐家汇的一座建筑中。费赖之（Louis Pfister）神父在 1868—1881 年管理该图书馆，并对其进行了彻底重组。1930 年代，徐家汇图书馆藏书超过 20 万册，其中中文书约 12 万册，西文书约 8 万册，是上海最大的图书馆。[1] 1867年，耶稣会士在徐家汇建立了一个印刷厂，即土山湾印书馆，配备了现代化的技术，可以印制亚洲和欧洲多种语言的各类出版物。[2] 1875—1895 年间，这间印书馆在翁寿祺（Casimir Hersant）神父的领导下成为中国最重要的印书馆之一，除了宗教作品外，还出版上海耶稣会士撰写的所有科学研究文献。

1870 年代，另外两个开创性的科学机构加入了徐家汇的"江南科学计划"。一是成立于 1872 年的气象台，发布天气和台风预报，使上海耶稣会的科学研究影响远远超出江南。在能恩斯（Marc Dechevrens）神父的领导下，徐家汇的这座观测台成为东亚最重要的观测台。1899 年，又在佘山山顶建起了一座天文台（见第 4.1 章）。另一个机构是 1868 年韩伯禄（Pierre Heude）神父在南京创办的自然历史博物馆。该馆于 1872—1873 年间迁至徐家汇，在此开展动植物研究和收藏工作。这位博物学家神父在中国南方进行科学考察，收集材料，并在徐家汇博物院的刊物《中华帝国自然史论集》（*Mémoires concernant l'histoire naturelle de l'Empire Chinois*）上发表科考报告。[3]

1880 年代对上海法租界来说并不是特别有利，它未能发展起来，与相邻的公共租界相比也很差。法国保教权下的耶稣会和在华天主教会遭受了 1884—1885 年中法战争所带来的可以理解的排外情绪，随后 1894—1895 年第一次中日甲午战争之后，中国社会普遍衰退。在法国，反教会的第三共和国 1880 年 6 月将耶稣会士驱逐出法国领土；他们 1890 年返回法国，但 1901—1918 年再次被驱逐出境。[4]

自 1900 年开始，上海发起了一场运动，使得它在 1920 年代成为世界最大的都市之一。[5] 1880 年上海人口达到 100 万，1915 年时超过了 200 万。[6] 与中国其他任何地方相比，上海的国际贸易蓬勃发展,积累了巨额资金,惠及所有行业，尤其是建筑业。到 1899 年，上海公共租界的规模扩大了一倍多；而法租界在

图 P1.8
1902 年左右的徐家汇新天文台，前面是圣依纳爵主教座堂的原址。土山湾孤儿院和工坊位于地平线左边
© AFSI 档案馆，FiF1

图 P1.9
1911 年的徐家汇，从左到右：圣依纳爵主教座堂、公学、老教堂，右前方是天文台的磁力馆，1911 年
© AFSI 档案馆，FiE3

1   King, "The Xujiahui (Zikawei) Library of Shanghai...", 1997.
2   王仁芳：《早期土山湾印书馆沿革》，《新民晚报》，2008-06-25.
3   Belval, "Le Musée d'histoire naturelle de Zi-ka-wei...", 1933.
4   Avon / Rocher, *Les Jésuites et la société française...*, 2001, p. 81-120; Burnichon, *Histoire d'un siècle...*, vol. 1,
     1914. 在流亡期间，耶稣会法国会省的大多数耶稣会士要么在英格兰（泽西岛和坎特伯雷）或
     比利时，要么在中国和马达加斯加传教。
5   Denison / Ren, *Building Shanghai...*, 2008, p. 78-125.
6   Henriot / Zheng, *Atlas de Shanghai...*, 1999, p. 94.

P1.8

P1.9

1900年的发展较为平缓，1919年，法租界大幅西扩，扩展到了徐家汇，但没有将其纳入。大型基础设施项目——桥梁、现代化道路、下水道、码头、铁路、有轨电车等——使旧区焕发活力，在租界的扩建区发展出了宜人的现代化街区。除了银行、商业公司总部和酒店外，这座城市还拥有医院、中小学校、大学等。

耶稣会士通过继续发展他们已经开展的工作，以及通过开展与他们的科学、教育和精神抱负相匹配的三个重大项目，从这一广泛的都市化变革中受益并做出了贡献。首先是在几个不同的地点对天文台的活动进行了全面的重组和扩展。1899—1901年，新的气象台和地震台取代了旧的徐家汇观测台（图P1.8），而另一个新的天文台设立在佘山山顶（见第4.1章）。[1] 第二个重大项目是1903年在法租界新扩张的土地上，由当时还是耶稣会士的马相伯创办震旦大学，这是中国第一所天主教大学，开设人文、工程建设和医学课程。[2] 1908年，耶稣会士将这所新建的大学搬到了卢家湾——他们在法租界新扩建区域购买的土地。震旦大学校园毗邻广慈医院，这是一家由姚宗李主教1907年创建，委托给法国仁爱会修女管理的新医院。[3] 第三个重大项目是1903—1910年间在徐家汇建造的圣依纳爵教堂（图P1.9，图7.4）。这座新哥特式建筑有两座塔楼、宽阔的耳堂、带回廊的至圣所、中殿两侧散布的小堂，[4] 具有主教座堂的外观，是中国乃至东亚最大的教堂（见第7.3章）。

20世纪头十年，耶稣会士在各方面的活动都取得了重大进展，进一步巩固了上海之于天主教在中国的使命中的中心地位。史式徽神父曾于1911年访问江南，第二年出版了一本书，热情地向法国读者描绘了传教事业的状况。[5] 1911年大清帝国的灭亡和中华民国的诞生对上海和上海的外国租界造成的影响比对中国其他地区要小。至于被历史学家称为结束了"漫长的19世纪"的第一次世界大战，中国只是间接地经历了这次战争。在这种断裂和持续的背景下，佘山朝圣的不断成功催生了在山顶建造一座大殿的计划（见第4.3章）。这项雄心勃勃的工程让耶稣会忙碌了至少20年时间（见本书第二部分）。

1   Mellon, "L'observatoire de Zi-ka-wei…", 1904; Gauthier, "L'observatoire de Zi-ka-wei", 1919.

2   *Bulletin de l'Université l'Aurore*, 1, 1909, to 39, 1949; Durand, "L'Aurore…", 1905; de La Servière, "Une université catholique en Chine…", 1925; X, "Aurora University…", 1937.

3   X., "Le Vingt-cinquième anniversaire de la fondation…", 1933.

4   译者注：一、至圣所或称圣所，或通俗地称弥撒间，是一座圣堂中最为神圣的空间。梵蒂冈第二届大公会议礼仪改革之前，圣堂的至圣所与中殿用领圣体栏分隔开。至圣所内置有正、副祭台，设辅祭人员所站区域，主教座堂、会院圣堂还有味礼司铎或会士唱圣咏的席位。至圣所与更衣室（祭衣室）相连接。二、主教座堂和较大的圣堂会在四周设置小堂，置祭台，供不同的神父举行弥撒之用。按照梵蒂冈第二届大公会议之前的旧礼，不举行共祭弥撒。

5   de La Servière, *Croquis de Chine*, 1912, p. 7-66.

第1章
Chapter 1

佛教山丘的基督教化
Christianising the Buddhist Hill

佘山位于上海市中心西南35公里处，在古松江府以北约10公里，从行政层面而论，它一直占据着一个独特的位置。佘山是一连串从东至西、绵延约13公里的九座山丘中最高的一座（图1.1）。这九座山丘每一个上面都曾有寺庙、宝塔和坟墓。[1] 数百万年前，这些斑岩构成的山丘是长江入海口的岛屿。冲积层造就了富饶的松江平原。松江平原在1860年代遍布稻田，许多运河流经这里，将农庄与东部的泗泾和七宝、南部的张浦桥和松江、西北的青浦和朱家角连接起来（图1.2）。

佘山面积为49公顷20公亩（492 000平方米），海拔98.8米。[2] 它与东佘山比肩而立，因此有时也被称为西佘山，以示区别（图1.3，图1.4）。东西佘山之间有一个村子，约有200户家庭，名为佘山村（图1.5）。[3]

自19世纪末以来，松江开始受益于上海的经济发展，并最终被这个大都市吞并，1998年成为其一个行政区。如今，佘山已成为上海高级住宅区的一部分，通达的公路和9号线地铁站使得出行十分便利。佘山是佘山国家森林公园的重要组成部分，[4] 该国家森林公园还包括三个其他山丘，被国家旅游局列为4A级旅游景区。

这座山丘的名字来源于很久以前曾在此居住的一户佘姓人家。另一种溯源说法是与一位姓佘的将军有关，他是一位著名的战将，塑像被供奉于山丘东北部的一座小庙中，他有保护和治愈被蛇咬伤者的能力。[5] 这位将军很可能出自佘家，这就可以解释为什么他的庙宇在佘山脚下。这座山丘在近代经历了名称的改变。相传康熙皇帝下江南时路过松江府，人们把佘山的竹笋进贡给康熙，皇帝发现它们味道如此鲜美，称其香气如兰，并补充道佘山也可以被称为"兰笋山"，即"带有兰花香气的竹笋山"。[6] 遵皇帝之言，这个命名在清朝时期被使用，但是佘山的名字还是保留了下来。

---

1   这些山丘从东北到西南包括：凤凰山（高51米）、薛山（高60米）、东佘山（两个山峰分别高60米和70米）、西佘山（高100米）、辰山（高70米）、中家山（高39米）、天马山（高100米）、横山（高67米）、小昆山（高53米）。出自：Songjiang DistrictEB/OL.［2020-8-19］. https://peakvisor.com/adm/songjiang-district-shanghai.html. Palatre 所著 *Le pèlerinage*…（1875年）第20页提及其他的山丘，包括烧香山，并提到了每座山上都有寺庙和佛塔。

2   98.80米是耶稣会士在建造教堂时计算的高度，其他来源提到100.80米或更高。

3   Chevestrier, *Notre Dame de Zô-cè*…, 1942, p. 27.

4   曾祥谓、谢锦忠、朱春玲等：《上海佘山国家森林公园主要森林群落的结构特征和植物多样性》，《林业科学研究》2010年03期。

5   《松江方志》第二卷第七章第16页；Palatre, *Le pèlerinage*…, 1875, p. 7-8; Chevestrier, *Notre Dame de Zô-cè*…, 1942, p. 17-18.

6   《松江方志》第二卷第七章第17页；Palatre, *Le pèlerinage*…, 1875, p. 8-9; Chevestrier, Notre Dame de Zô-cè…, 1942, p. 18-19.

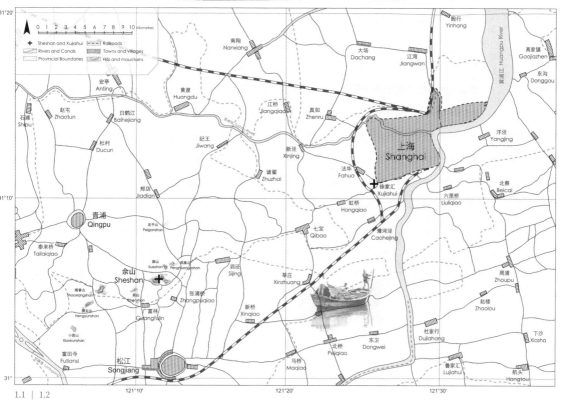

1.1 | 1.2

图1.1
从东山的东顶看佘山（左）、
东山（中）和薛山（右）的
全景，20世纪20年代末
© AFSI, Fj.Cl

图1.2
上海松江地区的地图，显示
了佘山和徐家汇的位置，以
及其他山丘、运河和小城镇
地图基于屠恩烈（Henry Dugout）
神父1920年的地图（© 雷巍2021年）

1863年，当第一批耶稣会士定居在佘山的南坡时，由于太平军的掠夺和屠杀，松江地区成为一片废墟。经过1860年的首次尝试后，太平军在1861年6月至1862年9月间进行了几次大规模进攻，史称太平军第二次上海战役。清军在强大的英、法、美三国远征军的协助下，最终击败太平军，守住了上海。

在耶稣会士到达之前，人们对位于佘山上的佛教寺庙了解多少呢？这座佘山在松江平原有什么特殊的意义吗？1863年，它为何吸引了传教士，他们又在那里做了什么？本章追溯耶稣会士对佘山的"占有过程"。[1]尽管资料有限且有些片面，但可以重塑佘山基督教化初期阶段的情况。特别要指出的是，19

1　Chevestrier, *Notre Dame de Zô-cè...*, 1942, p. 25.

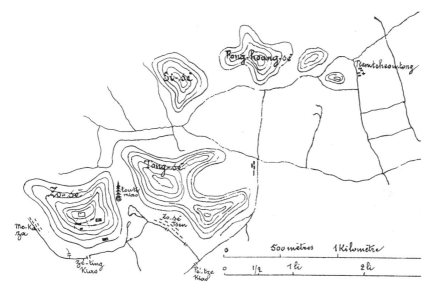

1.3

世纪传教士的争战精神，与 17 和 18 世纪耶稣会士在中国所奉行的"文化适应"理念，以及 1919 年以来圣座所推行的"本地化"是截然不同的（见第一部分导言和第二部分导言、第 6.3 章）。1875 年由柏立德神父发表的这段文字，是西方狂热的殖民主义思想的一个很好的例子，当时这种思想十分盛行：

> "传教士，像士兵那般，只会通过强力来征服他所踏足之地。当他成功地在那里插上他的旗帜，他会说：这块从撒旦的势力中撕下的土地从此将献给（圣母）玛利亚。那一天也将是他一生中最绚烂的日子。"[1]

1.1 佘山上的佛教寺庙

中国堪舆学（风水）旨在找出建立建筑物和墓葬的有利位置，根据堪舆学的原则，佘山的地势与自然布局是非常吉利的。运河横穿的平原上突起的一座高山提供了一个能量和谐的环境。因此，可想而知，这样一个特殊的地方几个世纪以来始终吸引着宗教性的存在，也被周围地区数百个家族选为理想的墓地。

历史资料并不能证明宋朝（960—1279）之前佘山就已经有了宗教性的存在，但这并不意味着该山没有庙宇。10 世纪末期，一位在杭州出家的苏州人——聪道人退隐到佘山，与两只老虎为伴，在那里生活了约半个世纪。他逝世之后

图 1.3
佘山（左）、东山（中）以及其他小山丘地图
出自：高龙鞶，*Histoire de la Mission...*, 3/2, 1900 年，第 198 页（AFSI 图书馆）

图 1.4
从张浦桥村看佘山（中）和东山（右）以南的稻田全景，约 1910 年
© AFSI 档案馆，Fi.Ci

图 1.5
佘山及其白色建筑倒映在运河中，与稻田边的乡土农舍形成鲜明对比，约 1928 年
© AFSI 档案馆，Fi.Ci

1　译自法文：Palatre, *Le pèlerinage...*, 1875, p. 110.

1.4

1.5

被埋葬在山丘的西边，而两只老虎则被埋于山丘的东边，那里长出了两棵银杏树，竖立了一座纪念碑，名为"虎树纪念碑"。[1]

及至宋代，山丘的东、南和西南面建起了三座佛教寺庙。不知何时，山顶和山丘的东北面也出现了两座庙宇，使佘山成为神圣的山丘。耶稣会的原始资料很少谈及这些古老的寺庙，1863年当神父们到达佘山时，最后一些被太平军摧毁的寺庙早已成为被遗弃的废墟。然而，一些宗教活动似乎在这山丘上得到了小规模恢复。耶稣会士"摆脱了"观音庙，并在原址盖起他们的住所（见第8.3章）。在19世纪宗教殖民化的背景下，西方传教士将佛教、儒家和道教寺庙视为"迷信场所"和"异教偶像"，因为他们确信基督教是唯一真教。

只有柏立德神父在他关于"进教之佑圣母朝圣"的书中专门辟出一章来介绍佛教以前在此的存在，[2] 该书部分段落发表于1877年法国传教杂志上。[3] 这些节选是极其有趣的，原因如下：首先，柏立德神父以松江府地方志为依据，并精确地引用它们，[4] 地方志是自唐朝以来在中国各地存在的年度历史信息集；[5] 第二，柏立德神父的书是1875年出版的，也就是说正好在1871—1873年第一座圣堂建成，以及1873年5月组织第一次盛大的朝圣活动之后；第三，柏立德非常了解这个地方，尽管不是以考古的方式而是以贬低的方式进行评论，但他是唯一描述寺庙遗迹的人，甚至提到了寺庙的毁灭。

其他耶稣会作者，尤其是颜辛傅神父，纷纷重复柏立德神父的记述。[6] 的确，有关佛教寺庙的主题，他们没什么可补充的，由于大部分佛寺的遗迹被移走，佛寺仅是遥远的记忆了。所有这些信息被收集到一个表格中，其中提到地点、名称、年代序列以及1863—1875年间耶稣会开始收购部分佘山区域时仍可见的一部分残存废墟（表1）。

此外，山坡上还布满了坟墓。根据风水的原则，该地朝向好且干燥，是墓葬的绝佳选址。每年四月初清明节期间，诸多中国家庭都会聚集在此扫墓、祭奠及追念祖先，向寺庙敬香、顶礼膜拜。

---

1   由于几个世纪前已消失，其确切位置不详。《松江方志》第十卷第七十九章第61-62页；Palatre, *Le pèlerinage...*, 1875, p. 10-11; Chevestrier, *Notre Dame de Zô-cè...*, 1942, p. 19-20.

2   Palatre, *Le pèlerinage...*, 1875, p. 7-27.

3   Palatre, "Variétés. La montagne de Zô-sè (Chine)", 1877, p. 342-344.

4   柏立德神父提到《松江府志》第二卷第七章第16-17页，第七卷第七章第17页，以及第十卷第七十九章第61-62页。

5   这个庞大的文献库现在已经有了电子版。感谢舒畅雪博士 —— 其有几篇文章以《地方志》作为建筑历史研究的资料 —— 帮助我核查了这个资料。

6   Chevestrier, *Notre Dame de Zô-cè...*, 1942, p. 17-32 (Part 1, Chapter 2, "Legend and History").

表1 所有被提及的法籍耶稣会士抵达之前佘山上的寺庙

地点	名称	年代	1863—1875年间残存物	来源
佘山东面山脚下	普照教院（佛教寺院）	建于1048—1056年，宋仁宗年间，在14世纪（元朝）被毁	没有残存	柏立德，1875，9-10；颜辛傅，1942，17
	秀道者塔（佛教塔）	宋朝	部分被毁坏，现已作为遗产被修复	《松江府志》，2，7，17；柏立德，1875，11-12；颜辛傅1942，19
	普照寺（佛教寺庙）	建于明永乐年间；清朝建立（1644年）前拆除	遗址和万历七年（1579年）的旧钟	《松江府志》，2，7，17；柏立德，1875，12；颜辛傅，1942，20
佘山南侧山腰上	灵峰庵（佛教寺庙）	由宋朝僧人洪根建造，毁于元朝，在明朝万历年间，由官吏徐文贞和陆文定重建	不知道什么时候被毁，没有残存	《松江府志》，7，17；柏立德，1875，13；颜辛傅，1942，21
	沐堂观音菩萨（佛教寺庙）	未知	"破旧小屋，四面通风"，有一尊观音像，还有一口井，聪道人这样说	柏立德，1875，15-17；颜辛傅，1942，21
	未知	未知	被毁的废墟	柏立德，1875，13
佘山顶	弥陀殿（佛教寺庙）	未知	被遗弃，在清朝道光（1821—1850）年间倒塌，重要遗迹	柏立德，1875，17-19；颜辛傅，1942，21
佘山西南侧，底部	宣妙寺（有着美妙绝伦的观音塑像的佛教寺庙）	建于宋朝，元代被毁坏，后被重建，1451年（明代）扩建	在1860年被摧毁，有一条铺面大道的残迹，在烧焦的废墟中有刻着铭文的石头	《松江府志》，2，7，17；柏立德，1875，9，21-22；颜辛傅，1942，22
佘山东北山谷	佘将军庙（保佑被蛇咬伤的人）	未知	"破旧茅草小屋"，柏立德神父曾寻访	柏立德，1875，8；颜辛傅，1942，17
佘山南侧沿着运河	小观音寺（佛教寺庙）	建于1860年宣妙寺被毁之后	1873年柏立德神父寻访	柏立德，1875，22-23；颜辛傅，1942，17

"……数不清多少个世纪以来有多少代人安息在这里。在这片安葬之地，如果用镐敲打几下，不引起一方墓穴的共鸣几乎是不可能的。橡树和竹林几乎覆盖了整个山丘，让游客们无法看出这里是死者的安息之所！但是如果你在人迹罕至的地方，进入这个密密麻麻的杂乱之中，你会发现你的脚是踩在坟墓上，而树的根部经常在覆盖死者的土地上拱起再生。富人和穷人，佛教的僧侣和孔子的弟子，农民和官员，所有这些人类的骨灰都杂乱无章地堆积在佘山之侧。……宝塔山、坟墓山，这就是佘山过往的历史。"[1]

1　译自法文：Chevestrier, *Notre Dame de Zô-cè...*, 1942, p. 23 and 25.

1.6 | 1.7

传教士的资料中几乎没有提到这些废墟和墓地的消失。尽管耶稣会士因其在各个科学领域的研究而闻名，并于1903年在上海创办了一所大学，但我们也没有发现任何考古清单或记录、对过往任何古石刻的描述，甚至没有1920年代和1930年代的记录。一个相当模糊的说法是，在1924年新圣堂奠基兴工期间，"发现了一些石制柱础，是曾荣耀佘山的古塔的基座"。[1]

只有秀道者塔的遗迹出现在某些照片之中，因为那里是一个可散步，以及为思考"异教诸神"的命运这一主题提供思想营养的地方（图1.6）。七层八角塔最近已经修复，屋顶都已经重建（图1.7）。似乎仅有两位建筑师修士对佘山庙宇的古老遗迹感兴趣。一位是葛承亮修士，他和来自土山湾孤儿院的学徒制作了秀道者塔的模型（图4.22）。模型基于摄影记录和测量制作而成，是1915年上海耶稣会士送往旧金山参加巴拿马—太平洋博览会展出的84座中国宝塔杰作系列的一部分（见第4.2章）。另一位是马历耀修士（Léon Mariot，1830—1902），他从寺庙遗迹中救出了八只雕刻的石狮子，成排摆放在1871—

图1.6
佘山东麓残破的秀道者塔，
约1900年
© AFSI 档案馆，Album Zikawei &
les environs

图1.7
修复后的秀道者塔
© THOC 2011

1.8 | 1.9

1873 年间建在山顶的圣堂入口前的平台上（图3.29）（见第3.3章）。可能是由于太过显眼，在 1930 年代建造新的大教堂（大殿）的过程中，这些石狮子从平台上被移走了。[1] 1910 年左右拍摄的一张照片显示，天文台的助理瞿宗庆(José Aguinagalde) 修士坐在佘山竹林中的一匹石马上（图1.8）。[2] 这匹石马雕像似乎已经消失了。一张 1930 年代早期的珍贵照片显示，宣妙寺的残迹位于山脚东南，还有一座历经太平军浩劫后重建的观音小庙（图1.9，图8.27）。柏立德神父曾描述过他 1873 年 1 月在该地邂逅僧侣以及宣妙寺的情况（见第8.3章），他的描述比这张几十年后拍的照片更有意义。[3]

　　佘山的新地块一经买下，周围就有了刻有"天主堂"的界石，也就是"天主教会"。[4] 我们可以想象，耶稣会不得不补偿那些家庭并迁移坟墓，[5] 并招致了相当大的敌意（见第8.1章）。颜辛傅神父以不容置疑的语气表达了传教士的征服心态和对他们的"文明使命"的坚信。他写道："边界表明天主刚刚拥有了这片土地，此前这里一直是异教神灵的领土……一个新的时代将随着1863年的结束而到来：基督的十字架将在佛教庙宇的废墟上竖起。佘山获得了新生命。"[6]

1　　在通往上层平台的楼梯脚下，仍然可以看到其中的一些东西。
2　　这张照片的背面提到了佘山。
3　　Palatre, *Le pèlerinage...*, 1875, p. 21-23.
4　　尽管这些殖民时期的遗迹大多已被拆除，但我们在广州见过此类界碑。Coomans, "Islands on the Mainland....", 2023.
5　　例如，在香港，英国殖民地制定了对家庭进行赔偿和转移坟墓的规则。
6　　译自法文：Chevestrier, *Notre Dame de Zô-cè...*, 1942, p. 25-26.

1.2 耶稣会休养院和小圣堂

欧洲人适应中国南方地区的最大困难之一当属炎热的气候。来自江南的耶稣会传教使团的统计数据显示，神父们很年轻就去世了：在江南传教事业的前十年，即1842—1852年间，他们的平均寿命为38岁零9个月。

> "从6月中到8月底，高温加上长江流域的潮湿，不仅使传教士感到极为痛苦，而且置他们于非常危险的处境。盛行的发烧、肝病、腹泻、伤寒和中暑都可能是致命的。这使我们传教使团中许多人过早死亡，特别是在最初几年，是最致命的。" [1]

除了气候因素和反复发生的洪水外，基本的卫生条件也很差。由于太平天国运动（1851—1864），江南农村地区很不安全，收成也差，难民如潮水般聚集到城市。1862年，两名法国耶稣会士——马理师（Louis Massa）神父和费都尔（Victor Vuillaume）神父被太平军杀害。在上海，当局开设了一所医院，并得到了耶稣会的鼎力协助，董家渡建筑工程的总监罗礼思（Louis Hélot）神父为医院安装了通风系统，成为第一位"传教士建筑师"。[2] 传教区的人力资源正在耗尽：1860年代初，在三年内，至少13名传教士因疾病或过劳而死亡。[3]

耶稣会会长鄂尔璧（Joseph Gonnet）神父决定在农村地区建立一个休养所，以便生病或疲惫的神父可以在此休养身心，远离不利于身体健康的上海和徐家汇。1863年5月，鄂尔璧神父在佘山山丘南坡购得了一方土地，建造了一座平房，包括一间食堂和五间卧室，其中一间被改建为团体小圣堂。[4] 因此，耶稣会士在佘山建造的第一个建筑是一座简单的休养所，用以应对传教士迫切的健康问题。这座建筑位于佘山南山腰的平台上，建在古庙遗址之上，其中包括一个供奉观音的寺庙，以及据说可以追溯到聪道人时代的水井。该建筑曾出现在1873年拍摄的该地最古老的照片中（图1.10）。1875年，当新的大住所在旁边建起来之后，休养所就变得多余（图2.25），不久就被拆除，它的旧址上建起

---

1   Hermand, "Un sanatorium de mission", 1928, p. 87.

2   Colombel, *Histoire de la mission...*, 3/2, 1900, p. 470-471.

3   Strong, *A Call to Mission...*, 1, 2018, p. 35, 60.

4   Palatre, *Le pèlerinage...*, 1875, p. 2-3; Chevestrier, *Notre Dame de Zô-cè...*, 1942, p. 6-16; X, "Zô-cè", 1936; Chevestrier, "Zo-cè. Un peu d'histoire", 1937, p. 213.

1.10

了中山圣堂（见第2.3章）。颜辛傅神父将原来的休养所描述为"一座非常逼仄的中式房屋，没有顶棚，墙壁太薄以至于既不能隔热也不能保温"。[1]

为何选择佘山而不是松江平原的其他山丘？原因仍不得而知。根据耶稣会的资料记载，那个时期的佘山不再有佛教僧侣，寺庙也呈废墟之态。但是，附近村民仍会来此祭拜祖先坟墓。神父们在休养所休息期间，有时到山上散步，有时到运河里划船，还有一些人会去打猎。神父们一直保留着这些娱乐活动习惯，在20世纪初拍摄的照片中仍可见到（图1.11，图1.12）。根据柏立德神父的记载，尽管第一位居住在那里的耶稣会士卫德宣（Victor Léveillé）神父做出了种种努力，[2] 但佘山和东佘山的村民长期以来一直对传教士极度不信任（见第8.3章）。

1867年，耶稣会松江区会长杜若兰（Marin Desjacques）神父在山顶建造了一座可俯瞰松江平原的圣母小圣堂（chapel），并在顶上竖起了一个大十字架。[3] 但这座小圣堂仅存于1867年到1871年1月之间，关于它，只保存下了一张画（图1.13）。小圣堂又称为祈祷室（也称祈祷所，有时也译作经堂，oratory）[4]，外呈六角形，直径约5米，高约6米。[5] 门和窗户是尖拱形，门上仅用一道铁栅栏关闭。祈祷室内部，除去祭台，狭小的空间可以容纳大约15个人。

1　译自法文：Chevestrier, *Notre Dame de Zô-cè...*, 1942, p. 107.
2　Palatre, *Le pèlerinage...*, 1875, p. 3-6; Chevestrier, *Notre Dame de Zô-cè...*, 1942, p. 26-30.
3　Palatre, *Le pèlerinage...*, 1875, p. 28-32; Colombel, *Histoire de la mission...*, 3/2, 1900, p. 110-112 ; Chevestrier, *Notre Dame de Zô-cè...*, 1942, p. 32-41.
4　根据1983年《教会法典》（*Code of Canon Law*）第1223条规定，祈祷所（oratory）是经教会教长之准许规定为敬礼天主的地方，以便利某一团体或在该地聚集的信徒，但其他信徒经主管上司的许可，亦可进入。
5　作者们对小教堂的形状意见不一，但我们相信拥有第一手资料的柏立德神父。"一个六边形，每边8英尺（约2.4米），高20英尺（约6米）"，见：Palatre, *Le pèlerinage...*, 1875, p. 29. "一个每边8英尺、高20英尺的正八边形"，见：Colombel, *Histoire de la mission...*, 3/2, 1900, p. 110.

1.11 | 1.12

这座小圣堂很快吸引了好奇者和朝圣者来访。1868年3月1日，[1] 江南代牧区宗座代牧郎怀仁（Adrien Languillat）主教专程从南京而来，登上佘山，为小圣堂行奉献礼并祝福了一幅圣母像（图1.16）。这幅圣母像是中国籍耶稣会士陆伯都修士绘制的（图1.14）。他是徐家汇耶稣会培育的第一代接受西方艺术训练的中国艺术家。[2] 陆修士是浦东川沙人。意大利修士马义谷（Nicola Massa）教他作油画，西班牙修士范廷佐（Juan Ferrer）也曾指导他绘画和造型。1872年，陆伯都与刘德斋修士一起创立了土山湾绘画工作室，并执掌该工作室直到1880年去世（图1.15）（见第4.2章）。

画像中的圣母玛利亚描绘的是巴黎得胜之母（又称"胜利之后"）（Our Lady of Victories），对得胜圣母的崇敬可追溯至17世纪初的宗教战争时期。1627—1628年，法国皇家军队围攻港口城市拉罗谢尔（La Rochelle）一年多，胡格诺派新教徒在英国的支持下避在该城，法国国王路易十三许愿，如果他赢得围攻，将在巴黎建造一座献给圣母玛利亚的圣堂。获得胜利后，一座巴洛克风格、献于得胜之母的圣堂于1629年开工兴建，直到1740年才竣工。1809年，圣堂内安放了一尊得胜之母雕像，成为重要的圣母朝圣地（图1.16）。后来，法国乃至世界各地的数百座教堂都奉献给了得胜之母，得胜之母的雕像也广为流传。

陆伯都修士描绘的得胜之母画像人物造型是站立式，脚踏着蛇和象征原罪的命果[3]，被云层环绕着，以地球为支撑立于其上，抱着向世界张开双臂的婴儿耶稣。在未见过巴黎得胜之母雕像的情况下，陆伯都修士是如何制作佘山圣母画像的呢？

图1.11
和朗神父、双国英神父、郑璧尔神父和祝永寿神父在佘山打猎，约1910年
© AFSI 档案馆，Fi.C5

图1.12
耶稣会受培会士们在佘山运河上划着一艘西式船和一艘中式船，1896年
© AFSI 档案馆，Fi.C1

---

1   作者们对于这个日期意见不一，但我们相信拥有第一手资料的柏立德神父。"1868年3月1日"，见：Palatre, *Le pèlerinage...*, 1875, p. 29; 而不是"1868年5月1日"，见: Colombel, *Histoire de la mission...*, 3/2, 1900, p. 112.
2   Colombel, *Histoire de la Mission du Kiang-nan...*, 3/3, 1900, p. 1136-1138. 附有他的画作清单。
3   译者注："命果"是宗教用语，专指《圣经》中所指"知善恶树"上的果子，即原祖亚当和厄娃（即"夏娃"，天主教译为"厄娃"）所食之果。

图1.13
杜若兰神父1867年在佘山
山顶上建造的圣母小圣堂
出自:《中国通讯》,1903年,第
85页(鲁汶大学, Sabbe 图书馆)

图1.14
陆伯都修士
出自:高龙鞶, *Histoire de la
Mission...*, 3/3,1900年(AFSI图书馆)

图1.15
陆伯都修士在土山湾教授绘
画课, 1880年之前
© AFSI档案馆, Fi.F12

1.13

1.14

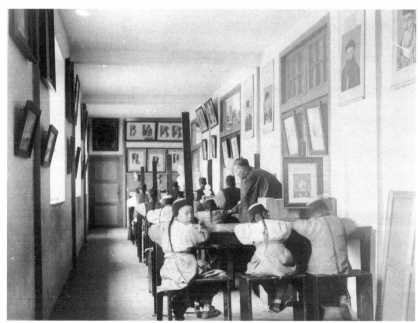

1.15

二者有如下不同:雕像更偏于巴洛克风格,圣母玛利亚的形态更严肃些;陆伯都似乎临摹了一幅印制的浪漫主义风格的灵修图像,从中复制了玛利亚柔和的表情(图1.17)。此外,陆伯都在玛利亚的胸前增添了一颗光芒四射的心(图1.18)——这象征着玛利亚的"无玷圣心",这是自1836年起从巴黎得胜之母圣堂发展开来的一股对于圣母的新敬礼。因此,佘山小圣堂中的画作是"得胜之母"和"圣母无玷圣心"两个肖像作品的综合。遗憾的是,我们不知道陆修士画作的颜色,但可以相信,玛利亚身后的大圆圈,其中心点正是心脏,饰以金色,还有柔和的光和慈祥的温柔环绕着玛利亚和小耶稣,与她脚下黑暗与邪恶的色调形成鲜明的对比。

1.16

图 1.16
巴黎得胜之母，在巴黎 从
1809 年开始受到崇敬的雕像
©THOC 2018

图 1.17
巴黎得胜之母的虔诚形象，
约 1900 年
私人收藏

图 1.18
陆伯都修士绘制的得胜之母，
位于佘山小圣堂，1867 年
©AFSI 档案馆，Photo Album 1913

　　1868 年 3 月 1 日，佘山山顶举行了第一次隆重庆典，伴有晚上的烛光礼。5 月 24 日，即圣母进教之佑瞻礼那天，祈祷室中举行了第一台弥撒。[1] 庆祝的礼仪以及郎怀仁主教的出席，吸引了数百名松江地区的天主教徒和好奇的普通民众，这是佘山基督教在本地区放射的第一缕光芒。这些事件很快被法国教会杂志《天主教传教事业》所报道[2]，1869 年应儒望（Paul Rabouin）神父也在同一本杂志上撰文描述了几起奇迹事件(圣迹)。[3] 这项年度庆典成为了一个传统，并在 1869 年和 1870 年 5 月 24 日这天，在山顶上围绕小圣堂进行庆祝。[4] 其余时间，小圣堂是耶稣会士和附近的基督徒私人参拜之所，他们前来向圣母玛利亚请求这样或那样的恩宠。[5]

　　但事实很快证明，夏季佘山的气候与上海并没有什么不同，这里并不适合

1　　Palatre, *Le pèlerinage...*, 1875, p. 33-35; Colombel, *Histoire de la mission...*, 3/2, 1900, p. 112.
2　　X, "Correspondance. Kiang-Nan (Chine)", Novembre 1868.
3　　Rabouin, "Nouvelles. Kiang-nan (Chine)", 1869.
4　　Palatre, *Le pèlerinage...*, 1875, p. 28-37.
5　　Palatre, *Le pèlerinage...*, 1875, p. 138-141.

NOTRE-DAME DES VICTOIRES,
PRIEZ POUR NOUS.

1.17 | 1.18

作为休养所。早在1879年，倪怀纶（Valentin Garnier）主教就曾起意在江苏省北部，临近连云港海滨建一个休养所。这个项目被多次动议，但直到1923年，姚宗李主教才在海州置得了一块土地，建造起圣方济各沙勿略休养所。这座建筑至今仍存，[1]从1926年起可以容纳10位神父入驻，并可以享受大海和连岛的景致。[2]然而，耶稣会并没有将它建成类似香港"伯大尼之家"那样的大型疗养院，后者是1875年建于香港岛薄扶林（Pok Fu Lam）的巴黎外方传教会的疗养院。海州的这所疗养院建筑在一个面朝大海的风景优美之地，有数个楼层和一个大型新哥特式的圣堂。[3]徐家汇的耶稣会团体有自己的医务室，可以请到在上海的欧洲医生，以及1907年由耶稣会协助创立的圣玛利亚医院（广慈医院）的医生。最终，佘山继续作为疗养所，接待年迈或病后康复中的神父们。[4]

1   它被用作铁道部的第一个疗养院。感谢李海清博士提供此信息。
2   Hermand, "Un sanatorium de mission", 1928, p. 80-90. 耶稣会士们精心选择了一个有望发展的地点：
     de Bascher, "Le port de Lao-yao...", 1934.
3   Le Pichon, *Béthanie & Nazareth...*, 2006, p. 19-46.
4   尤其是1930年6月3日艾齐沃（Léopold Gain）神父。

1.3 1870年处境中面向圣母的许愿

第二次鸦片战争（1856—1860）期间，英法联军轰炸了广州并摧毁了北京的圆明园，中国人的仇外情绪与日俱增。《中法天津条约》（1858）和《北京条约》（1860）允许传教士在中国各地行走传教、举办活动，传教士的行动被中国人尤其被知识分子（文人）和城市精英人士视为一种欧洲的入侵和对儒家思想价值观的侮辱。乡下的平民对基督教的敌意相对较小。[1] 反基督教的文章和所谓的传教士犯罪活动的谣言——绑架和杀害儿童——在民众中流传。每当有冲突事件发生时，传教士都会请求法国公使人员的保护，法国外交官又以法国军队来威胁中国皇帝。这种回应是合法的，因为根据约定，法国可行使"保教权"（见第一部分导言），但在中国人看来，所有传教士都与外国帝国主义有关。中法战争（1884年8月—1885年4月）确定了法国对安南（Annam，越南中部地区，亦称中圻）和东京（Tonkin，越南北部地区的旧称）的殖民统治，损害了中国的利益，这对天主教传教士来讲是不利的，也助长了中国人仇外情绪的进一步发展，在1899—1900年的义和团运动期间达到高潮。[2]

1.19

1870年天津教案之后，出现了一股激烈的反基督教浪潮。1870年6月21日，在天津，法国领事、其他的外国外交人员、12名传教士（法国人、意大利人、比利时和爱尔兰人）和大约40名中国基督徒被杀害，[3] 天津望海楼天主教堂被毁。[4] 在这种恐怖的背景下，佘山将迎来新的面貌，并吸引来自上海和江南的朝圣者。

面对上海日益紧张的局势，徐家汇耶稣会会长谷振声神父（图1.19）[5] 回忆起17年前进教之佑圣母怎样在太平天国运动（1851—1864）中保护了传教事业。太平天国运动由洪秀全率领，他自称是基督的兄弟，并自称为"天王"。[6] 其政权以南京为首都，势力沿长江中游和三角洲绵延，覆盖了江南大部分地区。1853年，上海幸免于太平军袭击南京那样的血战，上海的耶稣会士将对上海这座城市和董家渡主教座堂的保护归因于进教之佑圣母。[7]

1   Hugon, *Mes paysans chinois*, 1930.

2   Cohen, *China and Christianity...*, 1963; Strong, *A Call to Mission...*, 1, 2018, p. 47-109.

3   Brizay, *La France en Chine...*, 2013, chapter 19.

4   Palatre, *Le pèlerinage...*, 1875, p. 64-66. 这座教堂建于1869年，供奉得胜圣母。1870年被毁，后重建，1900年又被义和团摧毁，后又重建。1988年成为国家级历史纪念建筑（第三批次）。见：Clark, *China Gothic...*, 2019, p. 28-40; Sweeten, *China's Old Churches...*, 2020, p. 183-207.

5   Bortone, "Un celebre santuario cinese iniziato da un missionario italiano...", 1939.

6   Bohr, "Taiping Religion and Its Legacy", 2010.

7   Strong, *A Call to Mission...*, 1, 2018, p. 48-53.

1870 年 7 月 4 日，也就是天津教案发生两周后，谷振声神父独自从上海到佘山，登至山顶，并向童贞圣母玛利亚许愿，如果她再次保佑传教事业，他将为圣母建造一座圣堂。佘山圣地第一本宣传书册的作者柏立德神父这样描述当时的状况和誓言：

> "从秀道者塔前穿过，谷振声神父沿着陡峭的小路行至佘山山顶，横越山顶，很快就置身于进教之佑圣母小圣堂跟前。他在入口处的铁栅栏前跪下，然后望了一眼他能看见的圣母画像，他对她说了一些话，这些话会永久记录在江南的史册中：'我的好母亲，我们的福传使命正处于危险之中。拯救我们吧，我保证在这个小圣堂所在之地为您建一座美丽的圣堂。'誓愿已发，紧随其后的是漫长的祈祷。这位佘山的朝圣者可以比我们更好地叙述精神上的痛苦，这痛苦使他在圣母圣像前跪了很长时间。"[1]

7 月 24 日，上海恢复和平，没有发生流血事件。耶稣会的神父们为此圣迹而欢呼，并立即开始筹集资金建造圣堂，他们称之为还愿圣堂（见第 2.2 章）。耶稣会会长的个人许愿转变成了集体信仰的体现。工程于 1871 年 1 月开始动工。

在罗马天主教的传统中，按照教会法典，许愿"乃是向天主慎重而自由地作的承诺，包含一件可能的且更好的善事"。它"应以敬德实践之"，并且"能正常运用理智者，除非法律禁止，皆有能力许愿"。[2]誓言有两种类型："合法上司以教会名义所接受者为公开愿，否则，为私人愿。""誓愿如被教会承认为显著者即为显愿，否则，为简愿。""属人愿为许愿人所许的一项行为，属事愿为许下一件事情，混合愿则兼有对人对事的性质。愿就其本身而言，仅约束许愿的人。"[3]

许愿通常是个人的行为，但也可以是一个团体，甚至整个国家的誓言。如果愿望得以实现，那么承诺就必须兑现：这是一种基于"我给你，你将给我"原则的合同或道德契约（拉丁语：do ut des）。在 19 世纪，建有许多与誓言有关的新教堂。毫无疑问，最重要的当属 1871 年建立巴黎圣心圣殿的"国家愿望"，因为它不仅涉及法国的天主教会，而且涉及整个国家。[4]值得注意的是，天津教案和上海事件，以及普法战争的爆发处于同一时期，这场战争导致了法兰西

1　译自法文：Palatre, Le pèlerinage..., 1875, p. 74-75. 另见：Chevestrier, *Notre-Dame de Zô-cè...*, 1947, p. 52.
2　*Code of Canon Law*, 1983, canon 1191.
3　*Code of Canon Law*, 1983, canons 1192 and 1193.
4　Rodriguez, "Du vœu royal au vœu national...", 1998.

1.20

第二帝国的失败和巴黎公社的建立。[1]

　　在分析佘山的许愿圣堂之前，有必要简略提一下由江南耶稣会士发起的另外五个地方敬礼圣母的朝圣，这些朝圣敬礼是在当地发展的。[2] 显然，存在一个模式，许愿是其中的一部分，一切均须符合教会法典的规定。

- **安徽省水东镇**：1877 年，在安徽省的东南境，宁国市和广德县地区的基督徒在被迫害的境况中求助于佘山圣母。1877 年 5 月 24 日，当地教务负责人文成章（Louis Chauvin）神父登上佘山，代表宁国府和水东的基督徒向圣母许愿，如使该地区恢复和平，他们将会在水东建造一个圣母进教之佑的圣地。和平很快恢复，1878 年 5 月 24 日，金式玉（Joseph Seckinger）神父为水东圣母朝圣地圣堂奠下基石。[3] 这个大型的哥特式圣堂呈拉丁十字，可容纳两千人，至今仍在（图 2.8）。这个朝圣地的建筑图纸是由建筑师顾培原（Jean-Baptiste Goussery）修士绘制的，圣堂内部结构完全是木制的（见第 2.1 章）。

- **母佑堂（江苏省）**：位于长江河口沙洲上的一个小村庄。1875 年，那里建造了一座专门供奉进教之佑圣母的简朴的小圣堂，[4] 但河水对沙岸的侵蚀

图1.20
母佑堂（江苏省）的露德圣
母教堂，建于1895—1897年
© AFSI 档案馆，Photo Album 1913

1　埃姆斯密电（1870年7月14日），普法战争（1870年9月19日至1871年1月29日）。法兰西第二帝国灭亡和法兰西第三共和国宣告成立(1870年9月4日)，巴黎公社(1871年3月18日至1871年5月28日)。

2　Moreau, "Le culte...", 1905.

3　Doré, "Le pèlerinage de Notre-Dame...", 1925.

4　Doré, "Le pèlerinage de N.-D. Auxiliatrice...", 1914; de la Sayette, "À Haimen", 1905; de la Servière, *Croquis de Chine*, 1912, p. 99.

1.21 | 1.22

图1.21
青阳（江苏省）的第一座露德圣母小圣堂，于1902年落成
© AFSI 档案馆，Photo Album 1913

图1.22
位于崇明岛堡镇附近的露德圣母教堂，1892—1893年
© AFSI 档案馆，Photo Album 1913

使村庄和小教堂几近消失。于是在 1886 年，两位神父艾齐沃（Léopold Gain）和夏鸣雷（Henri Havret）许愿，如果圣母能拯救这个村庄，就建一个露德圣母山洞。当年 8 月 15 日，一场猛烈的暴风雨改变了河水流向，最终将沙洲与南通市启东县海门镇的大陆连接起来。露德圣母山洞建立起来并很快吸引了朝圣者。1888 年，南京代牧区宗座代牧倪怀纶主教到访该地，并准许了朝圣活动。后来，1895—1897 年间，沙守坚（Henri de La Sayette）神父在这里建造了一座圣堂，其前立面和塔楼兼具中式风格（图 1.20）。在 1920 年代，洪水再次侵袭，摧毁了村庄和圣堂。

· **唐墓桥**是上海浦东的一个村庄，位于黄浦江、长江口和东海之间。自从 17 世纪接受基督信仰，浦东在最近几十年城市化之前一直是中国天主教徒比例最高的地区之一。1927 年，甚至有人提议把浦东地区升为独立于上海教务的一个宗座代牧区。[1] 建于 1894—1897 年间的唐墓桥哥特式大圣堂，是按照葛承亮修士的设计图建造的杰出作品（图 4.23）（见第 4.2 章）。这座奉献给露德圣母的圣堂并不是许愿的结果，却成为浦东地区的一个中心朝圣地，以及个人向露德圣母奉献祈祷之所。[2]

· **青阳（江苏省）**是无锡以北 20 公里的一个村庄，1902 年，中国籍耶稣会

1　Strong, *A Call to Mission...*, 1, 2018, p. 249-251.

2　X, "Bénédiction de l'église de Tang-Mou-Ghiao", 1898; Pierre, "Notre Dame de Lourdes à Dong-mou-ghiao", 1900; Colombel, *Histoire de la Mission du Kiang-nan...*, 3, [1900], p. 725-727; Lamoureux, "Dang-mou-ghiao", 1905; de La Servière, *Croquis de Chine*, 1912, p. 83-94; Lefebvre, "Les vingt-cinq ans...", 1923.

士茅本荃神父在那里建造了一座献给露德圣母的小圣堂（图 1.21）。那里很快就发生了圣迹和治愈的恩典，并成为当地的朝圣地。1913 年，颜辛傅神父请求拨款建造一座圣堂以取代当初的小圣堂。[1]

· **崇明（江苏省）**是长江口最大的岛屿。1890 年褚建烈（Jules Le Chevallier）神父向露德圣母祈祷后，那里发生了数次治愈的圣迹。在 1892—1893 年修建一座小圣堂后，紧接着又出现了新的奇迹。法国因此送来了一尊露德圣母像，传教士们于是在岛中心一座称为圣三堂的地方发展出了一个朝圣地（图 1.22）。露德圣母成为该岛的主保（patron saint），葛承亮修士设计并绘制了一座圣堂的图纸。[2]

在 1905 年发表的有关江南传教区圣母敬礼的文章中，茅承勋（Edmond Moreau）神父证实，在各处朝圣地中，佘山的朝圣是到那时为止最为重要的。[3]

1   Chevestrier, "Ts'ing-Yang. Origine…", 1913; Chevestrier, "Tsing-Yang. La fête…", 1913.

2   Le Chevallier, "Notre-Dame de Tsong Ming", 1898. 关于教堂，"根据我们的建筑师葛承亮修士的估计，我们需要 10 000 ~ 15 000 法郎！"（第275页）；Le Chevallier, "À Tsong-ming", 1905.

3   Moreau, "Le culte…", 1905.

第2章
Chapter 2

区域性朝圣地的创立
Building the Regional Pilgrimage

2.1

　　还 1870 年所许的誓愿，同时带着对圣母保佑的期许，耶稣会士很快就在
佘山山顶建造了一座圣堂（图 2.1），命名为"还愿圣堂"，并将其奉献给进教
之佑圣母，而非俯听了他们许愿的得胜圣母。或许得胜圣母的称号与惨烈的天
津教案[1] 联系得太紧密了。陆伯都修士为最初小圣堂（图 1.17）所绘的画像并
未供奉于还愿圣堂中，而是安置在耶稣会士于 1875 年在最初的休养院旁边所
建造的新驻院中（图 2.2），之后移奉于中山圣堂（图 2.27）。这座同样奉献于
进教之佑圣母的新圣堂建于 1894 年，位于驻院附近的半山平台上。它被称为
中山圣堂，用于增加朝圣地的接待能力，充当附近信教家庭的堂区圣堂，同时
还是耶稣会驻院的团体圣堂，供来佘山避静或者休息的耶稣会士使用。

　　本章重点介绍建于佘山的两座圣堂和一所驻院，它们使得佘山成为区域性
的朝圣地。事实上，自 1873 年以来，圣母山不仅吸引了松江和上海的天主教徒，
还吸引了江苏、安徽和浙江等省的天主教徒前来朝圣。还愿圣堂和中山圣堂采
用了什么样的建筑风格和形式？谁是建筑师？他们又是如何建造和布局的？圣
堂的不同形态与它们的特定用途有什么关系？与圣地发展和空间朝圣活动组织
有关的问题，将在第 3 章单独讨论。

图 2.1
从南面看佘山。这是佘山最
早的照片，可以追溯到 1873
年年初。还愿圣堂其时仍在
建造中，柱子和一些墙壁还
没有上漆，在教堂的轴线上
设置了一条通往工地的坡道
© AFSI 档案馆，Fi

图 2.2
还愿圣堂（1873 年）及驻院
（1875 年）建成之后，从南
面看佘山
出自：《天主教传教事业》，
1877 年，7 月 13 日（鲁汶大学，
KADOC 图书馆）

1　　Clark, *China Gothic...*, 2019, p. 28-40; Sweeten, *China's Old Churches...*, 2020, p. 183-207.

2.2

2.1 两位修士建筑师：马历耀和顾培原

还愿圣堂或称佘山山顶圣堂建于1871—1873年间，由当时江南耶稣会士中最出众的建造师马历耀修士设计并主持修建。之后又根据马历耀修士和顾培原修士所绘的图纸建造了新的驻院。马历耀修士又于1894年设计了中山圣堂。这两位耶稣会辅理修士属于同一代人，并且他们在法国和中国的经历也非常相似（图2.3，图2.4）。

马历耀和顾培原不是耶稣会神父，而是辅理修士。在耶稣会中，"辅理修士"（拉丁文co-ajuvare，意即"帮助、协助"）是修道人，因为圣召不同，他选择不成为神父，而是通过执行委托给他的管理实务来帮助他所属的会院。因此，辅理修士可以负责医务室、看守院门、修剪园圃、在洗衣房工作、担任公学学生监督员、执行后勤服务等。另外，一些具有技术技能的辅理修士可以负责传教区的印书坊或者主持建筑工事；还有部分辅理修士是艺术家。辅理修士与神父的知识文化水平不同：他们不懂拉丁语，这项缺失将他们排除于神职之外，不能施行讲道和在公学任教。他们所接受的哲学、神学训练不够完备，与他们

2.3

2.4

图2.3
1900 年左右，17 名耶稣会修士在徐家汇合影。马历耀修士坐在第二排右一
© AFSI 档案馆，Fi.C7

图2.4
约 1890 年，19 位耶稣会神父和 3 位修士在徐家汇合影。顾培原修士站在后排右二
© AFSI 档案馆，Fi.C7

的特定圣召相符合。耶稣会辅理修士的榜样是圣阿尔方斯·罗德里格斯（Saint Alphonsus Rodriguez），他是西班牙人，生活在 16 世纪末和 17 世纪初，于 1888 年被册封为圣人。

相对于耶稣会神父来讲，除对于少数修士建筑师和艺术家外，与辅理修士有关的历史资料和文献十分有限。[1] 在各传教区，辅理修士扮演了比在欧洲的耶稣会会院中更为重要的角色。辅理修士是"传教神父的同伴"，是虔诚、服从和谦卑的榜样。在北京服务于清廷并脱颖而出的耶稣会士[2] 中有一些是著名的画家，如意大利人郎世宁（Giuseppe Castiglione）、利博明（Ferdinando Bonaventura Moggi）和法国人王致诚（Jean-Denis Attiret）。[3] 上文提及的上海传教区的四位画家——中国人陆伯都和刘德斋、意大利人马义谷、西班牙人范廷佐——也是辅理修士（见第 1.2 章）。

辅理修士通常都归属于各代牧区的中心会院和公学。在 1840 年代至 1940 年代的江南传教区，曾有法国、意大利、西班牙和中国籍耶稣会辅理修士分别服务于南京、上海、芜湖、安庆和蚌埠，其中在上海服务的修士最多（图2.3）。例如，1920 年，江南教区有 152 名耶稣会神父和 41 名辅理修士，其中 33 名修士在上海：10 名在徐家汇，9 名在土山湾，7 名在洋泾浜，7 名在教会学校和教区。[4] 修士中中国人约占半数，他们在大的堂区提供服务，担任更衣室（祭衣室）负责人、财务总管或院落理家。[5] 一些辅理修士会时不时地被派去执行特定任务，特别是修建圣堂和传教区的其他房舍。修士建筑师没有在美术学院接受过建筑学科班训练，但一般都是技术熟练的木工或是地形测量师，他们是在法国耶稣会的建筑工地中接受培训的。因此，最聪明的能够协调组织、洽谈合同、编写工程设计书、检查发票等。其他人则具有水暖电等方面的技术技能。因为会讲汉语方言并能与中国承包商、工头和工人们建立良好关系，他们在建筑工事和技术知识的传播中起着至关重要的作用。[6] 专收中国男性孤儿的土山湾工艺学校，无疑是江南耶稣会辅理修士最杰出的成就，[7] 他们在那里展现了卓越的教育能力（见第 4.2 章）。

1　　Moore, "Coadjutor Brothers...", 1945.

2　　耶稣会士可细分为耶稣会神父和耶稣会辅理修士。

3　　Beurdeley, *Giuseppe Castiglione...*, 1971; Baldassarri et al., *Ferdinando Moggi...*, 2018.

4　　*Status missionis Nankinensis...*, 1920.

5　　de Lapparent, "Le Fr. Joseph Yang...", 1927, p. 587-589.

6　　Coomans, "East Meets West on the Construction Site", 2018.

7　　de Bascher, "T'ou-sè-wè – L'orphelinat. Une œuvre des frères coadjuteurs", 1937.

马历耀修士的讣告里简要地讲述了他在江南传教区建造圣堂的工作，特别记录了他在土山湾孤儿院木器部担当主管的角色。[1] 他于 1830 年 5 月 2 日出生在法国大西洋沿岸的一个港口小镇——波尔尼克（Pornic），1850 年在昂热（Angers）进入耶稣会，成为辅理修士。1855—1860 年间，他在布雷斯特（Brest）的耶稣会圣堂及驻院的建筑工地上与其他修士建设者一同学习建筑绘图、木工及建筑相关技能，在那里他遇到了当时耶稣会法国会省的建筑师马格洛里·图尔纳萨克（Magloire Tournesac）神父。[2] 此后，他在 1861—1863 年间与修士建筑工斯尔菲（Reinhard Siefert）一起监督普瓦捷（Poitiers）耶稣会公学的建筑工程。1863 年，他被派往直隶东南代牧区，1865 年 11 月被召往江南传教区，并一直生活在上海，直到 1902 年 12 月 2 日去世。

1865 年末，马历耀修士加入了土山湾孤儿院的木工和木雕车间，当时该孤儿院刚从上海董家渡迁至徐家汇（图 2.5）。1872—1884 年、1886—1894 年，他先后管理那里的工作长达 20 年。顾培原修士在 1884—1886 年间接替他担任临时主管，葛承亮修士则于 1894 年接任直至 1931 年。这三位辅理修士是江南传教区内一些重要木结构圣堂的主要设计者和建设者，而一些小圣堂则由当地人完成建设。在土山湾的工作坊，他们绘制图纸、制作木制模型，并制作送往建筑工地的建筑模块（见第 4.2 章）。他们还前往视察施工现场并讨论工作进度。马历耀修士还促成了在土山湾的工作坊生产祭台和其他教堂家具，这些家具后来在国际上享有盛名。

马历耀修士的讣告中仅仅提及他为江南传教区设计的众多建筑中的少数几项：

> "我们可以在马历耀的资料中找到他所主持的传教区建筑的清单。这份清单长达数页纸，我们仅列举其中几个重要的时间节点。1865 年到达上海后，他建造了土山湾圣堂（图 2.5）。1867 年，建造了徐家汇墓地的小圣堂。1867—1868 年间，建造徐家汇耶稣会的大会院（large residence），这座会院是当时的耶稣会法国会省会长米歇尔·费萨德（Michel Fessard）

1　　X, "Nécrologie. Le frère Léon Mariot", 1903. 马历耀修士的墓碑见：Ye / Shao (eds.), Ren guo liu hen / 人过留痕 / Traces As Left..., 2020, p. 117.

2　　马格洛里·图尔纳萨克神父（1805—1875）最初是勒芒（Le Mans）教区的建筑师神父，后来在 1853 年 48 岁时进入耶稣会。作为维奥莱 - 勒 - 迪克（Viollet-le-Duc, 1814—1879）的同时代人，他在勒芒和拉瓦尔（Laval）教区的建筑工作促进了哥特式复兴、基督教考古学和中世纪教堂的修复工作。从 1853 年起，他在瓦纳（Vannes）、布雷斯特（Brest）、南特（Nantes）、普瓦捷（Poitiers）、图卢兹（Toulouse）等地为耶稣会建造了许多建筑，其中最重要的是位于巴黎塞夫勒街（rue de Sèvres）的无原罪圣母（Immaculate Conception）堂。这座哥特式复兴教堂建于 1855 年至 1858 年，是一个范式的转变，打破了耶稣会的巴洛克和古典风格建筑的传统。

图2.5
位于徐家汇的土山湾孤儿
院：院子和小圣堂由马历耀
修士于1865年设计和建造
© AFSI 档案馆，Fr.F10

图2.6
徐家汇法国修女在圣母院的
小圣堂，由马历耀修士于
1868年设计和建造
© AFSI 档案馆，Tushanwan Album
1913

2.5

2.6

神父在视察结束后下令修建的。1868 年，为拯亡会的修女建造圣母院（图 3.5），这些修女是郎怀仁主教从法国召来的（图 2.6）。1867—1870 年间，在江阴、陆家浜和金家巷建造圣堂。1871 年，在安庆建造耶稣会驻院（图 2.20），并在佘山建造了还愿圣堂。1872 年，建造松江圣堂。1873 年，建造土山湾的加尔默罗修院。1874 年，建造上海美国租界的耶稣圣心堂。1877 年，开始在洋泾浜建造修女用房，然后是松江附近的马桥圣堂、网尖圣堂和徐汇公学（1878）的建设。1879—1881 年，完成了洋泾浜修女用房的建设，并在徐家汇建造了自然历史博物馆。1883—1884 年，在上海美国租界区内建造圣方济各沙勿略学校。1886 年，建造南京圣堂。1892 年，前往无锡重建被哥老会烧毁的教堂。1893 年，在佘山建造中山圣堂。……1894—1895 年，监督洋泾浜医务所的建设。1902 年他在那里逝世。这是他的最后作品。" [1]

这些建筑物大部分已不存在。耶稣会自身亦经常用钢筋混凝土结构的大型建筑替代原木结构建筑，例如佘山大殿和上海自然历史博物馆。其他的建筑在席卷江苏和安徽的全面抗战和解放战争中被摧毁，还有一些在上海及其周边地区的城市化进程中被拆除。

顾培原修士的讣告是马历耀修士撰写的。[2] 顾培原 1828 年 8 月 30 日出生于法国茹瓦尼（Joigny），后来在一个路政机构当学徒，学习地形测绘。1851 年加入了耶稣会，然后被派往巴黎附近的沃吉拉（Vaugirard）耶稣会公学，师从上文提到的耶稣会法国会省的建筑师马格洛里·图尔纳萨克神父。1865 年，他被派来上海，并于 1866—1867 年间建造了董家渡驻院和公墓小圣堂。1868 年他被派往南京建造驻院和学校。1870—1875 年间，他协助马历耀修士管理土山湾的工作坊，建造佘山驻院。随后，他被派往镇江和高邮兴建圣堂、驻院和学校。再之后，1884—1886 年担任土山湾木工部的负责人。1886—1896 年，在安徽省担任传教帐房司帐和建筑师，在那里建造了大教堂、芜湖驻院（图 2.7）、宁国圣堂和水东圣堂（图 2.8）。1896 年 11 月 12 日，顾培原修士因劳累过度在上海传教区医务室逝世。

图 2.7
从北面看芜湖圣堂，圣堂由顾培原修士设计和建造
© AFSI 档案馆，FCh

图 2.8
水东圣堂，由顾培原修士设计和建造
© THOC 2015

1   X, "Nécrologie. Le frère Léon Mariot", 1903, p. 142.
2   L.M. [Léon Mariot], "Le F. Jean-Baptiste Goussery...", 1897; Colombel, *Histoire de la mission du Kiangnan*, 3/3, 1900, p. 1306-1308. 顾培原修士的墓碑见：Ye / Shao (eds.), *Ren guo liu hen* / 人过留痕 / *Traces As Left...*, 2020, p. 59.

2.7

2.8

2.2 还愿圣堂

还愿圣堂建在佘山山顶，工期两年有余，自1871年1月至1873年4月。由于该圣堂于1924年被拆除，以便在同一地方建造现存的大殿，我们只能从少量的老照片和描述中重现其外观。[1] 大多数照片显示还愿圣堂主立面朝南，立于佘山之巅（图2.9）。幸运的是，法国耶稣会省的档案馆保存了一系列该堂内部的照片和一些外部特写照片。我们未能找到平面图、档案资料或者施工现场的照片，因此本书所提供的平面图（图2.10）是根据一些老照片和一张1918年的平面（图4.29）上所提供的历史信息重新绘制的。这个1918年的设计占地580平方米，可容纳500人。[2] 加上行道旁的附属建筑，山顶总共可容纳约1000人。

还愿圣堂的风格是新古典主义，有着白色的墙壁、贴以瓷砖的屋顶，平面呈希腊十字，即十字架具有四个等长的分支。根据西方传统，中心式平面由于其对称性和常配有圆形穹顶的中心点，而非常完美地适合于山顶建筑。从远处看，还愿圣堂让人想起安德烈亚·帕拉第奥（Andrea Palladio）的卡普拉别墅（Villa Capra，也叫圆厅别墅，The Rotunda），但仔细观察，这种比较就变得无关紧要。圣堂有一条南北向的主轴线，有不同的柱廊，没有圆形穹顶，内部空间是开放式的。主立面门廊有十根多立克柱，其下有三个入口，还有一个柱上楣构（entablature），一个与过道高度相同的三角门楣（pediment），而中殿（central nave）和耳堂（transept）更高（图2.11）。东西两侧各有一个四根柱子的门廊。除了北部的后殿外，十字架的其他三个分支各有三个入口，确保朝圣者从大楼梯和东西两面的平台顺利进入（图2.12）。圣堂主三角门楣壁上刻有基督的名号"IHS"，意即"耶稣，人类的救主"（拉丁语：*Iesus Humanum Salvator*），这也是耶稣会的会徽。在三角门楣的上方，中殿半月窗的两侧书有两个汉字（照片中难以辨认）。三角门楣侧面饰有字母组合圣若瑟的标志SJ和圣母玛利亚的标记AM（拉丁语：*Ave Maria*）（图2.13）。教堂后部朝北，完全没有窗户，以防止寒风进入教堂。

与外部的多立克式风格（男性化风格）相反，圣堂的内部为爱奥尼式风格（女性化风格），并以木材为主要材料（图2.14）。圣堂只有外墙砖是用灰泥覆盖，

---

1   Palatre, *Le pèlerinage...*, 1875, p. 99-106; Colombel, *Histoire de la mission du Kiang-nan*, 3/2, [1900], p. 193-195; Chevestrier, *Notre Dame de Zô-cè...*, 1942, p. 64-72.

2   长度为30.18米，最大宽度为23.30米。

图 2.9
1873 年 5 月前，从东南方向
看仍在建设中的还愿圣堂
（柱子尚未涂刷）
© AFSI 档案馆，F1.C2

图 2.10
还愿圣堂，根据老照片和比
例系统重绘的地面和屋顶平
面图
© François Coomans 和 THOC 2022

2.9

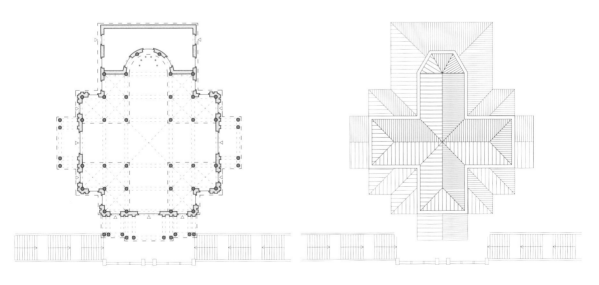

2.10

2.11

2.12

2.13

而整个内部结构——圆柱、拱门、拱顶和椽梁——均为木制。内部空间由高大的、柱身表面有凹槽的木柱所分割，它们支撑着半圆形拱，连续的柱上楣构和两个大型筒形拱（barrel vault）在十字交叉处相交。在北面，后殿有一个半圆形拱顶（a semi dome vault）。平面十字的每条分支都有走廊，上面是拱顶。拱顶全部由覆盖着灰泥的板条制成，因此它们很轻，不需要支撑。光线通过走廊的八个窗户以及东、西和南墙面上的三个半月形窗进入圣堂。在北面，光线通过后殿后面的走廊以及长廊东西两侧的窗户间接地进入至圣所。

圣堂里有三个祭台，都是土山湾工作坊制作的。主祭台位于后殿，上面是一个巴洛克风格的华盖，由六根扭曲的圆柱和一个带有长长的中文铭文的柱上楣构组成（在图片中难以辨认）（图 2.15）。这个巴洛克式的华盖显然参考了吉安·洛伦佐·贝尼尼（Gian Lorenzo Bernini）在 1623—1634 年为梵蒂冈圣伯多禄大殿（Saint Peter's Basilica）所设计和建造的伯多禄华盖（Saint Peter's Baldachin）。在还愿圣堂中，主祭台、圣体龛和来自法国的朝圣对象进教之佑圣像之上的华盖是视觉上的焦点（图 2.16）。光线从华盖的背面，从更衣室上

2.14

图2.14
还愿圣堂内景
© AFSI档案馆，Photo Album 1913

方的长廊进入，穿过后殿的开放拱门，并在白色的筒形拱中反射。

1870年代，这种西方式的对于圣像的陈列设计在中国是没有的。它完全不同于中国人在佛教、儒家和道教寺庙中所看到过的任何东西，尤其是雕像的小尺寸，朴素的室内装饰和从四面八方进入神圣空间的充足光线。进教之佑圣母立于天地之间的小山上，在朝圣者穿越松江平原的运河和稻田，登上佘山和竹林的旅程结束后欢迎他们。圣地、圣堂及其内部的吸引力无疑是巨大的。这正是耶稣会士的目标。

两个文艺复兴风格的侧祭台上面是大幅画像，其中一幅画像是圣母玛利亚、圣伯多禄和圣保禄，另一幅画是耶稣会的创始圣人依纳爵和方济各·沙勿略（图2.17）。在北面，后殿和侧祭台后面是一间更衣室，可以从两扇门进入，其上是有栏杆的讲坛，位于后殿的三个拱门之下。

山丘的地形体现了建造者所面临的建筑挑战：必须在顶部开辟一个平台，必须以人力从山下平原搬运所有建筑材料，必须建造一个能经受源于东海的恶劣天气和台风的建筑物。尽管存在这些困难，但建筑工事还是在1871年1月迅

2.15 | 2.16 | 2.17

图 2.15
还愿圣堂内巴洛克风格的
至圣所和主祭台
© AFSI 档案馆,Fi.C2

图 2.16
进教之佑圣母雕像,
法国制造
© AFSI 档案馆,Fi.C2

图 2.17
圣依纳爵和圣方济各沙勿略
堂的东侧祭台
© AFSI 档案馆,Fi.C2

速开始,山丘顶部被夷平,地基被打下。1871 年 5 月 24 日,南京宗座代牧区郎怀仁主教奠下基石,这一天是圣母进教之佑瞻礼,约六千人、十二位传教士和数个堂区的音乐队共襄盛典。[1] 当时在山顶上搭起了一个大帐篷,毗邻 1867 年建造的八角形小圣堂。奠下的基石包含两个铅匾,上面分别书以拉丁文和中文,回忆所许的誓愿,并提及郎怀仁主教、耶稣会会长谷振声、修士建筑师马历耀的名号(图 2.18)。

> "时维天主降生一千八百七十一年,西历五月二十四日,教宗庇护(今译为比约)第九位御极二十五年,大清同治十年四月初六日,统辖江南教务代牧耶稣会会长谷为求免本省应受之难矢愿上主,特敬圣母为进教之佑,敬建圣堂以酬前愿。
>
> 大司牧(即主教)耶稣会士郎行大礼祝圣磐石
> 工师耶稣会士马历耀"

这些碑文以及保护性的圣牌于 1924 年 1 月在新圣堂建设的开槽工程中被挖掘出来。人们还发现了一个装有献给圣母玛利亚、圣若瑟、圣依纳爵等的各种圣牌的瓶子。[2]

所有的建筑材料从上海经运河船运而至,再由人力肩扛到达山顶——砖块、石头、铺路石和瓷砖,整个木制结构和框架,门窗以及家具,还有石灰,甚至水。

1　X, "Nouvelles. Kiang-nan...", 1871, p. 41; Palatre, *Le pèlerinage...*, 1875, p. 89-90; Chevestrier, *Notre Dame de Zô-cè...*, 1942, p. 65-66.

2　X, "Travaux pour la nouvelle église...", 1924, p. 379-380.

聖母為特敬教之佑敬建　上主為特敬教之佑敬建　天主降生一千八百七十一年西曆五月　時維
工師耶穌會士馬曆耀　大司牧耶穌會士耶行大禮祝聖磐石　聖母堂以酬前願敬建　教宗庇護第九位御極二十五年　二十四日
　　　　　　　　　　　　　　　　　　　　　　　　　　　大清同治十年四月初六日統轄江南
　　　　　　　　　　　　　　　　　　　　　　　　　　　省教務代牧耶穌會會長谷為求免本

PIO PP IX FELICITER REGNANTE,
RR. DD. ADRIANUS LANGUILLAT, S. J.,
VICARIUS APOSTOLICUS NANKINENSIS,
EX VOTO,
QUOD, IPSO, VATICANUM OB CONCILIUM, ABSENTE,
R. P. AGNELLUS DELLA CORTE, S. J.,
MISSIONIS SUPERIOR GENERALIS,
NUNCUPAVERAT,
TEMPLI HUJUS,
IN HONOREM B. VIRGINIS MARIÆ AUXILIATRICIS,
PRIMUM LAPIDEM,
GRATUS ET LUBENS,
DICAVIT.
IX KALEND. JUNII MDCCCLXXI (24 MAII 1871.)
F. LEONE MARIOT, S. J., ARCHITECTO.

2.18

中殿高大的柱子是印度木材的树干，这项运输工作对于工人来说极为艰辛。颜辛傅神父将数百名工人在陡峭的山路上来来往往搬运建筑物资比拟为"一个蚁丘将其蜂拥而来的战利品一粒一粒地运走"。[1]他还指出，只有几名技工来自上海，其他搬运工人都是当地的非基督徒农民，他们是领取薪酬的。一些建筑材料是恩人们所捐献的，例如雕有石狮的石梯边上由浙江绿色花岗岩铺就的坡面。

1873年4月15日，郎怀仁主教举行了圣堂奉献礼[2]；5月，举行了一系列大礼弥撒和夜间烛光游行。这些隆重庆祝活动吸引了成千上万的朝圣者和好奇的围观者，他们从周围的村庄、上海以及松江地区乘船而来。[3]5月1日和5月24日是隆重的朝圣日，行大礼弥撒。1875年9月12日，从法国寄来的三口大钟被祝福并悬挂在山顶广场东南角上的八角木制钟楼中（图4.2）。三口大钟分别被命名为"无染原罪圣母""亚纳"和"小德兰"。几年后，第四口大钟被捐赠送来，于1878年4月28日被祝福，命名为"进教之佑圣母"。[4]进教之佑圣母所施予的最初恩宠不久就惠临，被视为圣迹，各种献礼（ex-voto）开始在圣地绽放。[5]佘山迅速闻名遐迩，并开始吸引越来越多来自江苏、安徽和浙江的朝圣者。ex-voto是朝圣者还愿的奉献，是他们看到自己的许愿获得了垂允而提供。它可以是带有说明的牌匾或小银心。对于中国人奉献给佘山的献礼，我们知之甚少。一张中山圣堂的老照片显示，主祭台上的画框周围挂着心形银坠（图2.27）。

总而言之，还愿圣堂是一座完全西式的建筑。只有外墙的铭文、建筑材料、

图2.18
还愿圣堂的汉语和拉丁语碑文
出自：柏立德神父，Le pèlerinage...，1875年，第89-90页（鲁汶大学，Sabbe 图书馆）

图2.19
1900年从南面看佘山：顶部是还愿圣堂，旁边天文台的圆顶正在建设中；山腰是中山圣堂和住院
©AFSI, Fi.C2

1　Chevestrier, *Notre Dame de Zô-cè...*, 1942, p. 66-72. 引文见第67页。

2　Chevestrier, *Notre Dame de Zô-cè...*, 1942, p. 78-82.

3　Palatre, *Le pèlerinage...*, 1875, p. 107-137; Pfister, "Correspondance. Kiang-nan...", 1873; Chevestrier, *Notre Dame de Zô-cè...*, 1942, p. 83-96 and 126.

4　Chevestrier, *Notre Dame de Zô-cè...*, 1942, p. 108-109.

5　Palatre, *Le pèlerinage...*, 1875, p. 137; Chevestrier, *Notre Dame de Zô-cè...*, 1942, p. 97-104.

2.19

南北轴朝向和南部平台上的八只花岗岩狮子是中式的。我们没有关于屋顶结构的资料，但推测它是按西方桁架的形式制成的，因为它是由马历耀修士设计的。

颜辛傅神父提到了给还愿圣堂的一些特别重要的捐赠。[1] 1880年9月，日意格（Giquel）夫妇给圣堂捐赠了一扇彩色玻璃花窗——很可能是普罗斯珀·日意格（Prosper Giquel），他是一位法国官员，曾与太平军作战，后来成为福州海军兵工厂的欧洲主任和外交官。他们的家仆阿毛捐献了一盏烛台，朝圣者则为他的皈依而祈祷。1881年，一位上海华人为主祭台之上的圣母玛利亚和圣婴雕像在巴黎打造了一纯金皇冠和光环。五月份的几个主要节日不仅吸引了朝圣者，非天主教徒也过来观看烟花、游行及其他宗教仪式。[2]

2.3 驻院和中山圣堂

一张罕见的1873年的佘山照片表明，除新竣工的还愿圣堂之外，山上的其他建筑均为本土的木结构平房建筑（图3.1）。这些传统的中国建筑与山丘顶部的新古典主义圣堂形成对比鲜明的两个建筑群，分别位于沿着运河的佘山入口处和半山腰。半山腰的建筑是鄂尔璧神父于1863年建造的休养所和一些附

1　　Chevestrier, *Notre Dame de Zô-cè...*, 1942, p. 114.

2　　Palatre, *Le pèlerinage...*, 1875, p. 111-113.

2.20

属建筑，以满足圣堂建筑工事和朝圣的需要。很快，那里就需要有一位或者多位神父常年驻守，以便接待朝圣者，并为山下各村庄堂区开展牧灵福传服务。

　　因此，有必要建造一个带有团体小圣堂（domestic chapel）、同时也能作为堂区圣堂之用的新驻院。这项工程分两个阶段进行。1875 年，马历耀修士和顾培原修士（见第 2.1 章）在休养所旁边建造了一座带有团体小圣堂的新驻院（图 2.2）。部分得益于朝圣活动的成功，一座由马历耀修士设计的圣堂（church）于 1894 年在原休养所所在之处建造，并与驻院相连（图 2.19）。这座圣堂同样献给进教之佑圣母，通常被称为中山圣堂（Middle Church）。

　　"驻院"（residence，拉丁语：*residentia*）是传教士或神职人员集体住房的总称。驻院不应奢华，但求"整洁卫生"，根据当时西方地区有益于健康的生活习俗和符合热带地区的建筑规范而设。此外，驻院应该具有一定的吸引力，以便确保传教士在当地居民眼中的地位。一些较为重要的堂区（parish）内都有小型驻院，毗邻堂区圣堂（church）和教会男校（boys' school）。这些小型驻院可以是中国风格的，表明传教士融入了当地社区。在有多位传教士居住的城市中，驻院往往比较大且偏于西方风格。每位传教士都应该有足够大的个人房间。一个很好的例子是马历耀修士于 1871 年设计并建造的安庆耶稣会驻院（图 2.20）。这座建筑仍然存在，像一座两层的法国小楼，带有对称的朝南五开间立面和一个轴向入口，通向宽阔的横向走廊、宽敞的房间（客厅、食堂和办公室）和一个大楼梯；楼上有一个类似的走廊和神父们的各个房间。[1] 宗座代牧（vicar

图 2.20
安庆驻院的南立面。驻院临近圣堂（后来的主教座堂），1871 年由马历耀修士设计和建造
© AFSI 档案馆，Fi

---

[1]　这座建筑在 1927 年至 1950 年间多次扩建，作为安庆代牧区、教区的中心，以及一位西班牙耶稣会主教的驻院所在地。

apostolic）们的驻院则更为宽阔，位于主教座堂（cathedral）和修院（seminary）旁边。总之，与公学（college）和大学（university）相关联的大型团体拥有较大的驻院，例如徐家汇、震旦大学以及董家渡的耶稣会驻院。

佘山的驻院与安庆的驻院属同一类型，但有七个开间的长度（图2.21）。它的风格是法式的，没有游廊，因此并不像华南地区许多侨民居住的建筑那样表现出殖民色彩。同样由马历耀修士于1878年建造的徐家汇耶稣会公学也属于同一类型，但分三层，长十四个开间。安庆驻院、佘山驻院和徐汇公学，这三个建筑均由同一位建筑师设计并建造于1870年代，展现了合理的、模块化的设计如何适应特定的建筑方案并有效地建造：刷白的砖承重墙、四坡屋顶、木地板和楼梯、宽敞的房间和走廊。这些建筑遵循了法国传统的理性主义设计方法，是由19世纪上半叶巴黎综合理工学院（Ecole polytechnique de Paris）迪朗（Jean Nicolas Louis Durand）所开创并传授的。[1] 毫无疑问，马历耀和顾培原两位辅理修士在法国耶稣会的建筑工地上接受过这种理性建筑的训练。

佘山驻院的建筑规划是特别的，尽管只有几位神父长期居住在那里，但在五月的朝圣季节以及神父年度避静期间，它需要容纳几十个神父居留。[2] 此外，餐厅必须能够接待尊贵的客人和部分朝圣团体。因此需要大量的宿舍、宽敞的走廊和大楼梯，一个会客厅、食堂和毗连的厨房，一间娱乐室，一座团体用小圣堂。此外还有为年老病弱的神父们准备的诊疗室，实际上好几位耶稣会士在去佘山朝圣后死于佘山或徐家汇的诊疗室。[3] 该驻院进深较深，因为各住宿房间布置在中央走廊的两侧（图2.22）。在楼上，从南面的房间和占据了东侧立面整个宽度的娱乐室，可以欣赏到松江稻田和运河的壮丽景色，向东一直延伸至七宝和上海。[4]

佘山驻院于1874年完成设计，1875年正式竣工。一座小圣堂（chapel）建于驻院旁边，作为神父的团体小圣堂和佘山附近一些天主教家庭的堂区圣堂（parish church）。1875年9月12日，高若天（Auguste Foucault）神父为驻院和团体小圣堂举行了祝福礼。还愿圣堂（Church of the Vow）无法履行堂区圣堂

1　Durand, *Précis des leçons d'architecture...*, 1802.
2　不仅是耶稣会士，其他修会的传教士也可以在佘山进行避静，例如上海的慈幼会，见: Penot, "La basilique de Zo-sè...", 1926.
3　1930年6月30日，艾赉沃（Léopold Gain）神父在佘山去世；1934年和1937年，吴道勋神父和安守约修士分别在朝圣归来的途中去世。Lardinois / Mateos / Ryden, *Directory...*, 2019, p. 73; Desnos, "Le Père Thomas Ou...", 1934; Lebreton, "Nos morts. Le Frère Eu", 1937.
4　Chevestrier, *Notre Dame de Zô-cè...*, 1942, p. 107-109. 该住所还在以下文献中有描述：X, "Le pèlerinage...", 1903, p. 88.

2.21

2.22

图2.21
1870 年代末，中山圣堂建造之前的佘山驻院和内部用小圣堂
© AFSI 档案馆，Fi.C3

图2.22
佘山驻院，内部走廊和楼梯
© THOC 2016

的职责，因为其位于山顶的位置使得老年人难以到达。1873年，葛宗默（François Croullière）神父接替卫德宣（Victor Léveillé）神父成为该堂区的本堂司铎[1]（pastor）。葛神父估算他的堂区信徒人数约为70人，他乘船至平原之地，以宣讲教理，施行圣事。[2] 大约20年后，人们迫切需要用一座能容纳500人的正规教堂来取代这个小圣堂，新建圣堂将通过一条走廊与驻院相连接（图2.23）。设计图由马历耀修士绘制，新圣堂于1894年11月4日被祝福，当时的传教区耶稣会长（mission superior）帅维则（Charles Sédille）神父主持了祝福礼。

中山圣堂作为驻院的延伸，建于休养所和团体小圣堂的遗址之上（图2.24）。中山圣堂的入口在西面，主祭台在东面，因此，它的朝向符合基督徒的传统，面向半山腰的平台（图2.25）（见第3.2章）。中山圣堂仅南立面和西立面可见，因为北立面与山坡相对，东立面则面向驻院。由于地形的原因，驻院与中山圣堂在南面并未对齐，这使得驻院的中央走廊能够延伸出一个四跨的拱廊，成为中山圣堂南立面的一部分。如今驻院和中山圣堂的南立面是抹灰的，但是老照片显示，之前只有驻院是白色抹灰的，而中山圣堂和门廊则是青砖砌成的，这标志着两个建筑之间的鲜明对比。如今，面向半山腰平台的中山圣堂主立面被抹上了灰泥，并涂上了砖饰面，而侧墙则是白色的（图2.26）。主立面是折衷主义风格，壁柱将立面分为五个开间，壁柱上升到与立面高度等同，并延伸出四个尖顶（图2.25），尖顶已不复存在。中央的开间包括主入口，上面有两个窗户，位于一个带有万福玛利亚徽号（*Ave Maria*）的大型半圆形拱门之下。立面的盲面（blind surfaces）[3] 装饰有漩涡花纹，其内刻有汉字。

中间窗口的两侧写着：进教之佑 / 为我等祈。
在右侧，朝圣者到达半山腰平台的地方写着：小堂筑山腰且憩片刻修孝子礼。
在左侧，朝圣者离开中山圣堂的地方写着：大殿临峰顶再登几级求慈母恩。

中山圣堂的平面很简单，包括五个开间，有一个宽阔的中殿，两个圆拱拱廊和狭窄的过道。过道延伸到第三和第四开间，它们与祭台组成侧面的耳堂，使整座中山圣堂平面呈十字形。主入口在西侧，有三个门。结构也很简单：外

---

1   司铎：天主教神父的正式称谓。领受铎品即指被祝圣为神父。
2   Chevestrier, *Notre Dame de Zô-cè...*, 1942, p. 26-31, 117-121.
3   指没有开洞的实墙部分。

2.23

图 2.23
佘山驻院，中山圣堂南侧的
游廊
© THOC 2016

图 2.24
从南面看中山圣堂和驻院，
1920 年代
© AFSI 档案馆，Fi.C3

2.25

2.26

墙、圆柱和拱门均是砖砌的，表面抹灰，而木制屋顶框架则是漆成深红色的西式桁架（带椽子）。由于缺少天窗，内部很幽暗，光线只能通过西立面的开窗和过道进入。在南通道的两个较大开间上方建起了一个神父专用讲道台，并直接与驻院二楼的中央走廊相连。神父们可以日夜使用它进行团体祈祷或圣体降福（朝拜圣体礼）。

图2.27
中山圣堂内景，约1900年
© AFSI 档案，Fi.C3

图2.28
中山圣堂内景
©THOC 2016

一张圣堂内部的老照片显示了礼仪空间的布局、家具和装饰的最初样式（图2.27）。主祭台是木制的，出自土山湾木工坊，高高地靠在东墙边，圣体龛上方的中央是陆伯都修士所绘的得胜圣母画像。主祭台具有文艺复兴时期的风格，许多元素都被镀金：带凹槽的科林斯式柱子和壁柱、柱顶造型、画像上方的半圆形拱券、形状类似于画像中玛利亚的心的小的心形还愿物，以及两行中文对联——右侧为"维持圣教攻斥群魔"，左侧为"默佑生灵开除左道"。在拱顶上方，鸽子形状的圣神从一个放射状的三角形中突显，两个总领天使雕像则立于拐角处。主祭台的两侧是两个副祭台，每个副祭台都有哥特式檐篷，下方分别安放耶稣圣心（左）和圣若瑟（右）的彩色雕像。

至圣所的神圣空间通过木制的圣体栏杆与圣堂中殿隔开，而木制的屏障又将圣堂的中殿分为两边，以区分性别：左边为女性，右边为男性。书有中文的大型水平牌匾悬挂在屋顶桁架的系梁上。最重要的牌匾在至圣所的入口处，写着"母仪天下"。这是一种赞美的表达，称赞玛利亚为母性中的最高典范，并颂扬了她对孩子的爱。[1] 圣堂中殿上方的木板上提到"勤恩复硕"，指的是每个朝圣者的发愿。整个圣堂的装饰是节日性的。祭台上布满了花，并装饰有蕾丝花边台布。每列柱子上都悬挂着几条带有题字（难以辨认）的丝绸条幅和与玛利亚有关的彩色横幅。垂坠的挂纱挂在每个拱门下，装饰着至圣所的屋顶桁架。在右边，可以清楚地看到通往驻院的通道，还有一个小的耳堂，耳堂的祭台上摆放着一位年轻的耶稣会圣人的雕像[2]，而神父专用讲道台的木制栏杆与前两跨的上部相交。黑白照片无法捕捉到烫金的丰富程度和丝织物的色彩。原来的家具和装饰已全部丢失，目前的家具是2015年左右翻新时安置的（图2.28）。

较晚时期，驻院和中山圣堂又增建了其他一些房屋。1924年，当新的大殿建设工作刚刚开始时，朝圣者无法攀至山顶，整个圣地的中间区域就变得越

---

1   在古代，中国人用这个词来赞美王后是宫中所有妇女的榜样。在这种背景下，天主教徒使用这
     个词来赞美教会的女王 —— 圣母。感谢宝拉·岳慧英（Paola Yue Huiying）修女的解释。
2   圣若望·伯尔各满（St. Jean Berchmans）、圣达尼老（St. Stanislaus Kostka）或圣类思·公撒格
     （St. Aloysius Gonzaga）。

2.27

2.28

发重要。在驻院东侧，比驻院更高、朝向更好的位置修建了一座房舍，作为徐家汇修院放假时修生们避静之用。一楼包括一个宽敞的餐厅、一间自修室、一间娱乐室、主管神父的房间，以及一个美丽的朝南游廊。二层有三间通风良好的大宿舍，可容纳 40 张床铺。有趣的是，得益于金山城古城墙的砖，[1] 这座房屋的高度增加了 2 米。金山是杭州湾沿岸的一座古城，在佘山以南约 50 公里处，建筑材料可以很容易地通过密集的运河网络进行运输。

现金捐赠使神父们得以收购佘山的东坡和西坡来扩展圣地，并逐步将它发展为区域性的朝圣地。除两座圣堂和驻院外，整个圣地都必须为日益增多的朝圣者扩建道路、增建接待用的基础设施（见第 3 章）。

---

1   X., "Travaux pour la nouvelle église…", 1924, p. 380.

第3章

Chapter 3

三个梯层的朝圣地

A Three-Level Pilgrimage

3.1

图3.1
从东南方的运河和圣地主入口处看佘山，1874年
鲁汶大学。© KADOC 档案馆，OFM 1646/1

图3.2
从东南方向的正门看佘山的三个梯层，约1905年
© AFSI 档案馆，Fi.C3

图3.3
发表在《佘山圣母记》小册子（约1900年）上的佘山地图
© AFSI 档案馆，FCh337

"1873年4月30日晚上，佘山运河上停了近1200艘船。没有任何多余泊位；每艘船都在可能停泊的地方抛锚。无分贫富，基督徒和异教徒并肩站在一起，场面非常安静。4月30日这一天，从运河岸边到山顶，巨大的人流沿着通往半山腰驻院小圣堂的小路欢快地向上移动，安静地走着苦路……从凌晨四点到日落，这里确实是一个默想和祈祷的地方。"[1]

毫无疑问，这段在朝圣地和还愿圣堂正式落成前夕有关佘山上人群的描述，已经被颜辛傅神父理想化了。那时朝圣地尚未被围墙圈起，道路净是石头（图3.1）。上山的朝圣者无序流动，必须疏导和组织，以示对此地神圣性的尊重。良好的人流组织在后来也是个必须持续关注的问题，因为朝圣者人数不断增长，另外山丘的地形也不允许开发适合大型游行的宽阔道路和大型广场。1912年之前，佘山只能沿着松江的运河坐船到达；之后，朝圣者可以搭乘火车到达松江，然后再乘船前往佘山。[2] 每逢重大节日，会有一千多艘船聚集在佘山脚下。

是否有可能估算1920年代之前，在主要的圣母节日期间涌入佘山的朝圣者人数呢？所有传教士，特别是耶稣会士，每年都会对洗礼、领圣体和其他圣事的举行进行各种统计，来佘山的朝圣者人数也在他们的统计范畴内。高

1   Chevestrier, *Notre Dame de Zô-cè...*, 1942, p. 83.
2   Olivier, "Pèlerinage à Notre-Dame de Zo-cé", 1912, p. 114-115.

3.2

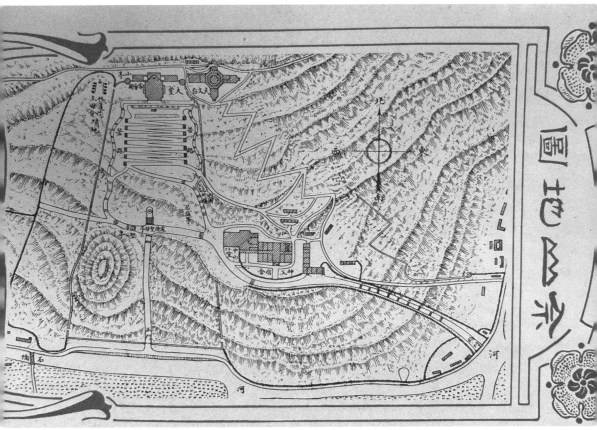

3.3

表 2 1907 年佘山朝圣高峰期间领圣体人次统计

时间		节日	人次
5月1日	周三	开圣母月（Opening of Marian month）	2500
5月5日	主日（Sunday）	常年期主日（Ordinary Sunday）	800
5月9日	周四	耶稣升天节（Ascension）	800
5月12日	主日	常年期主日	700
5月19日	主日	圣神降临节（Pentecost）	1400
5月24日	周四	进教之佑圣母（Our Lady Help of Christians）	2000
5月26日	主日	常年期主日	600
5月30日	周四	基督圣体节（Feast of Corpus Christi）	200
总计		9000	

　　龍鏨神父（Augustin Colombel）和双国英神父（Louis Hermand）分别提供了
1900 年之前、截至 1933 年的最佳统计数据。[1] 神父们有两种估计朝圣者人数
的方法。第一种是计算两座圣堂所分送的圣体数量。1907 年，那承福（Léon
Lamoureux）神父估计，在朝圣高峰的"圣母月"（五月）期间，分送的圣体数
量约为 9000 尊，其中 7000 尊分送于五月各日，2000 尊分送于圣母进教之佑节（主
保日）（表2）。[2] 如果我们将夏季和秋季的其他圣母庆节计算在内的话，领圣
体人数则多达 14 089，这是双国英神父确定的 1901—1910 十年间的年平均数（表
3）。[3] 这些数字会低于朝圣期间到访佘山的实际人数，因为只有领受了告解圣
事的天主教徒才可以领圣体。因此，该统计数据不包括那些没有领受告解的天
主教徒、信教儿童和非天主教徒。

　　第二种方法是计算船只，但这些船只的类型各不相同：渔船、货船、客船
和可以容纳七八人的船屋（houseboats），而敞篷船则可容纳 10 ～ 20 人（见第
3.1 章）。山宗泰（Eugène Beaucé）神父据此方法估算出 1908 年 5 月 24 日圣母进
教之佑节创纪录的朝圣人数：计有 2000 艘船，大约 14 000 名朝圣者。[4] 这些数

1　　Colombel, *Histoire de la Mission...*, 3 vols. [1900]: 1870 年至 1878 年的佘山, 见 vol. 3/2, p.109-112 and
　　　191-199; 1878 年至 1900 年，见 vol. 3/3, p. 734-739. Hermand, *Les étapes de la Mission du Kiang-nan...*,
　　　1933, p. 80. 亦见本书第二部分导论。

2　　Lamoureux, "Le mois de mai à Zô-cé", 1907, p. 226.

3　　Hermand, *Les étapes de la Mission du Kiang-nan...*, 1933, p. 80. 亦见本书第二部分导论。

4　　Beaucé, "Fête de N.-D. Auxiliatrice à Zô-cé", 1908, p. 152.

3.4

字显然是大略的，但也可供大致了解佘山朝圣地的接待能力。重大节日很容易
吸引超万人前来，他们在圣地内行动的每个阶段都必须以秩序和庄严来引导。

　　朝圣活动是如何进行的？为避免人流拥挤时段发生推搡意外，建造了哪些
基础设施？除了还愿圣堂和中山圣堂，山上还有哪些地方是朝圣者应前往的？
为了回答这些问题，本章考察了"圣山"的三个不同高度位置（图3.2）。朝圣
地的入口在山脚下，靠近码头。从那里，朝圣者向上走到半山腰，这里是中山
圣堂和本章将讨论的其他奉献场所所在地。下一阶段是沿着蜿蜒的苦路上升到
山顶，在苦路的顶端有通往还愿圣堂的楼梯。之后朝圣者必须通过另一条路线
返回，因为狭小的苦路不允许上山和下山的人群交叉（图3.3）。山坡上既没有
出售宗教或世俗物品的商店，也没有朝圣者的住所；朝圣者在他们的船上吃
住。[1] 在圣地内，唯一可以吃饭或住宿的地方是驻院，但它设有围墙，只有耶
稣会士和他们的客人才能进入。

1　　de La Servière, *Croquis de Chine*, 1912, p. 110.

除了颜辛傅神父的著作外，法国耶稣会士在他们的杂志《中国通讯》[1] 和《泽西岛书信集》[2] 上撰写的许多文章，以及大众书籍中的一些篇章[3] 都包含了有关朝圣活动的详细信息。上海耶稣会办的中文杂志《圣教杂志》会定期发表佘山朝圣的文章。[4] 有些照片记录了热闹非凡的重要时刻（图 3.19），还有乔永迁神父的一张珍贵的手绘图，图上展示了山上的朝圣（图 3.4）。令人遗憾的是，这些资料大部分来自传教士档案或文献，因此表达了一种单方面的、不加批判的观点，缺乏中国视角。然而，我们感兴趣的建筑和空间布局的问题，只能在这些传教士的资料中非常间接地得到解决，这些资料试图通过强调游行和仪式的精神层面和节日特征，例如音乐和大炮、烟花和灯饰、旗帜和条幅、会众和其他灵修团体的到来，促进对圣母玛利亚的宗教敬礼。

3.1 最低层：附近地区、运河和圣地正门

除了苦路外，通往圣地的入口以及山坡两侧的主要路径与以前的佛教寺庙是一致的（见第 3.3 章）。耶稣会士没有理由去费心费力改变它们，特别是因为朝圣地的两个主要核心——驻院和还愿圣堂占据的本就是古代寺庙的遗址。从1875 年起，圣地得到扩建，并得益于捐款而获得了邻近的土地：

"在继续施工建设和完善圣堂家具的同时，圣母的领地也通过购买位置良好的地块而得到扩大，新地块可以将圣地与任何分散注意力或令人不安的接触隔离开来。就这样，佘山的东坡和邻近的东山山丘西坡的一部分，逐步被成功地购置，从那里人们可以欣赏圣堂区域和驻院的景色，而且可以在那里建设一些相对独立的房舍。朝圣者的慷慨为耶稣会院的这些采购

1   X, "Le pèlerinage de N.-D. Auxiliatrice", 1903; X, "Zo-sè", 1934; Chevestrier, "Zo-cé. Mois de Marie", 1935; Bugnicourt, "Le charme de Zo-sé", 1935; Chevestrier, "Le Pèlerinage de 1936", 1936; Loiseau, "Le jour de l'Ascension à Zô-cè", 1936; L.D., "Au District Sud...", 1938; Chevestrier, "Pèlerinage à Zo-ce", 1939; Chevestrier, "Zo-Ce. Pèlerinage pendant la guerre", 1939.

2   Crouillère, "Pèlerinage de Zo-sé...", 1882; Vinchon, "Journal de voyage...", 1882; Chénos, "Une fête de Pâques, et le Pèlerinage de Zo-Sé", 1882; Giot, "En vacances à Zô-sè...", 1898; Hennet, "A Zo-Cé", 1905; Lamoureux, "Le mois de Mai à Zô-cé", 1907; Beaucé, "Fête de N.-D. Auxiliatrice à Zô-cé", 1908; Le Coq, "Un pèlerinage à Zo-cè", 1910; Le Coq, "Pèlerinage de N.-D. Auxiliatrice à Zô-cé", 1910; Olivier, "Pèlerinage à Notre-Dame de Zo-cé", 1912.

3   Palatre, Le pèlerinage de Notre-Dame Auxiliatrice..., 1875, p. 107-136; de La Servière, Croquis de Chine, 1912, p. 109-116.

4   《圣教杂志》中有 1913 年至 1937 年间发表的关于佘山的 45 篇文章。

提供了极大的帮助。一些人希望这些购置工作不要那么拘谨，范围应更广一些。因为对圣母而言，再美丽、再伟大的事物都不为过。建筑物、土地和木材，这一切都是属于她的。奉献的收入均用于维护她的圣地，维持对她的敬礼。"[1]

在修建公路之前，运河是通往佘山的唯一通道（图1.2）。那些乘船从上海来的朝圣者，晚上离开上海，次日傍晚才返回。离开徐家汇之后，他们会经过虹桥、七宝、泗泾等小镇，在那里添购食物，然后在早上抵达佘山。在北部，运河将佘山与青浦镇和朱家角镇连接起来。许多记载描述了这些团体的航船旅行，这增添了朝圣的欢乐气氛（图3.5）。[2] 朝圣者团体需要长时间的准备，提前租好船并分摊费用。组织者中有城乡堂区的神职人员，天主教学校的教师，修院的院长，男女修会团体的院长，圣母会、童子军、医院、孤儿院等处的负责神父等。这些团体实际上反映了天主教社群的社会组成部分。当朝圣者上山时，船主会等待他们直到约定的返回时间（图3.6）。租来的这些船只通常较为宽敞，而且是平底的，一部分覆盖着铁皮顶以避雨或遮阳。它们由支桨和双桨推动，而较大的船则设有船帆，当船从桥下经过时船帆都必须折叠起来。这些团体朝圣活动充满欢声笑语，有时甚至有点嘈杂，因为有时船只会阻塞河道交通，有时羊肠小道或圣所平台上会拥挤推操。对不少人而言，能在湿热夏天尚未到来的五月份乘船穿越乡野本身就是一件乐事。

自1912年起，上海、嘉兴和杭州之间有了铁路，朝圣者可以在松江站下车，再从那里乘船南下经张浦桥镇到达佘山。史式徽神父描述了董家渡堂区是如何由天主教慈善家陆伯鸿组织，使用快速和现代化的交通工具前来朝圣的：

"约有一千人参加；他们几乎都来自社会最底层；陆家嘴纺纱厂派出了一个由大约百名男女工人组成的代表团。火车专列在离佘山最近的松江站停靠下客；从那里，大约有三十艘大船绑在一起，由两艘朱家工厂的拖船牵引，将朝圣者带到圣山脚下。……所有旅费都由董家渡的几个豪门来承担；他们的慈善举动让上海贫困的基督信徒每年都能够在进教之佑圣母朝圣地度过几个小时快乐和舒适的时光。"[3]

1　　译自法文：Chevestrier, *Notre Dame de Zô-cè*..., 1942, p. 115.

2　　Vinchon, "Journal de voyage...", 1882, p. 279-281; Le Coq, "Un pèlerinage à Zo-Cé...", 1910; Loiseau, "Le jour de l'Ascension à Zô-cè", 1936, p. 474-478; Bugnicourt, "Le charme de Zo-sé", 1935, p. 198-190.

3　　译自法文：de La Servière, *Croquis de Chine*, 1912, p. 111.

图 3.5
朝圣者到达佘山南麓横跨运河的石桥，1900 年以前
© AFSI 档案馆，Fi

图 3.6
退潮时分，正在等待朝圣者返回的空船
© AFSI 档案馆，Fi.CI

从1940年代末开始，松江公路建好了，佘山便吸引了更多的人。慢慢地，公交车替代了船只，这使得在上海、江浙等地组织去佘山的一日朝圣变得更为便捷舒适。[1]

一张1874年的照片显示了中山驻院建造之前朝圣地的入口通道和布局（图3.1）。它显示了道路的起点，从上海抵达的船只运来还愿圣堂所需的建筑材料后，工人们正是沿着这条道路将材料运到山顶。不久之后，一个码头和一个石制入口为朝圣者建造起来。周边地区的教友会乘坐小渔船抵达，而上海人则乘坐上文提及的较大的船只。照片显示，在朝圣旺季，佘山运河上会挤满数百艘船只（图3.7）。在5月24日进教之佑圣母节日期间，大量的朝圣者在前一天晚上抵达，以便观看山上的烛光与夜色；然后他们回到船上过夜，待早上一开放就挤进圣地，占据最好的位置。松江知县通常会派士兵在朝圣地外维持秩序，并向空中鸣枪行礼。朝圣活动也会吸引街头小贩，但他们不得进入朝圣地。[2]回程时，大家回到自己的船上，需要耐心等待，依序驶出。

为了组织进山秩序，神父们在圣地入口处设置了一处石制标识，一个中式的牌坊式大门（图3.8）。[3]这个石制入口是个混合体：其三开间、两层的大致外观和装饰是中式的，但是栅栏门的存在、屋顶的消失，以及顶部耸立着雕像，这些不是中式的。可以看出，神父们希望以中国人熟悉的建筑来迎接朝圣者，同时也清楚地表明，牌坊只是一个在护守天使的保护之下带有栅栏的大门（栅栏最初是木制的，后来改为铁的）。这个"上天之门"标志着"圣山"的入口。今天它仍有部分保存下来，但已被增建了两跨并被修复过（图3.9）。原来的彩饰已经消失，顶部的装饰（狮子、鱼和冠饰）也大多被重修（图3.10）。在牌坊的正立面，有圆形的圣母圣号AM（*Ave Maria*）字母组合，并伴有三联铭文：

"进教之佑"（中间门楣上）

"侍卫圣母"（右）

"奉事耶稣"（左）

其他建筑物位于山脚下，包括守门人居住的小屋，因为无论谁都不能随意

1　关于乘巴士朝圣，见：Madsen / Fan, "The Catholic Pilgrimage to Sheshan", 2009, p. 84 (in the 1930s), p. 75-76 (in 2004).

2　de La Servière, *Croquis de Chine*, 1912, p. 113-114.

3　Hermand, "Portiques chinois", 1913-14.

3.7

随时进入圣地。一扇带有尖刺的高门保卫着圣地的入口。[1] 在每年5月24日进教之佑圣母庆节举行夜间烛光礼期间，只有男性才可以进入圣地。[2] 一张旧照片显示了位于山脚下水边的拯亡修女会（现称拯望会）的会院（图3.11）。这些修女会本驻在上海徐家汇附近的圣母院中，她们在佘山朝圣地旁边设置了一处避静之所。此外，还有一个仓库，用来存放几只神父们闲暇时使用的西式小船。[3]

　　1900年建造天文台之时（见第4.1章），有人提议在徐家汇和佘山之间铺设一条道路。从印度受派前来建天文台的柏应时（Robert de Beaurepaire）神父进行了基础的地形测绘，他"费了很大的气力，因为天气开始变得非常热，而这个平坦的地区被百千条河所切割，到处看上去都一样，勘测实为不易"。[4] 公路建设得比较晚，第一条松江—佘山公路大约在1936年建成，随后建成的是佘山—上海公路（图8.13）。[5] 此后去佘山朝圣可以乘坐公交，也可以坐私家车，都比坐船要便捷得多。

1　　Olivier, "Pèlerinage à Notre-Dame de Zo-cé", 1912, p. 116.
2　　de La Servière, *Croquis de Chine*, 1912, p. 114.
3　　其中一艘是从法国进口的小帆船，被命名为"圣女贞德号"（Joan of Arc），以英法百年战争中的圣女为名。参见第1.2章。
4　　[Chevalier], "Le nouvel observatoire de Zo-Cé", 1900, p. 188-189.
5　　Bugnicourt, "Le charme de Zo-sé", 1935.

图3.7
一个朝圣日，圣地正门附近运河上的中小船只
© AFSI 档案馆，Fi.C2

图3.8
朝圣地的牌坊式大门、围墙和栅栏
© AFSI 档案馆，Photo Album 1913

图3.9
朝圣地正门现状
© THOC 2016

3.10

3.2 中层：山腰平台和三圣亭

  沿着从朝圣地入口开始的主路向上，朝圣者将到达南坡约一半高度的平台。这个地方曾经是一座佛教寺庙所在地（见第1.1章），耶稣会士于1863年在该处建造了疗养院（见第1.2章），然后在1875年将其改建为驻院，并最终于1894年建造了中山圣堂（见第2.3章）。由于位于半山，地形相对平缓，仅进行一些地形修整，即可建造建筑物和平台。半山腰不仅是朝圣地的重要枢纽，也是从山脚下正门到达山顶还愿圣堂的必经之地。

  在上山的第一阶段结束时，山腰为朝圣者提供了一个休息的地方。覆盖着高大树木和竹林的平台和小径为朝圣者提供了些许凉爽。1876年，在中山圣堂建造之前，耶稣会士就在平台上竖起了一座露德圣母亭。之后，分别在

图3.10
正门细部
©THOC 2016

图3.11
佘山东麓的拯亡修女会会院
©AFSI档案馆，Fi.CI

3.11

1904年和1905年，又在那里建造了耶稣圣心亭和圣若瑟亭。在天主教传统中，耶稣、玛丽和若瑟组成了"圣家"。这三座亭在中文中被称为"三圣亭"（图3.12）。颜辛傅神父是我们了解这些碑亭历史的主要来源。[1] 我们今天看到的三圣亭都是重建的，与原来的相比，还原程度不一。

　　早在1876年5月，一尊露德圣母像就被从法国运到佘山，并安放在驻院西面的基座上。法国神职人员和传教士热心宣扬对露德圣母的敬礼（见第1.3章）。因此，1858年法国教会正式承认对露德圣母的敬礼，以及雕塑家约瑟夫-于格·法比施（Joseph-Hugues Fabisch）1864年雕塑的圣母像运到中国，都是顺理成章的。[2] 在佘山，耶稣会士于1878年9月将圣母雕像放置在一个能让人联想到

1　　Chevestrier, *Notre Dame de Zô-cè...*, 1942, p. 113-114 and 118-125.
2　　Touvet, *Histoire des sanctuaires de Lourdes...*, 2 vol., 2007-2008.

3.12

露德的山洞内。然而，这个山洞并没能吸引太多的中国朝圣者，他们更喜欢那些"更符合当地品味的东西，其中包括主要用于装饰中式园林的亭子"。[1] 基于这个原因，露德圣母雕像于1887年被安放在一个木制亭子中。该亭子于1897年倒塌后，取而代之的是一座石制的、带有尖顶和哥特式尖塔的大型六角阁亭，这是根据葛承亮修士的设计而建造的（图3.13）（见第4.2章）。该阁亭整体优雅且具有纪念性，饰有锻铁大门和灯具，位于十四级台阶之上。这个朝南的亭子成为朝圣者们最喜欢拍合照的地方（图3.14，图3.15）。[2] 本书结论部分将诠释这个亭子的象征意义。

　　1904年，第二座阁亭被建在平台的西端，这是为纪念耶稣圣心而造的（图3.16）。圣心是对耶稣之心的敬礼，象征着天主之爱，祂取了人性且为人献出了

图3.12
从中山圣堂的台阶看中层平台
© AFSI 档案馆，Fi.C3

1   Chevestrier, *Notre Dame de Zô-cè...*, 1942, p. 122.

2   一位游客甚至试图爬到雕像上摆姿势拍照，结果很富戏剧性。Chevestrier, "Un procès à propos de Zo-cè", 1937.

生命。这敬礼源自法国，始于1765年，1856年由教宗比约九世扩展至整个天主教会。巴黎圣心大殿的建造就是这一运动的一部分（见第6.1章）。位于佘山的圣心亭面朝东方，正对着中山圣堂的立面，位于二十四级台阶的顶端。彩色的雕像符合传统的耶稣圣心图像：成年的耶稣用右手指向祂那被十字架刺穿的心脏，心脏的周围是荆棘和火焰形的冠冕。在雕像周围，四根铸铁柱子支撑着一个由高高的金字塔尖和四个三角形山墙组成的篷顶。在柱子和篷顶的交界处，饰有工艺美术风格的锻铁几何图形，可以用来悬挂红色和黄色的小型玻璃灯笼，在庆节期间照亮雕像。这座阁亭是由上海的建筑承包商约翰·贝尔（John Bell）和爱德华·贝尔（Edward Bell）捐赠的，他们设计并免费建造了这座阁亭。[1] 通常圣心亭被用来举行露天弥撒，神父会站在台阶的最顶端俯视下方平台上的朝圣者。

1905年，在露德圣母亭和中山圣堂之间，新增了第三座奉献给圣若瑟的阁亭。这座阁亭由一位匿名捐助者奉献，规模较小，位于七级台阶之上（图3.17），有一个由四根柱子支撑、四个半圆拱组成的篷顶，再上面是一个小圆顶，周围有四个尖塔和城垛。雕像将圣若瑟描绘为一位留着胡须的男子，左臂抱着小耶稣，右手持象征童贞的玉簪花。

有一种做法值得在这里提及，因为它说明了耶稣会士提倡的敬礼是如何变成了一种难以控制的迷信行为——许多中国朝圣者渴望得到传统医学无法提供的治愈，而早在1876年，神父们开始提供"露德圣水"，并立即取得了成功。

> "……大水罐被安置在（雕像）前面，里面装满了普通的水，再倒入几滴露德圣水。很快，不仅仅基督信徒，连外教人也养成了前来喝这水并带一些回家给病人喝的习惯。……在节庆日或朝圣期间，这些盛'圣水'的大罐每天必须装满好几次。……许多人接连被治愈，结果带来了很多精美的礼品，那些受恩于圣母的人借这些礼物表达他们的感激之情。"[2]

"露德圣水"成了一种迷信，但似乎也带来了大量奉献，神父们对此深感不安，于是在1897年建造了一座哥特式阁亭，以期抑制这一迷信仪式。几年后，圣若瑟阁亭后面的山丘岩石旁开始有水流出，朝圣者借此恢复了迷信行为，神父们对此无能为力。"我们告诉他们这既不是泉水也不是圣水，但都是徒劳，

---

1   没有发现有关这些承包商的信息。
2   译自法文：Chevestrier, *Notre Dame de Zô-cè...*, 1942, p. 113，122.

图 3.13
露德圣母亭，1920 年代
© AFSI 档案馆，Fi

图 3.14
一群上海女学生在露德圣母亭前，1930 年代
© AFSI 档案馆，Fi

图 3.15
圣若望公学（Saint John's College）的小乐队和管弦乐团在露德圣母亭前，1932 年 5 月 22 日
© AFSI 档案馆，Fi

3.14

3.15

3.16

图3.16
耶稣圣心亭，约1900年
© AFSI 档案馆，Fi.C3

图3.17
圣若瑟亭，约1910年
© AFSI 档案馆，Fi

3.17

什么也阻挡不了他们前来打水。人们说，这水能治百病。"[1] 神父们用木板盖住了水坑，但无济于事，前来取"圣水"的人会直接把木板扔到一边去。

在节庆日，山腰的平台有时会挤满从四面八方涌入的朝圣者，以及到三圣亭前祈祷或到中山圣堂排队等候忏悔的人（图3.19）。连接两座圣堂的行进队伍组织有序，确保了圣地默想祈祷与肃穆的氛围。神父们召唤徐家汇耶稣会的初学生前来帮忙，他们也乐于前来佘山。[2] 忏悔（告解）圣事是在5月24日和其他重要节庆日领圣体的一个条件，中山圣堂会举行数百次告解圣事，多位神父依照次序分别提供几个小时的服务。[3] 不难想象，忏悔者被要求的补赎包括在三圣亭前祈祷或者拜苦路善功。

3.3 山顶：苦路、平台和狮子楼梯

中山圣堂的西北角是大楼梯，游行队伍和朝圣者通过它登上还愿圣堂（图3.20）。石台阶陡峭，共有七段阶梯（图3.21）。朝圣者往上爬的时候，可以遥望山顶的教堂（图7.19），1936年后还可以看到塔楼和圣母雕像（图3.22）。经过几段直直的台阶之后，朝圣者会发现自己位于一座建于1907年、名为"山园祈祷"（Grotto of the Agony）的山洞之前。这是一座中式假山，有一尊基督跪着祈祷的雕像，在其面前是一尊手持圣爵的天使雕像（图3.23）。这座纪念山洞让人想起《圣经》中记载，基督来到耶路撒冷革泽马尼橄榄园（Gethsemane），在被犹太卫兵逮捕并被判死刑之前向天父祈祷。这座纪念山洞位于一个十字路口，朝圣者可以选择继续沿着蜿蜒的苦路向上攀登，也可以直接前往还愿圣堂。

苦路是纪念基督受难的十四处，从祂被定死罪开始，到被钉在十字架上，再到被埋葬为止。苦路是仿照历史中耶稣在耶路撒冷所走过的受难之路（via dolorosa）。对圣母玛利亚的敬礼有利于对基督受难的敬拜。这敬拜礼已成为基督徒可以在圣堂中施行的虔诚和默想的行动，通常教堂中殿侧面或过道的侧壁上均悬挂着十四处苦路的绘画或印刷圣像。土山湾的画室和印刷厂（见第4.2章）就为中国的各圣堂制作苦路像。大多数大型天主教朝圣地都设有露天雕刻的苦路。

---

1   Chevestrier, *Notre Dame de Zô-cè...*, 1942, p. 125.

2   Hennet, "À Zô-cé", 1905, p. 8-9; Beaucé, "Fête de N.-D. Auxiliatrice à Zô-cé", 1908, p. 151.

3   de La Servière, *Croquis de Chine*, 1912, p. 113.

3.18

图3.18
从中山圣堂的大门看山腰平
台。临时搭制的竹子结构
和旗帜表明照片拍摄于五
月,即朝圣旺季。白色的小
钟楼在修建大殿时被移到了
平台上,见图7.19
© AFSI 档案馆,Fr.C7

图3.19
大批朝圣者在中山圣堂前的
半山平台上,1911 年后
© AFSI 档案馆,Fr.C7

3.19

图3.20
游行队伍走下大楼梯，1911
年后
©AFSI 档案馆，Fi

图3.21
一群中国和法国耶稣会受
培会士站在大楼梯上，约
1900 年
©AFSI 档案馆，*Album Zikawei*

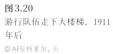

3.20

3.21

3.22

3.23

设立户外苦路是将空间神圣化的一种方式。佘山的苦路与还愿圣堂的建造是同时期的，于1873年4月15日由郎怀仁主教举行落成典礼。[1] 颜辛傅神父记述了这苦路的起源：

> "为减轻朝圣者上山之苦，有必要开辟一条'之'字形的道路。设立十四处苦路的想法油然而生，它能让信众们缓慢且不太疲倦地登上平缓的山坡，同时也能表达自己的虔敬。……因此，山丘的曲折线被设计成这样，以便更容易地布置苦路（图2.1）。其宽度须足以让至少三个人并排行走。整个路径被分成十四条折线，每条约四十米长，它使山坡变得非常平缓。在折线的拐角处，我们竖立了……具有托斯卡纳装饰屏的苦路站，高3米，其后有一个壁龛，开口处有铁栅栏加以保护。古铜色铁质浅浮雕，无惧时间导致的损伤，让人想起耶稣基督受难的各种场景。……刻于石头上的汉字铭文描述了每处苦路的含义。苦路的尽头是一个有顶的广场，在广场的尽头矗立着一个大十字架。"[2]

在佘山最早的照片中，由于缺乏植被，苦路清晰可见（图3.24）。那时的朝圣者不像今天这样，可以在树荫遮挡下爬山。从1873年开始，大多数到佘山的朝圣者都拜苦路，以列队、团体、家庭或个人的形式，从中山圣堂直到山顶圣堂。这条路有十四个转折点，每一处苦路转一次（图3.25，图3.26）。朝圣者在每一处前都会下跪敬礼，然后站起来继续向前。[3] 在第十四处之后，朝圣者将到达一个平台，从那里经由一段台阶抵达十字架亭子，然后到达通往山顶的狮子楼梯。

现在的苦路与1873年的情况有些不同。一是通往天文台的道路切断了第六处和第七处的连接，导致几个"之"字形消失了，苦路的几处不得不合并在一起；二是苦路的各处及其浮雕都经过了重建，与原作有所不同（图3.27）。

同样建于1873年的狮子楼梯是向上攀登的最后阶段：30级4米长的台阶通向最上层的平台和还愿圣堂南门廊（图3.28）。站在这块海拔近100米高的平台上，朝圣者可以欣赏到南边松江平原和东边上海的壮丽景色。神父有时会在这个平台向聚集在楼梯脚下和苦路上的人群讲道。[4] 马历耀修士将在古老佛

1   Palatre, *Le pèlerinage...*, 1875, p. 109-110, 113 and 126.
2   Chevestrier, *Notre Dame de Zô-cè...*, 1942, p. 73-75（作者的翻译）.
3   《题登佘山随众信友朝拜十四处苦路事迹联并序》，《圣教杂志》年9月；X, "Zo-sè", 1934, p. 99.
4   Palatre, *Le pèlerinage...*, 1875, p. 126.

3.26

教寺庙遗址上发现的八只石狮子整合到了平台栏杆之中（图 3.29）（见第 1.1 章）。八是中国文化中的吉祥数字，这八只中式守护狮子与南门廊的十多根多立克柱组合，创造了一个非常原始的文化交流场所，这被耶稣会士解释为对古老"异教圣地"的基督教化（图 3.30，图 C.7）。事实上，中国的守护狮子通常是成对出现、对称分布在寺庙或宅院大门两侧。在这里，四对狮子被整合在一个栏杆中，令人无法从两只中间穿过，改变了石狮子的传统象征功能，将它们转化为大型基督教圣堂入口处的装饰元素。[1] 在 19 世纪传教士的心目中，圣堂不需要狮子保护，因为它处于天主、圣母玛利亚和天使的保护之下。1930 年代建造新大殿时，楼梯被保留了下来，但狮子被移除了。毫无疑问，对于古老的佛教寺庙的记忆已经褪去，耶稣会士要么认为没有必要将这些"异教迷信"的遗物保存在如此显眼的地方，要么是不想让新大殿显得中国化（见第 8.3 章）。狮子于是散落在场地周围，主要是在楼梯底部，有一些被毁坏（图 3.31）。

---

1   X, "Le pèlerinage de N.-D. Auxiliatrice à Zo-Cé", 1903, p. 90-91.

3.27

今天，宏伟的大殿占据了整个山顶，而当时小得多的还愿圣堂则位于两块空地的中间，一块在东边供男性使用，另一块在西边供女性使用。[1] 自从1873年以来，每块空地上建有一个大厅或大房间，供朝圣者一边休息一边等待进入圣堂。当还愿圣堂人满时，这些大房间也可以用来做弥撒。[2] 在两个空地的尽端是两座八角形小圣堂，采用多立克式风格，覆盖着中式金字塔形瓦屋顶（图3.32，图4.3）。在男性使用的东侧广场，小圣堂是奉献给圣若瑟的；而在女性使用的西侧广场，小圣堂奉献给圣天使。这种性别化的空间划分对应圣堂内部的空间划分：男性通过三个东门进入圣堂，并在一侧耳堂和中殿的东部就位，而为女性保留的空间则对称地布置在教堂中殿的西部和西耳堂（见第2.2章）。

1900年后不久拍摄的一张照片呈现了天文台建成之后空地东南角的情形（图4.2）（见第4.1章）。这座带有金属圆顶和锯齿状墙壁的新建筑打破了山顶

图3.27
新十四处苦路
©THOC 2016

图3.28
狮子楼梯，以及朝圣者在露台上欣赏风景，1912年之前
©AFSI档案馆，Fi.C2

图3.29
狮子楼梯顶部的露台在圣堂门廊（右）和八只狮子之间形成了一个可观览全景的空间，约1900年
©AFSI档案馆，Fi.C2

1   Palatre, *Le pélerinage...*, 1875, p. 100.
2   Colombel, *Histoire de la Mission...*, [1900], vol. 3/3, p. 736.

3.28

3.29

3.30

3.31

图 3.30
从东面广场（供男子使用的
一侧）看狮子楼梯和还原圣
堂的门廊，约1900年
© AFSI 档案馆，Fi.C2

图 3.31
原来露台上的一只小石狮，
现被移到了楼梯底部
© THOC 2016

3.32

的视觉和建筑平衡。圣若瑟小圣堂几乎与天文台相邻，并与另外一个木制八角亭共享着这块空地。这不是一个小教堂，而是一个八角形的小钟楼，里面悬挂着小钟。还愿圣堂没有塔楼，因为根据关汝雄（François Le Coq）神父的说法，"异教徒们很难接受建造一座塔楼"。[1] 1920—1935年建设大殿时，木制的八角形钟塔被移到了半山腰的台地上（图3.18）。

最后，倪怀纶主教"想给他的修生们和主母会的修士们一个中国人在这个世界上所能得到的最大的安慰，即保证有一个受人尊敬的坟墓"。[2] 于是在1889年，在教堂西面的山顶上为中国修生和修士们建了一座专门的墓地。天主之母的教理员们，更为人所知的名称是主母会修士，是在上海、海门和崇明的各教会学校任教的中国圣母会修士。[3] 南京代牧区的修生们也是中国人。1924年，为了建造新的大殿，这座墓地不得不搬迁。[4]

1　　译自法文：Le Coq, "Un pèlerinage à Zo-Cè", 1910, p. 35.
2　　Colombel, Histoire de la Mission..., [1900], vol. 3/3, p. 737.
3　　G.M., "Les Joséphistes-Maristes...", 1909.
4　　X, Travaux pour la nouvelle église..., 1924, p. 379.

自从还愿圣堂建成以来，本章所描述的佘山山顶的形态受到了两波深刻变革的影响。第一波开始于1899—1901年天文台的建设（见第4.1章）。这一影响因为在天文台进行的重要科研工作而持续增长，先是耶稣会士们发起的科研，接着是1940年代后期中国科学院上海天文台的活动。天文台增加了几台望远镜，山顶东西两侧建起了更多的建筑。第二次发生在1920—1930年间，正是新大殿建设期间。这项建设包括大量的土方工程，向西扩展平台，并在1947年为来自西侧的游行队伍开辟了一条新的道路（见第7.2、7.3和8.1章）。

第4章
Chapter 4

两座圆顶：科学与信仰
Two Domes: Science and Faith

1900 年前后，得益于上海城市的显著发展，上海耶稣会的传教事业进入了一个新的发展阶段。[1] 耶稣会士于19世纪下半叶兴建的许多建筑都被新的建筑所取代。他们最重要的成就是1903年在法租界成立的震旦大学[2] 和1905—1910年间在徐家汇建造的圣依纳爵罗耀拉大教堂——1933年上海成为宗座代牧区中心时，这座圣堂被提升为主教座堂。主教座堂，按照其主教的解释，表达了普遍的天主教信仰；而大学将从基督教的角度为科学研究和教育做出贡献。科学与信仰的结合是耶稣会在全球范围内进行的精神和教育活动的重点。1936年，震旦大学顾鸿飞（Gaëtan de Raucourt）神父在《震旦杂志》发表文章，对18世纪后期以来理性主义和科学主义将天主教会视为科学和理性的敌人表示谴责。他回顾了特别是自教宗良十三世（Pope Leo XIII）以来，教会为鼓励建立科学教育和研究机构所做的努力。[3] 在20世纪上半叶，上海成为耶稣会文化传教事业和法国文化事业最杰出的典范，但却被批评为无法适应中国文化和受众（见第6.3章）。

乘着飞速发展的东风，上海的耶稣会士也对佘山进行了改造。1894年完成中山圣堂建设后（见第2.3章），他们于1899—1901年间在还愿圣堂旁边建造了一个天文观测台（图4.1）。耶稣会士显然是追忆起了17世纪康熙时期的数学家和天文学家南怀仁（Ferdinand Verbiest）神父，以及他在北京设立的著名皇家天文台。但是，20世纪初的情况已经今非昔比。首先，清帝国处于衰落之中，佘山天文台的建设正逢席卷山西、山东、河北和北京的义和团运动，该运动在北京达到高峰，最终以皇家的屈辱离京、首都和紫禁城被八国联军攻陷而告终；其次，江南耶稣会的传教是19世纪民族主义和殖民主义传教精神的一部分，这与17世纪利玛窦和他的同伴所倡导的文化适应（本地化）有很大不同；第三，工业革命带来的不断创新使得西方的科学和技术极大发展，包括耶稣会学者在内的西方人因此自感高人一等。

　　　"从远处看，（天文台）的圆顶与朝圣地融为一体。这难道不是不同形式下的同一使徒事业吗？我们的前任们明白这一点，而我们，怎么能在这块饱含传统的土地上忘记它呢？"[4]

1　Denison / Ren, *Building Shanghai...*, 2006, p. 79-125 (Chapter 4: "Becoming a City, 1900-1920").

2　Durand, "L'Aurore", 1905 (with programme and regulations); de La Servière, "Une université catholique en Chine...", 1925.

3　de Raucourt, "La Science et l'Église en Occident", 1936, p. 18-24.

4　译自法文：X, "Le pèlerinage...", 1903, p. 94.

4.1

图4.1
还愿圣堂附近的天文台建成
后佘山的新面貌，1910年
至1922年间的照片
© AFSI 档案馆，Fi.C.I

自1900年以来，科学和信仰就一直以一种不失矛盾的视觉关系共享着佘山山峰。从远处观看，天文台的金属圆顶因其罕见的形状吸引了所有人的注意力，在阳光下闪闪发光（图4.1）。近距离观看时，天文台却给还愿圣堂的新古典主义风格和上层平台上的中式屋顶增添了视觉上的混乱（图4.2）。因此，天文台建成后不久，以一座新的朝圣教堂来取代还愿圣堂的想法就开始萌芽。但耶稣会士首先需要完成徐家汇圣依纳爵主教座堂的重大建设项目，该项目已于1906年10月7日奠基。[1]

在1911年清帝国灭亡和1912年1月1日中华民国成立后，以新的朝圣教堂取代还愿圣堂的计划即被提上日程。1917年，一座具有两座钟楼、安置着圣母玛利亚雕像的圆顶的圣堂完工，并计划于1920年，即"许愿"50周年之际举行祝福和启用礼。

上海和徐家汇的转型为何以及如何影响了佘山？天文台和朝圣之间有什么关系？佘山朝圣地新圣堂的建筑师是谁？这个新圣堂的灵感来源于何处，建筑带来的争议又有哪些？在圣堂圆顶上安置圣母玛利亚雕像的想法从何而来？

---

1   X, "Bénédiction et pose de la première pierre…", 1907, p. 4-6.

4.2

4.1 天文观象台

自16世纪以来，数学和天文学一直是耶稣会士的专长，他们在17、18世纪期间在欧洲建立了29座天文观测站。耶稣会士对西方科学向中国的传播，特别是对北京皇家天文台的发展，做出了贡献。[1] 在服务于中国宫廷的耶稣会天文学家中，比利时人南怀仁神父于1670年对中国历法进行了改革，并为北京皇家天文台配备了新仪器。[2] 德国人汤若望(Johann Adam Schall von Bell)神父、法国人宋君荣（Antoine Gaubil）神父和比利时人安多（Antoine Thomas）神父也是杰出的宫廷数学家和天文学家。耶稣会士获得了中国皇帝的许多恩准，其中包括可以在帝国内传播天主教，直到1721年禁令颁布。

在19、20世纪，耶稣会士恢复了他们的科学工作，在全球建立了74座天文观测站：欧洲26座，北美洲21座，中美洲和南美洲18座，亚洲、大洋洲和

图4.2
佘山顶上建筑形式和风格的视觉冲突，1900年至1910年间的照片
© AFSI 档案馆，Fi.C6

1   Vermander, "Jesuits and China", 2015, p. 5-8.
2   Udías, *Searching the Heavens...*, 2003, p. 37-53.

非洲9座。[1] 数学、天文学、地理物理学和气象科学开始受益于现代技术的贡献和发展。耶稣会士19世纪中叶返回中国时，于1872年在徐家汇建成了一座天文观象台，也是他们雄心勃勃的"江南科学计划"的一部分。[2] 在瑞士籍神父能恩斯的管理下，这座天文台成为东亚最重要的天文台之一，帮助上海的耶稣会士发表了许多极为重要的学术文章和著作。1882年之后，徐家汇天文台还提供航海气象服务，预测上海和中国沿海的台风。[3] 1884年，外滩上建起了一个新的信号塔，并开始广播一个新定义的信号代码。[4]

1900年前后，蔡尚质（Stanislas Chevalier）神父和劳积勋（Louis Froc）神父彻底重组了天文台。[5] 一方面，他们希望拓展研究领域，特别是在天文学和地震学领域。另一方面，由于上海城市化进程的推进，有轨电车的震动和夜间的光污染迫使一些活动不得不迁到城外。自此，天文台的研究活动被扩展到三个互补的场所，三者通过现代通信手段联系。1899—1901年间，旧的徐家汇观象台被一幢新的气象和地震学大楼所取代（图P1.8）。同时期，在佘山山顶建了佘山天文观象台（图4.3，图4.4）。[6] 在青浦地方官绅的慷慨帮助下，耶稣会士不仅得以购置天文台所需的土地，还大大扩展了其在山上的地产，使得附近旅居上海的欧洲人无法在佘山和东山建造休闲别墅。[7] 1908年，徐家汇地磁台被移至上海西面约40公里、苏州附近昆山县的菉葭浜。

佘山天文台项目及其建设应归功于蔡尚质神父，他在1901—1924年期间负责天文观象台的运行。[8] 蔡尚质神父1852年生于法国南特以东约30公里的一个村庄，1871年加入耶稣会并于1883年被派来华，在中国住了47年，直到1930年去世。1883—1901年，他在徐家汇观象台工作，通过实践扩展了自己的知识，因他并未在大学里修读过物理学或天文学。他还多次在江南地区旅行，进行天文和地磁观测，并检查中国海关设在长江沿岸的气象观测站。1897—1898年间，蔡尚质神父乘船沿长江而上，经宜昌和重庆到达四川省的屏山县，

1　Udías, *Searching the Heavens...*, 2003, p. 61-292（第158-167页关于徐家汇；第276-281页关于佘山）.

2　Mo, "Assessing Jesuit Intellectual Apostolate in Modern Shanghai...", 2021. 亦见本书第一部分的引言。

3　Mellon, "L'observatoire de Zi-ka-wei...", 1904.

4　现在外滩的信号塔建于1907年，被命名为郭实腊信号塔（Gutzlaff Signal Tower）。

5　Gauthier, "L'observatoire de Zi-ka-wei", 1919.

6　[Chevalier], "Le nouvel Observatoire de Zo-Cé", 1900, p. 188-189.

7　Colombel, *Histoire de la Mission...*, [1900], vol. 3/3, p. 738.

8　de La Villemarqué, "Le père Stanislas Chevalier...", 1932, p. 44-51；《近事：本国之部：三月三日元首策令给予上海徐家汇气象台前台长劳积勋松江畬山天文台台长蔡尚质以五等嘉禾章》，《圣教杂志》1916年第184页；《近事：本国之部：徐汇天文台前任台长劳积勋司铎及畬山星台台长蔡尚质司铎前由中政府给予五等嘉禾章》，《圣教杂志》1919年第332页；《近事：本国之部：江苏：畬山天文台台长蔡司铎金庆志盛》，《圣教杂志》1921年第520-523页。

4.3

图4.3
1900年对佘山山顶东侧的改
造：在早期的圣若瑟六边形
小圣堂（左）和八角形钟楼
附近建造天文台
© 陈中伟收藏

图4.4
正在建造的佘山天文台圆顶
以及迁置前的钟楼，1901年
© AFSI 档案馆，Fi.C6

4.4

证明了蒸汽船可以在长江上游航行。

蔡尚质神父促成天文台购置了一台"赤道摄影"（equatorial photographic）大型望远镜，也因此参与了1887年由时任巴黎天文台台长欧内斯特·穆歇（Ernest Mouchez）发起的国际科研计划"天空之图"（Map of the Sky）。这类望远镜非常昂贵，当时的中国还没有。此次购买是由上海公共租界工部局、法租界公董局、多家航运公司和江南宗座代牧区姚宗李代牧主教共同资助的。蔡尚质神父购买了由保罗·戈蒂埃（Paul Gautier）在巴黎制造的双筒望远镜，与参与"天空之图"项目的其他国际天文台使用的望远镜相同（焦距约7米，透镜的孔径为40厘米，其中一消色差镜片用于摄影，而另一消色差镜片用于视觉观察）。金属圆顶由来自巴黎的工程师阿道夫·吉隆（Adolphe Gilon）建造，望远镜的镜头是从天文摄影的先驱保罗·亨利（Paul Henry）和普罗斯佩·亨利（Prosper Henry）兄弟那里订购的。因此，这项技术完全来自法国。

随后就出现了两个问题：如何将这种高精度的设备运到上海并在新的天文台进行组装？新的天文台将建在哪里？选择佘山，是因为那里的岩石能为望远镜和测量仪器提供稳定的地基，而徐家汇则地面较软，是无法承受的。望远镜和圆顶于1898年11月在柏应时神父的指导下被运送到上海。柏应时神父是一名工程师，毕业于著名的巴黎综合理工学院，1883年加入耶稣会之前曾参与巴拿马运河的建设。[1] 自1887年起，柏应时神父在印度泰米尔纳德邦的马杜赖传教，先在耶稣会开办的公学里教书，后来在马德拉斯（即现在的金奈）的大学里教授数学和物理学。1898年，他被长上们[2]派来上海，用了三年时间主持佘山天文台的建设、穹顶的组装和望远镜的安置。1901年10月完成工作后，他回到了印度。

佘山天文台建在佘山之顶还愿圣堂的东边（图4.1）。1899年8月22日，卫德宣神父祝福了奠基石。[3] 天文台呈十字形，其主轴是东西向的（图4.5）。十字交叉处，中央厅为八边形，其上层是圆形房间里的大型望远镜和置于圆顶下方的赤道仪（图4.6）。这个厅房高8.4米，圆顶直径5.5米。八角形的走廊环绕着中央厅，并连接建筑物的四个侧翼、八角形的西南侧的主入口、通往上一层的楼梯和圆顶周围的露台。南翼或主工作间的面积约为50平方米，有四扇窗户和一个朝南敞开的小露台（图4.7）。西翼包括三间神父住房，每间约30平方米，

1　　X, "Le Père R. de Beaurepaire", 1916.

2　　长上是对上级的尊称。

3　　[Chevalier], "Le nouvel Observatoire de Zo-Cé", 1900, p. 188.

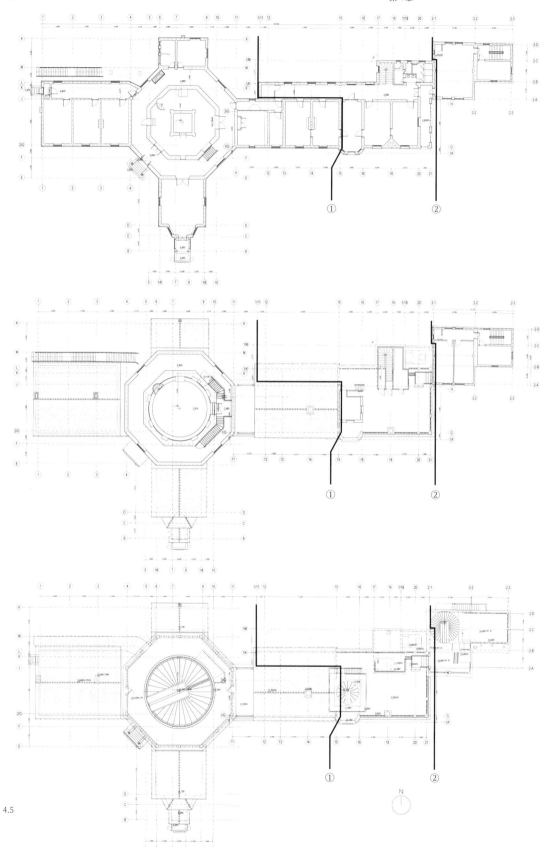

4.5

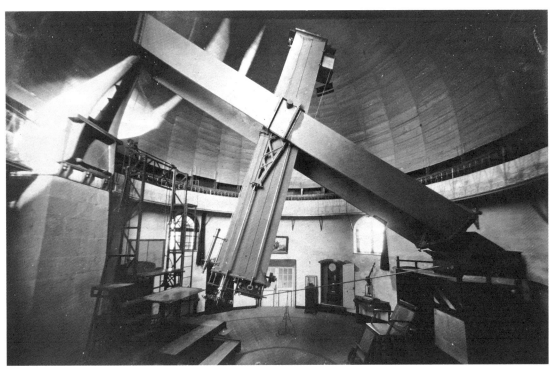

4.6

图 4.5
佘山天文台，主楼层、带望
远镜的楼层以及屋顶和圆顶
高度的平面图，2020 年测量。
图中编号为①、②的粗线右
侧分别为佘山天文台的两次
扩建部分
© 上海建筑装饰集团有限公司，
陈中伟

图 4.6
佘山天文台圆顶内的望远
镜，1901 年
© AFSI 档案馆，Fr.C6

图 4.7
佘山天文台南翼和东翼之间
的露台，原先的屋顶和雉堞
状的墙，1910 年后
© AFSI 档案馆，Fr.C6

4.7

与北侧的走廊相连。北翼是最短的,只包含盥洗室。东翼的原始功能很难描述,因为它在 1930 年代和 1950 年之后经历过两次改装和扩建,每一次改建都增加了一个安置望远镜的新小圆顶,用于容纳测量仪器的空间、办公室和进行外部测量的露台。地下室设有一个用于维修精密仪器的车间,还有一间饭厅、一间厨房和工友们的住房(图 4.5)。

　　除了少数几张照片——包括在圆顶建造过程中拍摄的几张(图 4.4,图 C.3),我们对建筑物的改造了解甚少。四翼屋顶的檐口上原来都围有雉堞,1910 年因墙壁潮湿受损而进行大规模翻新时,雉堞被拆除(图 4.8,图 4.9)。[1]

　　蔡尚质神父在 1901—1927 年间主持了佘山天文台的工作,并充分利用望远镜来开展天文学研究。1910 年,又有三位耶稣会士来佘山天文台长期驻留:德国神父范继淹(Anton Weckbacher),研究太阳的活动;日本神父乔宾华(Paolo Tsuchihasi Yachita),研究星星;西班牙辅理修士瞿宗庆,负责设备维护修理。也有中国工友在那里工作。佘山天文台与徐家汇天文台之间,通过电报机、有线电话和快艇这样的现代化手段进行高效联系。

　　物理学家、数学博士雁月飞(Pierre Lejay)神父于 1927—1930 年主持天文台工作,安装了新的仪器以研究太阳的辐射、大气中的臭氧量、电离层、地球重力以及月亮对星星的遮挡。[2] 1934 年,菉葭浜地磁台关闭,地磁测量仪器移至佘山天文台。同时,天文台向东延伸,增设了三个开间和一个北侧走廊。扩建部分包括安装了小型望远镜的第二个圆顶和一个由大观测台覆盖的钢筋混凝土凉廊(图 4.5,图 4.10,图 4.11)。雁月飞神父首次招收中国人作为天文台科研人员。这些人被称为"计算员",因为他们的日常任务是在机器的帮助下执行和验证天文计算。[3] 1931—1949 年,时局混乱,不利于科学工作,卫尔甘(Edmond de La Villemarqué)神父(图 4.12)和石多禄(Pierre Lapeyre)神父是佘山天文台的最后两任台长。[4]《佘山天文台年鉴》(*Annales de l'Observatoire astronomique de Zô-sè*)的出版也于 1940 年停止。[5]

　　总的来说,佘山天文台与圣母玛利亚朝圣几乎没有互动,但天文台的大门向贵客、学生和耶稣会同仁敞开,他们可以参观圆顶,欣赏望远镜,站在露台

图 4.8
1910 年之前的天文台,原始屋顶和雉堞状的墙
© AFSI 档案馆,Fi.C6

图 4.9
1910 年屋顶改造后、1934 年扩建前的天文台
出自:Observatoire de Zikawei...,1922(© AFSI 图书馆)

1　　Le Coq, "Un pèlerinage à Zo-Cè", 1910, p. 35.

2　　X, "Observatoires de Shanghai...", 1935; de La Villemarqué, "Abaques transparents...", 1934.

3　　de La Villemarqué, "La conduite méthodique des grands calculs astronomiques", 1938.

4　　X, "Le travail scientifique à l'observatoire. 10 avril", 1938. 又见本书 8.1 章。

5　　*Annales de l'Observatoire astronomique de Zô-sè*, 1907-1940.

4.8

4.9

4.10

图4.10
和汝睦神父（Chrétien Homo）和一部小型可移动望远镜，在扩建的东面露台上，1930年代末
© AFSI 档案馆，Fi.C6

图4.11
扩建的东面露台上的测量仪器，1930年代
© AFSI 档案馆，Fi.C6

图4.12
卫尔甘神父和三名中国工友在天文台的大型望远镜旁，1940年代早期
© AFSI 档案馆，Fi.C6

图4.13
从佘山圣母大殿钟楼眺望天文台和东山山丘，1930年代后期
© AFSI 档案馆，Fi.C6

4.11

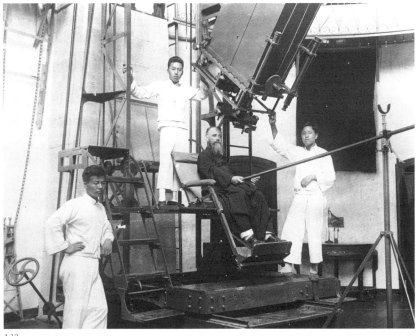

4.12

4.13

4.14

图4.14
连接佘山天文台（后景）和
徐家汇的"鹦鹉螺号"快艇，
1934 年
© AFSI 档案馆，Fr.C

图4.15
南怀仁在 17 世纪制造的火
炮，保存在佘山天文台
© AFSI 档案馆，Fr.C6

4.15

上欣赏天地美景（图4.13）。[1] 天文台有时会将名为"鹦鹉螺号"[2] 的快艇提供给贵客，让他们能以 8 公里的时速到达徐家汇（图4.14）。天文台还设法安置了一门旧火炮，在圣母玛利亚的重大节庆日施放烟火（图4.15）。这门火炮很有历史：它是 17 世纪时根据南怀仁神父的设计在北京铸造的，在 1900 年 8 月结束义和团运动的战斗中，它被法国海军部队缴获，后被赠送给北京代牧区宗座代牧、抗击义和团的樊国梁（Alphonse Favier）主教，他又将它送给了上海的耶稣会士。[3]

1   Le Coq, "Un pèlerinage à Zo-Cè", 1910, p. 35; Olivier, "Pèlerinage...", 1912, p. 117; Bugnicourt, "Le charme
     de Zo-sé", 1935, p. 191-192.
2   以儒勒·凡尔纳（Jules Verne）1870 年的小说《海底两万里》（*Twenty Thousand Leagues Under the
     Sea*）中尼莫（Nemo）所驾驶的虚构潜艇命名。
3   Froc, "Note sur les opérations militaires...", 1911, p. 21; X, "Le pèlerinage...", 1903, p. 91; Hennet, "A Zo-Cé",
     1905; de La Servière, *Croquis de Chine*, 1912, p. 112.

4.2 葛承亮修士与土山湾木工坊

由于来自江南的朝圣者人数不断增加，始建于1873年的还愿圣堂显得太小，不敷使用。此外，天文台不仅占去了山顶的部分土地，而且它醒目的圆顶也让旁边的还愿圣堂相形失色。于是南京宗座代牧区代牧主教姚宗李提议建造一座更大的朝圣地圣堂，取代还愿圣堂。徐家汇在1910年已经有了一座辉煌的新主教座堂——一座真正的哥特式主教座堂，有两个尖顶、一个大的中庭和一条回廊（图P1.12，图7.4），现在轮到佘山去建造一座更符合它声望的圣堂。此外，许愿五十周年（1870—1920）纪念将近，也为新建圣堂提供了一个契机。

1917年，葛承亮修士获长上委任，为佘山的新圣堂设计图纸。他当时是上海耶稣会士中的艺术权威。1894年起，他开始接替马历耀修士（见第2.1章）担任徐家汇土山湾孤儿院木工坊的主任，直至1931年9月30日去世（图4.16）。1914年，木工、木器和雕塑车间雇佣了不少于172名工人和92名学徒。[1] 在葛承亮的领导下，该车间不再局限于生产供中国教会以及法国传教士在日本、朝鲜和印度支那的传教区各圣堂使用的祭台、祭品和其他西方风格的教堂家具，还开始生产带有中国装饰的欧式家具，最初面向居住在上海的外籍人士，后来出口到欧洲和美国（图4.17）。关于葛承亮修士这方面的工作已有不少研究，其国际声誉也早已确立。[2] 但他在其他方面，尤其是摄影和建筑设计上的才华，仍然鲜为人知。

葛承亮修士于1854年4月2日出生在巴伐利亚王国雷根斯堡东南约20公里的村庄特里夫特冯（Triftlfing），1877年加入耶稣会，1892年12月被派来中国，时年38岁。我们不知道他为什么加入耶稣会法国会省，而且在那里生活了15年。[3] 他是一位教育家，曾写过《献给长上的回忆录》（*Mémoire rédigé pour un supérieur*）一书，该书在一篇关于土山湾的文章中被提到，但未出版，似已佚失。[4] 他将复刻中国传统建筑模型作为木刻工场新的教学方法，并从江苏各

---

1   de La Servière, *L'orphelinat de T'ou-Sè-Wè...* 1914, p. 34; de Lapparent, "Un orphelin de T'ou-sè-wè...", 1927.

2   Moore, "Coadjutor Brothers on the Foreign Missions", 1945, p. 112-114; Ma, *Pedagogy, Display, and Sympathy...*, 2016, p. 70-86; Ma, "From Shanghai to Brussels...", 2019；宋浩杰主编《土山湾记忆》，2010；宋浩杰主编《影像土山湾》，2012.

3   Fluck, *An der Wiege...*, 2020; Ma, "From Shanghai to Brussels...", 2019，第273页说到，葛承亮在伦敦皇家学院（Royal Academy in London）拜动物和战争画家亚伯拉罕·库珀（Abraham Cooper，1787—1868）为师。这是不可能的；他当时非常年轻（最多15岁），而且他从巴伐利亚到伦敦的原因不明。AFSI没有保存关于他在1877年至1892年间在法国的公司工作的信息。

4   见：de Bascher, "T'ou-sè-wè – L'orphelinat....", 1937, p. 141.

4.16

4.17

图4.16
葛承亮修士和土山湾木工坊
内景，约1900年
© California Province China Mission
Collection #1320，密苏里州圣路
易斯国家耶稣会档案馆（National
Jesuit Archives, St Louis, Missouri）

图4.17
葛承亮修士（中）和土山湾
木工坊的孤儿，以及他们的
部分作品，包括佛塔的比例
模型，约1910年
© AFSI 档案馆，Fi.F11

地收集模型，汇聚成教育博物馆。葛承亮修士也是一名摄影师，土山湾也设有一间摄影工作室，[1] 这些似乎都表明他曾利用这种媒介来记录中国传统建筑和有趣的细节。因此，土山湾的孤儿们为西方市场生产饰有中国图案的西式家具。土山湾生产的中国产的家具很受欢迎，产生的收益可以收养更多的孤儿，为他们提供更好的训练。孤儿们在辅理修士的指导监督下，出于慈善目的而制作的原创艺术品也值得一提。[2] 葛承亮修士使用的考古方法可以与比利时圣路加学校（Saint Luke Schools）装饰艺术科中基督学校修士会的修士所采用的考古方法相比较。[3]

在20世纪前20年，在葛承亮修士的领导下，木工坊的发展达到了鼎盛时期，生产了大批杰出作品。由于这些作品是专为外国人设计的，所以今天它们不仅以高超的艺术品质，更以其卓越的跨文化交融作用而得到认可。其中最引人注目的作品现在位于布鲁塞尔，生产时间为1903—1904年，是应比利时国王利奥波德二世（Leopold II）的要求，为拉肯（Laeken）皇家公园而建的中式小楼的外立面和音乐八角亭（图4.18~图4.20）。[4] 同样引人注目的还有在1915年旧金山举行的巴拿马-太平洋国际博览会上展出并获奖的84个中国宝塔木制模型。[5] 葛承亮修士的建筑历史研究工作以中国传教士网络收集的准确信息为基础，获评教育展览"大奖"（Grand Prix）。[6] 我们将在葛承亮修士的佘山比例模型相关章节（第4.3章）中再讨论这两个项目。与此同时，木工坊继续为中国市场生产包括哥特式在内的欧洲风格的家具和雕塑。还有上文提到的，葛承亮修士在1897年设计了山腰平台上的露德圣母纪念亭的檐篷（见第3.2章）。

葛承亮修士既是木工也是屋架工，为江南传教区建造了多座木结构圣堂。建于1894—1897年的浦东唐墓桥哥特式露德圣母堂被视为他最杰出的作品（图

1　　Ma, *Pedagogy, Display, and Sympathy...*, 2016, p. 90-99；参见 Zhang / Zhang, 土山湾 Tushanwan..., 2012,
　　　p. 203.

2　　这类机构存在于法国，特别是1866年在巴黎郊区成立的 Orphelins apprentis d'Auteuil。

3　　Coomans, "The St Luke Schools...", 2016, p. 125-133. 另见本书第5.3章。

4　　这些立面是法国建筑师亚历山大·马塞尔（Alexandre Marcel）设计的建筑的一部分。见：
　　　Kozyreff, *The Oriental Dream...*, 2001; Vandeperre, "A King's Dream...", 2012, p. 61-73; Ma, *Pedagogy, Display,*
　　　and Sympathy..., 2016, p. 36-42; Ma, "From Shanghai to Brussels...", 2019.

5　　Ma, *Pedagogy, Display, and Sympathy...*, 2016, p. 70-86. 这些比例模型与土山湾的家具一起在教育宫
　　　（Palace of Education）展出，名称为"天主教南京传教区上海徐家汇孤儿院艺术与技术学院部"（The
　　　Roman Catholic Mission of Nanking Province, Zikawei Orphanage Shanghai, Art and Technical School
　　　Department）。展览结束后，这些模型被芝加哥菲尔德博物馆（The Field Museum of Chicago）收购，
　　　然后在2007年卖给了私人收藏家杰弗里斯家族（Jeffries Family Private Collection），他们在2015
　　　年百周年之际，在旧金山机场的旧金山博物馆（SFO Museum）展出了这些模型。

6　　Kavanagh, *Collection of China's Pagodas...*, 1915, introduction, p. 2-4.

4.18
4.19　|　4.20

4.21~图4.23)。[1] 值得一提的是，这座具有大型耳堂和回廊的教堂是在徐家汇圣依纳爵主教座堂之前十年左右设计和建造的。葛承亮修士还为其他教堂的建造提供材料和建筑元件，比如屋顶桁架被送往位于上海郊区的教堂建筑工地，[2] 但一些较小的元件，如木制窗框，会被送往更远的地方。卞良弼（Jacques Bies）神父 1903 年建造教堂时就曾这样说过，他的教堂位于江苏省的北部，在上海以北 580 公里的徐州附近。[3] 对于大型建筑工地，例如徐家汇的圣依纳爵堂，所有石制底座和立柱、苏州花岗岩制成的门框，都是在工程开始之前很早就按照葛承亮修士的指示进行准备的。[4]

正是在这种艺术风格成熟的背景下，在旧金山博览会（葛承亮修士并没有亲自参加）的成功两年之后，葛承亮修士为佘山设计了一个新圣堂，并于 1918 年 5 月将设计呈现给公众。该设计被否决固然令人失望，但与 1919 年焚毁土山湾孤儿院木工坊的那场大火相比，就显得微不足道了。

> "1919 年 12 月 16 日晚至 17 日，由于守夜人不顾禁令擅自在木工坊煮饭，结果引发了一场大火。肇事者没有发出警报，自顾自逃了出来，导致火势被发现时已经蔓延。法国消防员奋战了六个多小时，也仅仅拯救了葛承亮修士多年来收藏中国稀珍物品的陈列室，木工坊的其余部分和附近的小圣堂都被焚毁了。损失共计约 10 万银圆（按正常汇率计算为 60 万法郎，按现行汇率计算超过 150 万法郎）。被保住的葛承亮修士的藏品拟将出售，希望所得能弥补损失。"[5]

65 岁的葛承亮修士不得不重建一切，目睹他 25 年来收藏的中国艺术珍品，同时也是孤儿学徒们的珍贵模型被卖掉（图4.24）。他在车间中使用的教具和教学档案均已消失。他的佘山项目被否和档案被焚，可以解释为什么他的佘山方案鲜为人知。

---

1   X, "Bénédiction de l'église de Tang-Mou-Ghiao", 1898, p. 59. 亦见本书第1.3章。

2   de La Servière, *L'orphelinat de T'ou-Sè-Wè...* 1914, p. 35.

3   李家圈子的天主堂，建于 1903年，见：Biès, "Tribulations d'un architecte...", 1905, p. 143.

4   译自法文：X, "Zo-cè. Bénédiction...", 1935, p. 381-382.

5   译自法文：AFSI, FCh 262: *Lettre annuelle, Mission du Kiangnan (Nankiniensis).* 1919, typescript, p. 9.

4.21

4.22

图4.21
唐墓桥露德圣母堂，葛承亮修士设计，1894—1897年建造
©THOC 2019

图4.22
唐墓桥露德圣母堂内部的法国哥特式主教座堂样貌，葛承亮修士设计，1894—1897年建造
©THOC 2019

4.23

图4.24
葛承亮修士和两座宝塔的比
例模型在他的土山湾"博物
馆"前，1915年之前

4.24

4.25 | 4.26

4.3 佛罗伦萨圆顶的比例模型

　　葛承亮修士的84座塔的比例模型是在对已有建筑物进行拍照和测量后准确而系统地制作出的。佘山顶秀道者塔（见第1.1章）的模型非常引人注目，记录了这一被毁的建筑（图4.25）。葛承亮修士曾将徐家汇每座建筑物的模型送去1900年巴黎世界博览会，将一个典型的中国城市住区的模型送去了1911年在德累斯顿举行的国际卫生展览会，[1] 将上海一座江南耶稣会传教区的"老堂"的模型送去了1925年在罗马举行的传教展览会。但是，我们对教堂的比例模型并无所知，因为它们既未保存下来，亦未展示或公开。如果我们仔细观察1919年被大火烧毁之前的土山湾木工坊的一个内景，可以清楚地看到在不同的地方有几个教堂的比例模型（图4.16）。在中央玫瑰窗下方的架子上，有三个模型，对照同样站在架子上的孩子的体格，可以看出它们很大（图4.26）。大型模型展示了法国哥特式主教座堂的立面，类似于1861—1879年间建造的广州主教座堂的立面。它与旁边的单轴塔立面模型形成鲜明对比，让人想起1897年根据葛承亮修士的设计而建造的唐墓桥教堂。另一个架子上摆放着钟楼和教堂立面模型，旁边是两个西方桁架模型（图4.26）。这些比例模型显然是西方建筑三维教学的材料。

　　另一种类型的比例模型旨在向教众呈现一个完成后的项目，以帮助他们更

图4.25
佘山上被毁的秀道者塔的比例模型，土山湾制造，约1900年
出自：Wikimedia Commons, Tushanwan Pagodas_(18189332254)，照片 Ed Bierman 2015）

图4.26
土山湾工坊里的建筑比例模型，图4.16 的细部
© California Province China Mission Collection #1320，密苏里州圣路易斯国家耶稣会档案馆

1　　de La Servière, *L'orphelinat de T'ou-Sè-Wè...* 1914, p. 35.

4.27

立体地理解该项目，而不必研读平面图、立面图和剖面图。除了激发对项目本身的热情外，比例模型也有利于筹款。一张唐墓桥教堂模型的照片被保存了下来，毫无疑问，这个模型是葛承亮修士和他的学生们完成的（图 4.23）。通常，在筹款期间，模型会长久摆放在教区里，然后会消失在建筑工程的尘灰之下。在布鲁塞尔建造的中国馆以及音乐八角亭的 1/10 比例模型的照片也得以留存（图 4.19，图 4.20）。[1]

这使我们想到了葛承亮修士为佘山新教堂提供的设计，于此我们仅有一张木制模型的照片（图 4.27）。这张照片被修饰后刊登于 1918 年 5 月上海耶稣会出版的中文杂志——《圣教杂志》，以此呼吁捐助者捐款（图 4.28）。[2] 支持该项目的论据有二：一是随着朝圣活动的兴旺，还愿圣堂的规模有限；二是即将到来的许愿五十周年（1870—1920）是一个机会。还愿圣堂和两个耳堂可容纳一千人，而新圣堂将是原来的三倍，可容纳三千人。新圣堂的费用估计为十万

1   [Beck], *Description d'un pavillon d'architecture chinoise...*, [1903].
2   《佘山拟建之圣母堂 / 畬山现在之圣母堂》，《圣教杂志》1918 年 5 月第 5、7 期第 1 页。

佘山擬建之聖母堂

佘山興建新堂募捐啟

余山聖母為我江南教友保障蓋將五十年矣溯自有清同治二年（一千八百六十三年）鄂大司鐸來在佘山購置地畝構一亭於山頂造之舉而余山始被聖母於一千八百七十年天七年（一千八百六十八年）春乃有祝聖像津教鸛風波大起谷代主教特將江南教友託庇於聖母於是有興建聖母堂之矢願既而風潮平息轉危為安我江南教友因念聖母之殊恩逢皆慷慨解囊彙集鉅欵於同治十年（一千八百七十一年）鳩工起構母堂歷二年之久始告厥成凡我教友自斯時起前往瞻觀聖母者日增月盛加以聖母仁慈求無不應誠氣不感而佘山聖母之名遂洋溢於中外矣第山頂現有之聖堂地位湫狹客眾為難松江焦鐸繹久擬擴張翻建念姚地大司牧決決着者手實行諒亦諸君所贊許也預計建築等資非十萬金亦不可惟是值此歐戰方酣之際教會

經濟枯窘想為諸君所深難欲不呼將伯之助卒奈力不從心謹云集腋成裘眾志成城伏希諸大善士熱心教友各本孺弱嘉孝思之懷為慷慨捐資倘蒙俯諸君慨允許請敬卽卽將惠欵交付松江焦鐸繹或交本社代收總期鉅欵立集盒速竣妙俾二年後（即一千九百二十年）新堂落成大典得與江南奉獻於佘山聖母五十週年金慶之舉同時舉行幸毋失此美滿之機緣無任趉企

聖教雜誌社謹啟

聖心王家問答

是書為中蒙古傳教會編譯書中大意與聖心報去年第十二期登載之恭迎聖心入王於家庭一篇大概相同惟此是採用問答體裁更覺醒目初版共印四千本已售罄現由張家口總子印書館再版發行內容尤多改頁徵購者即向該西灣子印書館接洽可也

聖教雜誌社啟

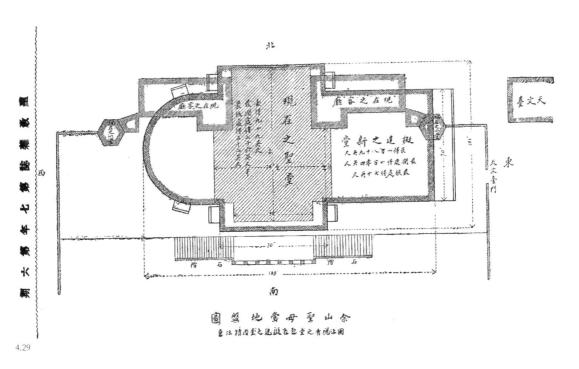

4.29

图4.28
葛承亮修士的设计方案得以
发表并借此筹集到了项目
资金
出自：《圣教杂志》1918 年 5 月（北
京，中国国家图书馆）

图4.29
葛承亮修士的设计叠加到还
愿圣堂上
出自：《圣教杂志》1918 年 5 月（北
京，中国国家图书馆）

两白银，其中一半已经到位。[1] 这足以使工程于 1918 年夏天开始，以激励捐助人慷慨捐助，并能够在新圣堂里庆祝许愿五十周年。

毫无疑问，耶稣会士很希望在现有的天文台圆顶旁边建造一个更大的圆顶教堂，矗立在山顶上，从远处就能看到。葛承亮修士的设计部分地继承了马历耀修士对还愿圣堂的计划，但将其轴线旋转了 90° 并向东延伸（图4.29）。还愿圣堂确实有一个中央平面，其主立面朝南（见第 2.2 章）。葛承亮修士通过增加一个大穹顶强调了中央平面的想法，但通过延长东西轴线将平面转变为拉丁十字。在这种情况下，耳堂南翼通向狮子楼梯，而主立面则在东面，面向天台，朝向上海和太阳升起的东方。这种布局与天主教圣堂后殿朝东的传统取向是背道而驰的（见"结论"部分）。

葛承亮修士的设计是一座拉丁十字型教堂：两个方形钟楼之间是门廊，上面有小圆顶，四跨的中殿带有侧厅，凸出的耳堂带有过道，十字交叉处有一个八角形穹顶，两跨的圣殿带有后殿和回廊。照片上没有显示出任何中式元素，但是圆形的拱门、门廊、钟楼的窗户以及耳堂外墙的比例代表了罗马式和文艺复兴风格的融合（图4.27）。该项设计的总体概念具有明确的法国和圣母堂血统：

1　《佘山拟建新堂记（附图）》，《圣教杂志》1918 年 5 月第 5、7 期第 249-253 页。

4.30

拉丁十字型平面，结合两个立面钟楼和十字交叉处的一个穹顶，借鉴了
马赛的圣母百花主教座堂（Sainte-Marie-Majeure, Marseille），后者建于 1852—
1893 年间，由建筑师莱昂·沃杜瓦耶（Léon Vaudoyer）设计，融合了罗马式和
拜占庭式风格（图 4.30）。[1] 在中国，由遣使会传教士于 1912—1916 年间建造
的天津圣若瑟主教座堂（老西开主教座堂）（图 4.31）的设计灵感则直接来自
马赛主教座堂。[2]

八角形穹顶的形状，特别是小门厅中的八个圆形窗口，其灵感来自意大利
佛罗伦萨圣母百花主教座堂（1446—1461）的穹顶，它是菲利波·伯鲁乃列斯
基（Filippo Brunelleschi）的杰作，是文艺复兴时期穹顶的原型（图 4.32）。

在圆顶或教堂钟楼的顶部放置雕像而非灯笼式天窗是 19 世纪下半叶法国

图 4.30
马赛的圣母百花主教座堂，
1852—1893 年建造
出自：照片 FiloSophie 2017，
Wikimedia commons

1   另一座非常相似的教堂是位于圣拉斐尔（Saint-Raphaël）（法国，瓦尔省）的得胜之母大教堂，
     该教堂是根据建筑师皮埃尔·奥布莱（Pierre Aublé）的设计 1883—1887 年建造的。
2   Clark, *China Gothic...*, 2019, p. 28-40; Sweeten, *China's Old Churches...*, 2020, p. 183-207.

4.31

图4.31
天津，圣若瑟主教座堂，
1912—1916 年建造
© THOC 2011

著名的圣母大教堂流行的做法，[1] 而把雕像放在穹顶顶上则很少见。[2] 也有把圣母雕像放在山岩或高地顶上以保佑城邦的情况。[3]

所有在华的法国人一看即知这个设计追随了马赛主教座堂和马赛圣母圣殿，将玛利亚雕像置于圆顶和钟楼之上的做法，因为自法国通往中国和亚洲的船只都从马赛港驶离。

然而，尽管获得了姚宗李主教的支持——"他希望尽快看到工程完工，并

1　如马赛的守护圣母圣殿（Notre-Dame de la Garde in Marseille）（1853—1864），萨克松 - 锡永的萨克森圣母大教堂（Notre-Dame de Sion in Saxon-Sion）（1858—1869）。阿维尼翁主教座堂（Notre-Dame-des-Doms in Avignon）（1859），里昂的富维耶圣母圣殿（Notre-Dame de Fourvièr in Lyon）（1872—1884）。韦尔代莱的韦尔代莱圣母圣殿（Notre-Dame de Verdelais in Verdelais）（1875），阿尔贝的布雷比耶圣母圣殿（Notre-Dame de Brebières in Albert）（1885—1895），位于乌什河畔韦拉尔（Velars-sur-Ouche）的圣母圣殿（Notre-Dame d'Étang）（1893）和位于圣尼克拉斯（Sint-Niklaas）的 Notre-Dame-Secours-des-Chrétiens 圣母堂（1841—1896年，比利时）。
2　如华盛顿美国国会大厦圆顶上的自由雕像（1855—1866）。
3　例如，法国勒皮昂瓦莱（Le Puy-en-Velay）（1856—1860）和普瓦捷（Poitiers）（1875—1876）的玛利亚雕像，或里约热内卢的救赎主基督雕像（1931），见图8.9。

4.32

寄望于熟练的建筑工朱耿陶修士，因为他知道如何以最小的成本快速完成建
设"[1]——该项目还是被放弃了。关于这位朱姓修士，我们没有多少信息，他
似乎是工地的协调员和监督员。直至1919年5月一直担任上海耶稣会会长的万
尔典（Joseph Verdier）神父更具雄心，倾向于建设一座更雄伟、更坚固的教堂。
葛承亮修士的设计有砖砌的外墙和钟楼，但一部分内部构造和包括穹顶在内的
上部结构是木制的，如同还愿圣堂和唐墓桥圣堂一样。葛承亮修士是一个木匠、
木工艺术家和雕塑家，并非专业建筑师。耶稣会长上们认为，"最好只使用更
具抵抗力的材料，如砖、石头和水泥，不要木材。此类型的建设须得到真正的
技术人员的帮助，于是恢复了研究"。[2] 然而最终，这座新教堂未能在1920年
庆祝许愿五十周年时完成。

图4.32
佛罗伦萨圣母百花主教座堂
的穹顶

来自：照片 xennex 2019,
wikiart.org

---

1   译自法文：Chevestrier, *Notre Dame de Zô-cè...*, 1942, p. 184-185.
2   译自法文：Chevestrier, *Notre Dame de Zô-cè...*, 1942, p. 185.

第二部分
PART TWO

中华民国时期的佘山，
1912—1949：从地区性朝圣到
全国性的朝圣地

SHESHAN IN REPUBLICAN ERA, 1912–1949:
FROM REGIONAL PILGRIMAGE TO NATIONAL SHRINE

第一次世界大战打破了全球平衡，并加速了奥匈帝国、德意志帝国、俄罗斯帝国和奥斯曼帝国的灭亡。英国和法国虽保持了其殖民帝国的完整，但国力仍因冲突被削弱，美国从此宣称自己是一个主要的国际力量。新生的中华民国远离欧洲的战场，只是通过派遣中国劳工团间接参与。巴黎和会期间，中华民国要求废除治外法权并将山东主权归还给中国，但从当时的五国（英、法、美、意、日）手中一无所获。1919年，在街头游行和五四运动的压力之下，中国拒绝签署《凡尔赛条约》，并产生了正当的民族主义和排外情绪。

尽管对外国人怀有相同的戒心，但中国社会仍被各种变革的思想潮流所分割和渗透。[1] 分别于1919年和1921年在上海成立的中国国民党和中国共产党不断发生冲突，军阀们也在争夺权力。这种暴力和持续不安全的气氛被1931—1945年的抗日战争所取代，紧接着是解放战争，中华人民共和国于1949年10月1日宣布成立。作为国际大都市和经济引擎的上海曾在1927年、1932年、1937年和1949年经历过几次流血冲突。

第一次世界大战期间，天主教会已经明白，原来的与殖民列强相关联的、国家性的福音传播模式急需改革。因此罗马教廷调整其传教政策，于1919年发起本地化运动。是取消法国保教权的时候了——将中国教会从所有外国传教士手中解放出来，让它成长为普世天主教会的一个完整组成部分。然而，直到1939年，教宗才谕令解除可追溯到1742年的禁令，结束了关于敬孔祭祖礼仪的争议。尽管遭到法国耶稣会士的反对，江南传教区也不得不接受本地化，但他们未能从根本上考虑自己的角色，因此对1949年的过渡准备不足。"法国耶稣会的遗产本质上是一个植入中国的法国教会。"[2]

1910年代和1920年代，佘山朝圣越来越受欢迎，吸引了越来越多的朝圣者。双国英神父制作的领圣体统计数据证明了这一点，该统计数据为我们提供了朝圣人数每十年的平均增长率（表3）。

表3　佘山1872—1932年间的领圣体统计数据（双国英神父，*Les étapes de la mission du Kiang-nan...*, 1933）

时期	领圣体人次	年均
1872—1880	79 697	8 855
1881—1890	95 068	9 506
1891—1900	104 013	10 401
1901—1910	148 089	14 808
1911—1920	248 310	24 831
1921—1930	322 675	32 267
1931—1932（2年）	78 000	39 000

1   Spence, *The Search for Modern China*, 1990, p. 245-434.
2   Strong, *A Call to Mission...*, 1, 2018, p. 370.

P2.1

图 P2.1
1936 年大殿建成后从西面
望佘山
© AFSI 档案馆，Fi.CI

　　该统计数据表明，朝圣活动的组织者需要管理不断增加的朝圣者人流量，改善基础设施并扩大圣地。数据还表明佘山的影响力进一步扩展，作为地区级天主教的主要中心，用一座大殿来取代还愿圣堂变得尤其重要。对于这些新挑战的再明显不过的回应，就是于 1936 年举行了落成典礼的位于山顶的佘山大殿（图 P2.1）。传教士建筑师和龚柏提出了两个方案，上海耶稣会于 1920—1923 年 3 月之间进行了讨论（见第 5 和第 6 章）。大殿的工程从 1923 年 3 月开始至 1936 年 3 月完工，由叶肇昌神父主导建造，尚保衡（Louis de Jenlis）神父担任顾问（见第 7 章）。在 1937 年的数月时间里，佘山成了难民躲避战争的地方。1942 年，罗马教廷尝试将佘山推广为国家性的朝圣地，将新建教堂提升为乙级圣殿，后又于 1946 年为圣母玛利亚的雕像行加冕礼（见第 8 章）。这些隆重的仪式吸引了大批人群前往佘山，1946 年有六七万人参加了加冕典礼。

　　在进入佘山建筑史第二部分的四章写作之前，有必要先简短描述罗马教廷的本地化政策、耶稣会江南传教使命的总体演变，以及更具体的上海耶稣会士的背景。

天主教中国化与江南传教区

第一次世界大战后，教宗本笃十五世意识到迫切需要发展由本地神职人员管理的真正的地方教会，因此于1919年11月30日发布宗座牧函《夫至大》(*Maximum illud*)，发起了本地化运动。[1] 一直以来，传教士被视为帝国主义列强的代理人，这给教会带来了严重威胁：只要基督教与殖民主义联系在一起，它就仍被认为是一种外来宗教。[2] 本地化运动旨在将基督信仰扎根并融入特定文化之中，这与19世纪身负"教化使命"的殖民主义和以欧洲为中心的世界观截然相反。[3] 其后继任的教宗比约十一世的本地化政策涉及世界各地的传教使命，但由于雷鸣远（Vincent Lebbe）神父和汤作霖（Antoine Cotta）神父的努力，他尤其关注中国教会的发展。罗马宗座的目标是结束法国保教权，敦促传教士忘记本国的利益，为普世教会服务，并将决策权交给本地主教和神父。[4]

罗马宗座于1922年成功地结束了法国保教权，并派刚恒毅（Celso Costantini）总主教以教宗代表的身份前来中国，他于1922—1933年期间努力使天主教会中国化。[5] 他一抵达就成为大多数法国传教士敌视的对象，但好在能仰仗其他大多数欧洲和北美传教机构的道义和财政支持。[6] 教宗驻华代表以《夫至大》为指导，强调在为教会服务时需要团结一致，并明确区分天主教的传教使命和西方的政治利益。[7] 为此，他于1924年5月14日—6月12日在上海徐家汇组织了第一次全国主教会议，首次将中国所有的宗座代牧和传教修会的会长聚集在一起（图P2.2，图6.1）。[8] 中国教会成立的另一个条件是培养本地神职人员，使他们能够担任领导职务：中国神父应该成为主教。[9] 1926年10月28日，比约十一世在罗马祝圣了第一批六位中国主教，这是中国天主教会发

---

1   教宗比约十一世1926年2月28日的通谕《教会事务》(*Rerum Ecclesiae*) 和1926年6月15日的宗座牧函《吾即位伊始》(*Ab Ipsis Pontificatus Primordiis*)，确认了《夫至大》。见：X, *The Popes and the Missions. Four Encyclical Letters*, p. 1-42.

2   Taveirne, "Re-reading the Apostolic Letter...", 2014.

3   Koschorke, "Indigenization", 2009.

4   Sibre, *Le Saint-Siège et l'Extrême-Orient...*, 2012; Ticozzi, "Ending Civil Patronage...", 2014, p. 99.

5   陈聪铭：《教宗驻华代表刚恒毅与法国保教权》，2014；Cinzia Capristo, "Celso Costantini in Cina...", 2008; Ticozzi, "Celso Costantini's Contribution to Localization...", 2008.

6   Costantini, *Con i missionari in Cina...*, 1946.

7   Taveirne, "Re-reading the Apostolic Letter...", 2014, p. 84-87.

8   *Primum Concilium Sinense...*, 1930; Lam, "Archbishop Costantini and the First Plenary Council...", 2008; Wang, *Le premier concile plénier chinois...*, 2020.

9   Tiedemann, "The Chinese Clergy", 2010; Soetens, *L'Église catholique en Chine...*, 1997, p. 113-137; Carbonneau, "The Catholic Church in China...", 2010.

P2.2

展进程中的一个里程碑。这些主教中有来自上海的耶稣会士朱开敏，他成为江苏省新成立的海门宗教代牧区的代牧主教。

罗马教廷所希望的本地化，是为了让传教使命向当地文化开放，终结所谓西方文化的优越性。这在文明程度丝毫不逊于欧洲的中国尤其应该如此。公学及大学的教学要吸纳中国文化，建筑特别是教堂和教会高等院校的建筑要中国化（见第6.3章）。[1] 新教传教区在这方面的努力大约提早了15年。刚恒毅总主教面临的挑战之一，是要与来自美国的新教传教士竞争，后者在包括南京、上海在内的中国城市中的发展速度要胜于天主教，其目标是受过良好教育的中国青年和中国国民党的新精英人士。[2] 另一方面，上海的法国耶稣会士反对中国化政策，并坚信徐家汇和震旦大学应该是天主教文化和法国文化的据点。

中国化政策意味着需要通过增加宗座代牧区的数目，以及呼吁欧洲和北美传教机构增加人力和资金支持，来对中国传教区进行深刻重组。事实上，自19世纪以来就一直在中国传教的传教团体已经达到了招募新员和筹款能力的极限。例如，法国耶稣会已经无力再向中国派遣年轻人，其资金主要也被用于

1   Coomans, "The 'Sino-Christian style'...", 2017; Coomans, "Indigenizing Catholic Architecture in China...",
     2014.
2   Tiedemann, "Protestant Missionaries," 2010; Pieragastini, "Jesuit and Protestant Encounters in Jiangnan...",
     2018; Xu Xiaoqun, "The Dilemma of Accommodation...", 1997.

法国的重建而无力支援远方的传教区，这样这些传教区就需要其他天主教国家的帮助。这次重组由教廷传信部（Propaganda Fide）来协调，是一次非常微妙的行动，因为它逐渐割分了现有的宗座代牧区，并将其中一些分配给了来自其他国家的新的传教修会。[1] 1920年，天主教中国传教区由52个宗座代牧区组成，1417名外国神父和963名中国神父为大约200万天主教徒提供服务。[2] 到1936年，中国教会有122个传教区，含1个教区（澳门）、81个宗座代牧区和40个宗座监牧区，被分为20个大区，[3] 天主教徒人数超过300万。[4] 这个数字直到1949年一直在上升。[5]

这些变化也影响了耶稣会的传教使命和江南宗座代牧区（图P1.4/4）。1921年，江南代牧区按照省界一分为二：江苏省成为南京代牧区，仍由法国耶稣会管理；安徽省则由意大利和西班牙耶稣会接管。[6] 1929年，传信部将安徽分为三个宗座代牧区，将芜湖委托了西班牙卡斯蒂利亚的耶稣会，将安庆委托给西班牙莱昂的耶稣会，将蚌埠委托给意大利都灵的耶稣会（图P2.3）。到1937年，屯溪州宗座监牧区从芜湖宗座代牧区中分离出来，交由西班牙圣母圣心孝子会（Claretian Missionaries）的传教士管理。至于江苏或南京代牧区，被砍去了海门和崇明岛，二者于1926年组成海门宗座代牧区，由朱开敏主教和中国世俗神职人员管理。1931年，江苏的西北部成为徐州代牧区，并被委托给了加拿大魁北克的耶稣会（图P2.4）。[7] 第一批来自加利福尼亚的耶稣会士于1924年抵达中国，并被分配到上海和南京的教会公学。[8] 南京和上海最终于1933年分为两个传教区：当时中华民国首都所在地南京的宗座代牧区，委托给了中国世俗神职人员，受于斌主教领导，并于1946年晋升为总主教。原法国耶稣会负责的广大的江南代牧区中，只有上海代牧区——包括徐家汇、浦

---

1   Taveirne, "Re-reading the Apostolic Letter...", 2014, p. 74-81.

2   Carbonneau, "The Catholic Church in China 1900-1949", 2010, p. 519.

3   译者注：因为当时中国教会并未成立圣统制组织，还没有正式设立教省（教省是几个相邻教
     区的联合，以便按照人事及地方情况促进共同的牧灵工作），因此可以将20个大区理解为20
     个共同协作区，也可以将"大区"理解为某种意义上的"准教省"。教区、宗座代牧区、宗座监
     牧区均为天主教的地区教会，有其固定的地区，还有其他如宗座署理区、自治监督区等。其
     中首要的为教区，属教区主教管辖；宗座代牧区、宗座监牧区因环境特殊或成立教区的条件
     仍不成熟而设立，分别委托给宗座代牧和宗座监牧牧养，他们以教宗的名义行治理之权。宗
     座代牧一般会被祝圣为主教，宗座监牧常由司铎任之。

4   Lazaristes du Peit'ang, *Les missions de Chine...*, 1937.

5   Tiedemann, *Handbook of Christianity in China...*, 2010, 971-976; database: *The Hierarchy of the Catholic
     Church*: https://www.catholic-hierarchy.org/

6   Strong, *A Call to Mission...*, 2, 2018, p. 1-118; Aramburu, *Vicariato de Ngan-hoei...*, 1924.

7   Strong, *A Call to Mission...*, 2, 2018, p. 123-193.

8   从1924年到1948年，50名加利福尼亚耶稣会士为该传教区服务。见: Strong, *A Call to Mission...*, 2,
     2018, p. 279-317; Ledochowski, "California Jesuits in China", 1937.

P2.3

图P2.3
江南传教区地图。继1921
年苏皖教会分治后，1929
年安徽又分为芜湖、安庆、
蚌埠三个宗座代牧区
出自：Louis Hermand, *Les étapes de
la mission du Kiang-nan...*，1933 年，
第52 页（AFSI图书馆）

东、松江和余山、苏州、扬州和海州——仍然掌握在法国耶稣会和他们的主教惠济良（Auguste Haouisée）手中。然而，它是中国拥有最多天主教徒的地区。1949年6月，上海解放后，罗马宗座通过设立苏州教区、扬州宗座监牧区和海州宗座监牧区，缩减了上海教区的范围（图P2.5）。

对于这些新的代牧区和监牧区而言，余山仍然是江南地区主要的圣母朝圣地，但也获得了国际层面的支持。在上海的法国耶稣会继续管理朝圣地的同时，中国、意大利、西班牙、加拿大魁北克和美国加利福尼亚的耶稣会士以及中国世俗神职人员带着他们堂区的信徒、学生和各组织成员一起前往余山朝圣。他们还在各自母国传播了余山朝圣及其新的大教堂的声誉。1942年余山山顶圣堂升为乙级圣殿，1946年在这些国际耶稣会士主教们的见证下为圣母玛利亚雕像举行的加冕礼，也有助于建立余山的国际知名度（见第8.2章）。

中华民国时期上海天主教的沉浮

中华民国时期上海的历史可以分为两个主要阶段。第一个是1912—1937年，上海在金融、商业、工业、教育等各个领域实现了非凡增长，作为一个移民城市，吸引了邻近省份的民众，总人口从1915年的200万人增加到1937年年初的370

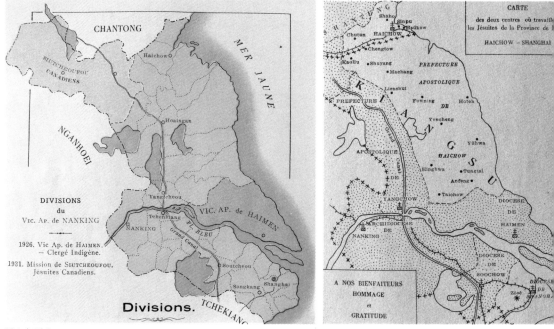

P2.4 | P2.5

万人。[1] 外国势力控制了大部分的活动，并掌管着公共租界区和法租界这两个享有治外法权的区域。那里有超过 50 万名士兵——主要是英国、美国、日本和法国人——以及战舰，在发生骚乱或战争时保护外国的利益，例如 1927 年 4 月 12 日的上海大屠杀以及 1932 年"一·二八"事变时期。1937 年 1 月出版的《上海天主教指南》（*Guide to Catholic Shanghai*）将这座大都市描述为一个对比鲜明的城市：

> "上海！'中国之门'，世界上最伟大的'杂烩'，拥有'十亿美元天际线'的城市，世界上最国际化的舞台，拥有超过 300 万名东方人的支持，拥有 50 多个民族的演员、宝塔和教堂尖顶、摩天大楼和茅草小屋、飞机和独轮车、战舰和舢板、百万富翁和苦力、流浪汉和知识分子、异教徒和基督徒——上海一座是'矛盾之城'，所有这些对比深深印刻在参观者的脑海中。"[2]

第二个阶段是 1937—1949 年的战争期。1937 年 8 月至 11 月的淞沪会战之后，这个大都市被军事占领，落入日本人手中，直到 1945 年 9 月日本投降。中华民

图 P2.4
海门（1926 年）和徐州（1931 年）从南京代牧区分治后的江苏代牧区地图
出自：Louis Hermand, *Les étapes de la mission du Kiang-nan...*, 1933 年，第 58 页（AFSI 图书馆）

图 P2.5
1933 年上海宗座代牧区成立，1949 年苏州教区、扬州宗教监牧区和海州宗教监牧区成立后的江苏传教区地图
© AFSI 档案馆

1   Henriot / Zheng, *Atlas de Shanghai...*, 1999, p. 94-95.
2   X, *A Guide to Catholic Shanghai*, 1937, p. vi.

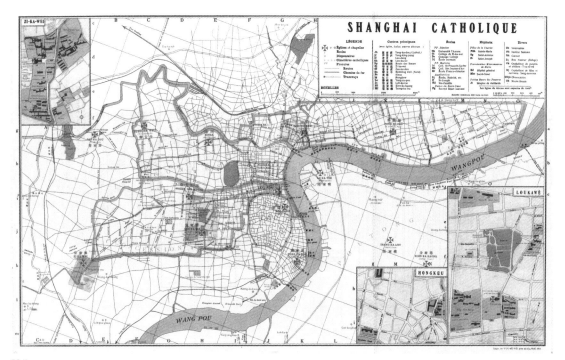

P2.6

图 P2.6
《上海天主教地图》，1933 年
耶稣会出版，土山湾印书馆
印刷
© AFSI 档案馆，maps and plans

国收复了这座城市，包括公共租界和法租界。[1] 抗日战争刚一结束，国共第二次内战爆发，大批难民涌入上海，总人口达到 550 万人。1949 年 5 月 27 日，中国人民解放军解放了这座城市，中华人民共和国于 1949 年 10 月 1 日在北京宣告成立，包括传教士在内的最后一批外国人在随后的几年中离开了上海。

　　天主教会是如何度过了这两个时期的起落沉浮的呢？我们将特别关注第一阶段，因为它揭示了耶稣会士如何以有限的手段参与一座大都市的非凡发展、中国社会的变化，以及与其他宗教，特别是与新教各宗和圣公会的竞争。[2] 分别于 1933 年和 1937 年出版的《上海天主教地图》（*Catholic Shanghai*）（图 P2.6）和《上海天主教指南》[3]（图 P2.7）概括介绍了各堂区，以及教会所开展的教育、社会和慈善工作。除了 1911 年之前就存在的五个堂区之外，[4] 在这一阶段又增加了八个新堂区，每个堂区都成了社区的核心，拥有一座驻院、一所学校、慈善工作及其他慈善活动用房。堂区的多样性说明了教会使命的国际化，不过，它并没有充分面向中国人，更多是在为外国机构及其家属，尤其是讲法语和英

1　日本人在 1941 年 12 月废除了公共租界，在 1943 年废除了法租界。然而，英国和美国直到 1943
　　年 2 月才将公共租界归还给中国国民政府，法国是在 1946 年 2 月。

2　Damboriena, "Les missions protestantes en Chine", 1947.

3　X, *A Guide to Catholic Shanghai*, 1937. 亦见：Nève, "Shanghai catholique", 1935.

4　徐家汇的圣依纳爵堂、董家渡的圣方济各沙勿略堂、法租界燕京盘的圣若瑟堂、中国老城的
　　无染原罪圣母堂或老堂、虹口的公共租界区（原美租界）的耶稣圣心堂。

P2.7

图P2.7
《上海天主教指南》，
1937年1月
© AFSI档案馆，FCh 334

语的基督徒服务。

位于公共租界的杨树浦和平之后圣母堂（Our Lady of Peace）（图6.4），建于1926—1928年，由安庆传教区的西班牙耶稣会士提供服务。

位于法租界圣母院路（Route des Sœurs）的基督君王小圣堂（Christ the King's Chapel），建于1928年，作为法租界内讲英语的天主教徒的小圣堂，1933年成为爱尔兰和加拿大耶稣会士服务的堂区。

虹口耶稣圣心堂（The Sacred Heart），1874—1876年间由法国耶稣会士创建，位于当时的美租界内，1934年被加州耶稣会士接管。

圣德兰堂（Saint Theresa），位于公共租界苏州河沿岸新闸拥挤的地块，是一座建于1930—1931年的大型堂区圣堂。

圣类思（Saint Aloysius）堂区和公撒格公学（Gonzaga College），是一所旨在与新教学校竞争的英语高中，由加利福尼亚耶稣会士于1931年创办于法租界内，1933年搬到公共租界最西端的静安寺。

卢家湾圣伯多禄堂是震旦大学耶稣会团体的圣堂，建于1932—1933年间，在吕班路（Avenue Dubail，今重庆南路）上。

成立于1928年的上海俄罗斯天主教会在法租界有一座小圣堂，为来自俄罗斯并皈依天主教会的侨民举行拜占庭式的礼仪。

圣弥额尔（Saint Michael）堂是工业区工人们的堂区，位于苏州河沿岸的曹家渡村。1933 年曾计划建造一座现代化的教堂，但未建成。

　　徐家汇仍然是在华耶稣会使命的核心，并于 1924 年主办了由刚恒毅总主教组织的全国主教会议（图 P2.2）。1933 年，随着上海成为宗座代牧区，圣依纳爵堂升为主教座堂，徐家汇在上海天主教中的突出地位得到加强。上海不再依附于南京，一位宗座代牧主教开始常驻徐家汇。原南京宗座代牧主教惠济良于 1933 年被任命为上海首任宗座代牧，1946 年成为上海首位教区主教，1948 年 9 月逝世。[1] 徐家汇成为传教区的宗教和行政中心，而耶稣会的文化传教事业继续在震旦大学校园周围发展，上文中已多次提及。[2] 1931 年，自然历史博物馆由徐家汇迁至卢家湾。[3] 1930 年代震旦大学的新增建筑呈现出鲜明的现代风格，尤其是圣伯多禄堂（图 P2.9）、新中央大楼和震旦博物院，与前几十年的法式风格形成鲜明对比。在邻近的街区，广慈医院也建造了现代化和功能性齐全的小楼。[4] 耶稣会并没有发起建筑运动，但他们确实委托了上海顶级的现代建筑师——其中有邬达克（Ladislav Hudec）（图 P2.8）、中法实业公司的米努第（René Minutti）、赉安洋行的赉安（Alexandre Léonard）和韦什尔（Paul Veysseyre）——来操刀他们的重要建筑物，在新教面前保持颜面。[5]

　　除了堂区和大学，天主教的网络还包括诊所、医院和学校，这一切都得到了中国天主教徒、慈善家陆伯鸿的支持。他来自在徐光启时期就皈依天主教的一个古老教友家庭，是一位亲法商人，于 1913—1937 年间担任全国公教进行会主席，并帮助推动佘山朝圣。[6] 复杂而多元的上海教友团体是由天主教的社会活动组织起来的，这些活动专门针对社会上的不同人群——青年集会、学生、工人、圣母会等——共同组成了公教进行会。1935 年，公教进行会在上海震旦大学校园的运动场上举行了第一次全国代表大会（图 P2.9）。这些活动每年都会安排到佘山进教之佑圣母朝圣地朝圣，并为朝圣活动在上海社会中扎根奠定了基础（见本书结论部分）。因此，耶稣会士借力民国时期上海的活力，在佘山建立了他们最具象征意义的建筑项目。对于选择最合适的风格（见第 5 章和第 6 章），几经犹豫之后，一座大殿于 1923—1936 年间慢慢建造起来（见第 7 章）。

1　　Strong, *A Call to Mission…*, 1, 2018, p. 301-360.

2　　Dehergne, "L'université l'Aurore à Shanghai", 1948.

3　　Belval, "Le Musée d'histoire naturelle…", 1933.

4　　X., "Le vingt-cinquième anniversaire…", 1933.

5　　Denison / Ren, *Building Shanghai…*, 2006, p. 129-193；郑时龄：《上海近代建筑风格》，2020。

6　　X., "L'assassinat de M. Loh Pa-hong", 1938. 另见本书结论第一部分。

P2.8

P2.9

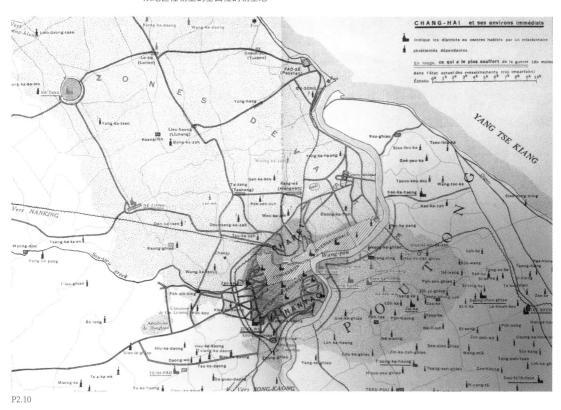

P2.10

图 P2.8
上海天主教公墓的息焉堂，
邬达克设计，1929—1931
年建造
© AFSI 档案馆，FCh.334

图 P2.9
震旦大学校园内的圣伯多禄
堂：驻华宗座代表蔡宁总主
教（中）和上海宗座代牧区
惠济良主教于 1935 年 9 月 8
日为公教进行会全国大会
揭幕
© SAM 档案馆，布鲁塞尔

图 P2.10
1937 年淞沪会战后被毁的
上海各天主堂
© AFSI 档案馆，FCh.285

图 P2.11
1946 年 5 月 18 日，游行队伍
抬着加冕的圣母像进入圣殿
© AFSI 档案馆，Fi.C4

P2.11

1937—1949年，上海呈现出战争、混乱和破坏的景象。1937年8月至11月的淞沪会战之后，中国的这座经济中心落入日本人之手，这次交战亦对教堂和传教区的其他建筑造成了破坏（图P2.10）。在法租界和徐家汇，耶稣会士受到法国的军事保护。饶家驹（Robert Jacquinot de Besange）神父几经斡旋，创建了上海南市难民区，在1937—1940年间挽救了数万名中国平民的生命。1937年8月—1938年4月期间，数千名中国人到佘山朝圣地避难（见第8.1章）。随着国际战争形势的演变，从1940年5月起，欧洲人在华处境开始恶化，到1941年12月在华美国人的处境也逐渐堪忧。

在这种社会剧烈变化的历史背景下，有关上海天主教徒的几个重要事件几乎被忽视了。首先，在1939年，罗马教廷取消了自1742年以来对中国敬孔祭祖礼仪的谴责："梵蒂冈承认儒家礼仪完全是民间的，没有宗教性质；孔子只是受人尊敬，而非受人崇拜。"[1] 其次，耶稣会未能庆祝到上海传教一百周年（1842—1942）。[2] 第三，罗马宗座于1942年将佘山新教堂升为乙级圣殿（见第8.2章）。最后，1946年5月，佘山举行了一场盛大的进教之佑圣母雕像加冕典礼，吸引了成千上万的人从上海、松江、江南甚至更远的地方前来（图P2.11）。这是耶稣会结束第二次在华传教使命之前，在上海举行的最后一次天主教徒大型集会和天主教社会活动。

1   Strong, *A Call to Mission...*, 1, 2018, p. 332.

2   Datin, *Un centenaire de la mission...*, 1942.

第5章
Chapter 5

佘山哥特式尖塔
Gothic Spires for Sheshan

葛承亮修士 1919 年的设计被放弃之后，上海耶稣会士的长上与传教士建筑师和羹柏取得联系。他是当时北方地区最知名的天主教教堂建设者，曾经为耶稣会工作过。[1] 1920 年 3 月 2 日至 5 日，和羹柏神父在两位耶稣会士——负责朝圣活动的焦宾华（Ignace Lorando）神父和土山湾孤儿院成员、建筑师叶肇昌神父的陪同下访问了佘山和还愿圣堂。[2] 颜辛傅神父撰写了这次访问的报告：

> "（和羹柏神父）前来考察场地、土地的性质和可用空间，以确定未来教堂的大小、风格和朝向，在现场花了四天的时间思考这些问题。也必须考虑到天文台，不能干扰它重要的科研工作。从这个角度出发，东西朝向得以确定，并且在这一点上很快就达成了共识；但是，在风格问题上仍然存在意见分歧。和羹柏神父显然倾向于哥特式，但他未能说服其他神父。因此，他将绘制两份图纸，长上们将在其中进行选择。"[3]

风格问题显然是核心问题。值得一提的是，耶稣会士们拒绝了和羹柏神父的哥特式设计，而是要求他提供另一种罗马式风格的设计。我们将在第 6 章中分析拒绝哥特式设计以及支持罗马式设计的原因。最终，将由叶肇昌神父监督这座圣母大殿的建设（见第 7 章），和羹柏未能得见这座教堂完工。

本章将分析 1920 年 10 月提交的最初的哥特式设计。为什么上海耶稣会士要从中国北方请和羹柏神父前来设计新的教堂？难道上海没有足够合格的建筑师吗？我们对这个哥特式设计了解多少？为什么和羹柏神父偏爱哥特式风格？他在中国又取得了哪些成就？对于这座如此重要的教堂建筑，给他带来建筑灵感的参考和模型是什么？

5.1 北方传教士建筑师和羹柏神父

在分析他为佘山圣母大殿提供的两个设计之前，需要概述一下和羹柏神父的生平，以了解这位非凡的传教士建筑师为何如此钟情于在中国推广哥特式风

---

1   高曼士、徐怡涛：《舶来与本土》，吴美萍译，知识产权出版社，2016，第 38-44 页。

2   Chevestrier, *Notre Dame de Zô-cè...*, 1942, p. 185.

3   Chevestrier, *Notre Dame de Zô-cè...*, 1942, p. 185-186.

5.1 | 5.2

图 5.1
1885 年，27 岁的和羮柏神
父抵达中国
鲁汶大学，© KADOC 档案馆，
CICM

图 5.2
和羮柏神父(中)，时年 62 岁，
上海，1920 年
鲁汶大学，© KADOC 档案馆，
CICM

格。1920 年，和羮柏神父已经 62 岁，他自 1885 年以来一直长驻中国（图 5.1，图 5.2）。已有多项研究专门讨论了和羮柏神父在北方的作品，但他在上海的工作仍然鲜为人知。[1]

和羮柏神父的活动并未扩展到黄河以南。中国南方的气候、方言和传统建筑技术对他来说是陌生的。因此，他与江南的耶稣会士没有任何联系，他们能够在上海找到实现项目所需的所有技工。和羮柏神父的"母港"不是上海，而是天津。这是一个拥有八个外国租界的通商口岸，拥有通往北京、张家口和蒙古的铁路连接，每个活跃在北方的传教士机构都在这里设置了账房。天津和直隶东南的法国耶稣会士对和羮柏神父并不陌生。他曾为建造天津工商大学和法国耶稣会神父桑志华（Émile Licent）创立的著名的历史自然博物馆——北疆博物院提供咨询意见。[2] 很明显，是直隶东南的耶稣会士向江南的耶稣会士推介了和羮柏神父。

1858 年 1 月 12 日，和羮柏出生于比利时根特附近的村庄（Gentbrugge）里一个天主教建筑承包商家庭。在 1881 年进入圣母圣心会（Congregation of the Immaculate Heart of Mary）之前，他在根特的圣路加学校（Saint Luke School in Ghent）学习了五年建筑学（见第 5.3 章）。圣母圣心会是个比利时传教修会，通

1　Van Hecken, "Alphonse Frédéric De Moerloose...", 1968; Coomans/ Luo, "Exporting Flemish Gothic architecture to China...", 2012; Luo, *Transmission and Transformation...*, 2013, p. 120-195; Coomans, "Sint-Lucasneogotiek in Noord-China...", 2013, p. 6-33; Coomans, "Pugin Worldwide...", 2016, p. 167-171；高曼士、徐怡涛：《舶来与本土》，2016，第 38-44 页；董黎、徐好好、罗薇：《西方教会势力的在华扩张与教会建筑的发展》，2016，第 394-400 页；Coomans / Luo, "Missionary-Builders...", 2018, p. 335-337; Coomans, "Unexpected Connections...", 2021, p. 275-281.
2　关于耶稣会士对东南直隶的传教，见：Strong, *A Call to Mission...*, 1, 2018, p. 379-459.

5.3

常被称为 "Scheut Fathers"，成立于 1862 年，其宗旨是向蒙古传福音，并从法国遣使会士（French Lazarists）手中接管了长城以北的传教区域。[1] 和羹柏于 1884 年在布鲁塞尔晋升神父（priest），于 1885 年首次被派往甘肃省，他在那里住了 14 年，主要是传播福音，而非从事建筑设计和施工。他在那里仅仅为自己的堂区建造了一座圣堂，尽管一些资料确实证明他对中国的传统建筑和手工艺感兴趣。[2] 1899 年，和羹柏神父的长上将他调至河北省北部的西湾子宗座代牧区，就在义和团放火烧毁该地区之前不久。1900 年，许多教堂被毁，1901 年《辛丑条约》要求中国政府赔偿，这使得和羹柏神父有机会成为一名专职传教士建筑师。

他的第一批建筑作品是为圣母圣心会建的，如 1899—1901 年兴建的西湾子（崇礼区）主教公署和修院(seminary)（图 5.3），以及多座被毁的堂区圣堂的重建。[3] 很快，北京宗座代牧区的其他法国传教会注意到了他的才华，欣赏他的哥特式风格，便开始委托他担任越来越重要的建设项目。因此，他分别于 1903—1906 年和 1908 年为遣使会士（Lazarists of the Congregation of the Mission）建造了宣化大教堂[4]（图 5.4，图 5.5）和永平（卢龙）大教堂（图 5.6），这两座教堂后来都成为了主教座堂；他还于 1903 年为熙笃会（Trappists）在杨家坪建造了会院圣

图 5.3
西湾子、修院、主教公署和小圣堂，和羹柏神父设计，1899—1901 年
鲁汶大学，© KADOC 档案馆，CICM

图 5.4
宣化大教堂（后成为主教座堂），和羹柏神父设计，1903—1906 年
© THOC 2017

图 5.5
宣化大教堂（后成为主教座堂），和羹柏神父设计，1903—1906 年
© THOC 2017

1　关于该会的历史，见：Verhelst / Pycke, C.I.C.M. Missionaries..., 1995, p. 25-189；以及鲁汶南怀仁研究中心（Ferdinand Verbiest Institute, Leuven）出版的《鲁汶中国研究》（Leuven Chinese Studies）的众多出版物。

2　De Moerloose, "Construction...", 1891; De Moerloose, "Arts et Métiers...", 1892; Aubin, "Un cahier de vocabulaire technique...", 1983.

3　Luo, Transmission and Transformation..., 2013, p. 120-181；董黎、徐好好、罗薇：《西方教会势力的在华扩张与教会建筑的发展》，2016，第 394-397 页。

4　Coomans / Luo, "Exporting Flemish Gothic...", 2012, p. 237-345.

5.4

5.5

5.6

图 5.6
卢龙的永平大教堂（后成为
主教座堂），和龚柏神父设
计，1908 年
鲁汶大学，© KADOC 档案馆，
CICM

图 5.7
杨家坪熙笃会会院圣堂，和
龚柏神父设计，1903 年
布鲁塞尔，© SAM 档案馆

5.7

堂（abbey church）（图 5.7）。北京代牧区宗座代牧樊国梁主教（Alphonse Favier）委托和羹柏神父主持北京主教座堂（北堂）的内部修复工作，该教堂是 1900 年天主教会抵抗义和团的象征。[1] 1910 年，因认为长上不允许他充分发展建筑方面的才华，和羹柏离开了圣母圣心会，成为北京代牧区的教区神父。

从 1910 年开始，和羹柏就专注于自己的建筑工作，并在位于北京西北约 200 公里的杨家坪熙笃会圣母神慰院内设置了自己的建筑工作室。[2] 在冬季，他绘制哥特式教堂图纸；在夏季，他会去考察建筑工地，并前往北京和天津旅行。在此期间,和羹柏的主要作品有:1916 年左右的哈拉沟教堂和平地泉教堂(图5.8)，1917—1920 年间的双树子教堂（图 5.9），以及 1918 年的位于北京天主教栅栏墓地的耶稣圣心碑（图 5.17）。[3] 1920 年代初期，和羹柏神父接到了两个非常重要的委托，两地相距约 1460 公里。一个是 1920—1923 年间的佘山圣母大殿，另一个是受圣母圣心会神父委托，设计了山西北部的大同总修院（Regional Seminary of Datong），其主建筑建于 1922—1924 年（图 5.10），修院小教堂建成于 1928 年。[4]

矛盾的是，当和羹柏神父的声望达至顶峰之时，他的建筑开始受到两方面的批评。一方面，传教士发现他设计的哥特式教堂尽管很美，却不适合北方的恶劣气候，因为大窗户和高高的木制拱门在冬天会结冰，在夏天又令人感到窒息；[5] 另一方面，在教宗驻华代表刚恒毅的影响下，中国天主教会从 1923 年开始质疑西式风格，尤其是哥特式风格。刚恒毅总主教认为，欧洲风格，尤其是哥特式风格，是罗马教廷所推动的本地化的障碍，因此他推动了教会建筑向中国范式的转变（见第 6.3 章）。和羹柏神父完全融合了 19 世纪欧洲中心主义的传教模式和"越山主义"的影响，与欧洲的建筑和技术发展是脱节的（见第 6.1 章）。直至 1920 年代，和羹柏一直忠实于他 1876—1881 年间所学的圣路加哥特风格(Saint Luke Gothic style)。他没有受到第一次世界大战之后世界变革的影响，也不明白 1911 年辛亥革命和 1919 年"五四"运动以来中国社会的新文化和政治抱负。1929 年,因受到刚恒毅总主教的批评而感到受挫、受伤，他回到比利时，结束了在中国的 44 年时光。他重新加入了圣母圣心会，1932 年 3 月 27 日在安特卫普附近的希尔德（Schilde）逝世。

1　Clark, *China Gothic...*, 2019, p. 97-124.
2　Licent, *Compte rendu de dix années...*, 1924, p. 429-30. 关于隐修院（abbey），见：Nicolini-Zani, *Christian Monks...*, 2016, p. 114-147.
3　Licent, "La Chrétienté et l'église de Choangchoutze", 1931; X., "Bénédiction...", 1918.
4　Luo, *Transmission and Transformation...*, 2013, p. 169-178；董黎、徐好好、罗薇：《西方教会势力的在华扩张与教会建筑的发展》，2016，第 394-397 页。
5　Nuyts, "En tournée...", 1938.

5.8

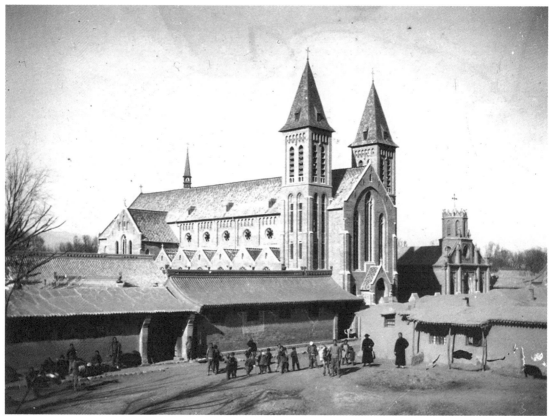

5.9

5.10

图5.8
平地泉圣堂，和羹柏神父设计，1916年
鲁汶大学，© KADOC 档案馆，CICM

图5.9
双树子圣堂，和羹柏神父设计，1917年
鲁汶大学，© KADOC 档案馆，CICM

图5.10
大同总修院，和羹柏神父设计，1922年
鲁汶大学，© KADOC 档案馆，CICM

和羹柏神父建造的大部分教堂现已被毁，大部分档案资料已遗失。[1] 除几座小型教堂如内蒙古的凉城教堂和舍必崖教堂外，[2] 1903—1906年建造的宣化主教座堂（图5.4，图5.5）与1920—1923年设计的佘山圣母大殿是他的幸存作品中两座最重要的建筑。

5.2 和羹柏神父的佘山哥特式设计

1925年2月，和羹柏神父在致同仁的一封信中写道："在我看来，我在上海已经给了你们佘山第一个设计的图纸。我会寄给您第二个正在建设中的罗马式设计的图纸。"[3] 这封信提到了两个设计和两份图纸。幸运的是，鲁汶圣母圣

1　他在1885—1910年担任圣母圣心会神父期间的档案只有一部分保存在鲁汶、KADOC、CICM 的档案中。这些零散的档案包括信件和照片，但没有原始的平面图。

2　Coomans / Luo, "Exporting Flemish Gothic...", 2012, p. 229-237.

3　1925年2月15日和羹柏神父给 Karel van de Vyvere 的信（译自德文），KADOC, C.I.C.M., T.I.a.14.3.2.

心会的档案馆中保存了七张有关宏伟朝圣教堂设计的小照片，其中三张以和羹柏的名字缩写"AdM"签名。[1] 这些文件就是确证，毫无疑问，因为其中一份文件以大写字母标明了"圣堂设计 / 佘山 / 上海"（PROJET D'EGLISE / JO-SE / SHANGHAI）。[2] 这些图纸并没有标注日期，但其中有五张与哥特式的设计有关（图 5.11~图 5.15），有两张显示的是建筑师提到的正在按罗马式风格建设中的（图 6.6，图 6.8）（见第 6.1 章）。原始文件是按 1∶100 的比例绘制的展示图。[3] 底层平面图明确了中央大殿一跨的尺寸（4.25 米×8.50 米），我们可以依此重建这个哥特教堂设计的整体尺寸。

大殿项目的底层平面呈拉丁十字，其主轴的朝向根据基督教传统，主入口在西面，后殿在东面，面向天文台。基于 4.25 米×4.25 米的模块，平面构图十分严谨（图 5.11）。从西向东，该平面包括：带有主入口和两个方形塔楼的西立面一跨、有四跨和过道的中殿（nave）、交叉的耳堂（transept）、至圣所内（sanctuary）有四跨和过道的咏礼司铎及辅祭人员所站区块（choir），最东面是带有后殿的正祭台区块[4]。由于过道的存在，耳堂很宽，包括十字交叉处两侧各两跨，以及南、北各三扇门。耳堂将中殿精确地在中央处进行了界分，并划出一个相当于中殿两个开间宽度的正方形交叉甬道，即 8.5 米×8.5 米。大殿内部总长度为 53.5 米；带有走道的中殿内部宽度为 16.6 米，耳堂的内部长度为26.7 米。不将钟楼计算在内的话，大殿的内部面积为 1000 平方米。

西面的主入口只有一扇大门，而耳堂的入口则各由三扇门组成。在中殿和至圣所的南北过道上，不同寻常地设有四个次要的门，毫无疑问是为了方便朝圣者的流动。该平面图明确地表明了面向东方的至圣所内正祭台的位置，以及过道最东端一跨内两个副祭台的位置。八个旋转楼梯对称地分布在南、北、西三个入口和正祭台的两侧。该平面图标画了肋架拱(ribbed vault)的四边形布局，但十字交叉处有枝肋（liernes）和居间肋（tiercerons）。最后，在至圣所的两侧分别布置了两个三开间的矩形小建筑物，并通过走廊与至圣所相连。东南部的建筑是更衣室（祭衣室），分为两个房间，并设有一个外门。东北部的建筑是一个储藏室。

---

1   Leuven, KADOC, C.I.C.M., De Moerloose. 应该指出的是，无论是罗马的耶稣会档案，还是万夫（Vanves）的法国省耶稣会档案，都没有该大殿的设计图纸或照片。在后者，我们只找到了罗马式方案的两张照片。

2   "上海佘山教堂方案"（"Project for a church, Zo-se, Shanghai"）写在哥特式方案南立面上。

3   在平面图、横向剖面图和纵向剖面图上，靠近建筑师的签名处，出现了以下内容："Echelle à 0m 01 c.p.m."（厘米乘以米）。

4   即至圣所，也是教友们通常所称的弥撒间——译者注。

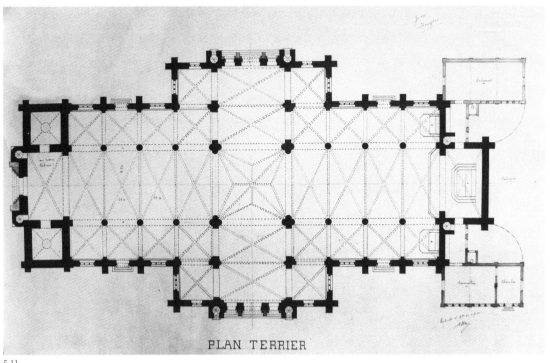

PLAN TERRIER

5.11

图5.11
和龔柏神父绘制的佘山大
殿哥特式方案底层平面图，
1920年
鲁汶大学，© KADOC 档案馆，
CICM

纵向和横向剖面显示了内部高度分为三个层次，以及中殿和过道上方的肋架拱顶（图 5.12，图 5.13）。教堂中殿的拱心石（keystone）高于教堂中殿地面16.5米。过道拱心石的高度为7.4米。只有正祭台所在的最东部开间的拱顶比至圣所内咏礼和辅祭人员所站区块和中殿低：14米高的凯旋门标志着教堂的入口。中殿南北向内立面为三段式，最低部分由4.5米高的圆柱组成，水叶状的柱顶（water-leaf capitals）上面有大大的尖拱（pointed arches）。立面的中间部分是带有三个三叶形盲拱（blind trefoiled arches）的厢廊[1]（triforium）。这是假厢廊，因为在垂直于墙面的方向上没有连续的通道。在"假厢廊"层，每个开间都有一扇小门，可通向过道相应开间的阁楼。剖面图显示，在没有飞扶壁（flying buttress）的情况下，在过道顶棚下方布置的横墙在拱廊的高度上加固了侧墙。最后立面的上层或透明层每榀各有三个尖拱窗（lancet window），中间的尖拱最高。在横截面上可以看到后殿大窗户的轮廓，它由三个尖拱窗和一个

1　教堂一周的走廊，这圈走廊又被称为厢廊。

COUPE LONGITUDINALE

5.12

COUPE TRANSVERSALE

5.13

图5.12
和羹柏神父绘制的佘山大殿
哥特式方案纵剖面，
1920年
鲁汶大学，© KADOC 档案馆，
CICM

图5.13
和羹柏神父绘制的佘山大殿
哥特式方案横剖面，
1920年
鲁汶大学，© KADOC 档案馆，
CICM

图5.14
和羹柏神父绘制的佘山
大殿哥特式方案西立面图，
1920年
鲁汶大学，© KADOC 档案馆，
CICM

5.14

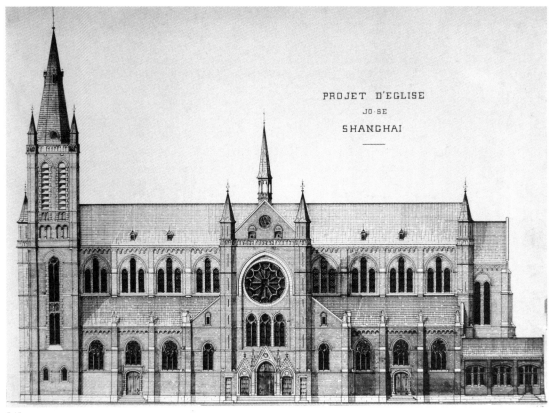

5.15

图5.15
和羹柏神父绘制的佘山
大殿哥特式方案南立面图，
1920年
鲁汶大学，© KADOC 档案馆，
CICM

大玫瑰窗组成。哥特式立面的垂直性由组合在一起的小型圆柱所强调，它们从一层的圆柱体柱首上升到拱廊上方中殿的门洞上部，然后延伸成为拱顶的肋骨。纵向剖面清楚地表明了建筑师想要的是巨大的哥特式立面设计，每个开间的规则节奏在十字交叉处的两侧对称地重复（图5.12）。这个剖面图还显示了在西立面的背面第一个开间中的一个回廊，大概是为大型管风琴设计的。

两个外立面图补全了和羹柏神父的哥特式主大殿的一整套设计。在欧洲基督徒的传统建筑中，西立面具有首要意义，而就中国传统建筑而言，南立面才是"脸面"（图5.14，图5.15）。与两个剖面图完全不同，这些立面渲染图以其逼真的效果突出了砌体和哥特式窗户，即实体部分与空的空间之间的平衡，以及钟楼、角楼（turret）和扶壁（buttress）的垂直线条。西立面是有两座钟楼的教堂的主立面，有一个带有哥特式窗饰的中央大窗和一个顶上置有三角楣的主入口。立面图的中央开间对应着中殿，并通过两个从地面升至中殿顶部的旋转楼梯角楼与钟楼很好地隔开。这些钟楼具有拐角支撑（corner buttresses），而其砖石的顶部为栏杆，作为向两个八角形尖塔的视觉过渡，每个尖塔都被四角的小尖角楼围绕。两个尖顶顶部的十字架比中殿的地面高出50米。钟楼的下

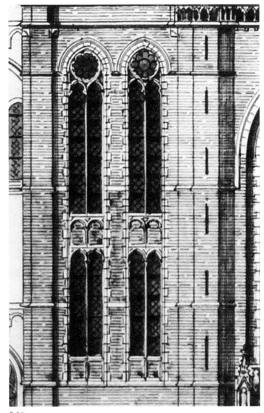

5.16

5.18

图5.16
和羹柏神父绘制的佘山西北钟楼砖石细部，1920年
鲁汶大学，© KADOC 档案馆，CICM

图5.18
和羹柏神父绘制的佘山哥特式方案，中殿的屋架和肋架拱，图5.1细部
鲁汶大学，© KADOC 档案馆，CICM

半部分通过上下两层双层窗户开窗采光。钟楼的上半部分对应于大钟的高度，两侧均有两个高百叶窗，起到抑制声音向上走的作用。西立面图还显示了耳堂两臂的西侧立面以及带有巨大底座的露台，露台可通过大型双梯进入。

大殿南立面图中间为南面的耳堂，它类似于一座哥特主教座堂立面：三个门，每个门都在一个三角楣（gable）之下，三扇花格窗和一个大型玫瑰窗，由两个楼梯角楼围成（图5.15）。在耳堂和中殿相交处绘制了一个脊塔（ridge turret）。在耳堂的两侧，中殿和至圣所内的四个开间都有一个相同的对称的立面，清晰地反映了内立面。在东面，右侧后殿的正祭台区块明显略低，并配有更衣室（祭衣室）。在西边，高耸的钟楼将在天文台对面的山顶上占据主导地位。

五张图纸几乎没有提供关于建筑材料的细节。立面和剖面可能是彩色的，但是从黑白照片上我们无法充分鉴别。西立面图清楚地显示了大门、钟楼的窗框和中央大窗之间的材料差异，中央大窗是精心组装的方石，其余的则是砖（极可能是红砖）石相混（图5.16）。和羹柏神父1918年为北京天主教栅栏公墓设计的圣心纪念碑就采用了这种混合砌体（图5.17）。在那里，对比强烈的红色和白色的自然色很好地突出了哥特式的形态。图纸上没有任何部分建议使用钢筋混凝土。由于没有飞扶壁，而且拱顶的尺寸较小，过道、中殿、耳堂和至圣所的肋架拱顶并不需要用砖石砌成，而是用灰泥覆盖的板条，这在中国的哥特式建筑中很常见。[1] 在屋顶的横截面上，有一个30°的斜坡，建筑师设计了一个西式的屋顶桁架，有横梁、跨腰梁、主椽和中柱（图5.18）。

和羹柏神父的哥特式设计完全是西式的，可以在欧洲或北美的任何地方建造。将他的哥特式设计与葛承亮修士的折中方案（见第4.3章）进行比较，可发现三点基本差异。第一个是哥特式教堂的基督教传统朝向，主门和钟楼向西，至圣所朝东。耶稣会士们曾对此进行过讨论，他们无疑希望有强烈的基督教象征意义，而且天文台一侧由于缺乏空间不能有任何入口或塔楼，按计划，大殿要向西部和南部的景观开放。第二个不同之处是拒绝在十字交叉处上方设置圆顶，这可能是出于施工技术以及与天文台圆顶的视觉竞争的考虑。第三个区别显然是关于风格的——在和羹柏神父看来，它必须参照他的祖国比利时在13世纪的教堂建筑，只能是哥特式的。

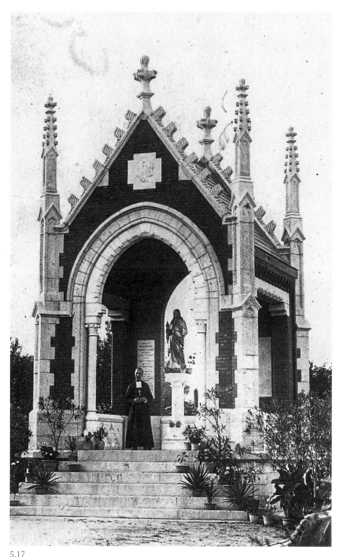

5.17

图5.17
北京天主教栅栏墓地，耶稣圣心碑，和羹柏神父设计，1918 年

1　　高曼士：《人造天穹：中国教堂中的哥特拱顶》，载徐怡涛、高曼士、张剑葳主编《建筑考古学的体与用》，中国建筑工业出版社，2019.只有广州和济南的哥特式大教堂有石头和砖头拱顶。

5.3 比利时圣路加学校的模式

和羹柏曾在根特的圣路加学校接受建筑师培训，这是一所天主教和越山主义的学校，建于 1862 年，旨在培训天主教艺术家和手工艺人。[1] 在 19 世纪自由主义和工业化的背景下，越山主义成为一场国际性的反现代运动，从法国大革命之前就开始宣传理想化的基督教社会的价值观，并无条件地支持教宗。[2] 在比利时这个早期工业化国家里，自由主义和天主教的世界观发生了冲突，在保守派精英中，越山主义非常活跃。

根特的圣路加学校的理论和思想基础扎根于英国建筑师奥古斯特·普金（Augustus W.N. Pugin）的著作《尖顶建筑或基督教建筑原理》（*The True Principles of Pointed or Christian Architecture*）（1841）。[3] 这本书被译成法文，于 1850 年在比利时出版，[4] 成为越山主义艺术家和建筑师的领袖贝蒂讷男爵（Jean-Baptiste Bethune）的参考书（图 5.19）。贝蒂讷将普金的原则应用于比利时佛兰德斯和斯海尔德河地区（Scheldt Valley）的哥特式地区风格，从而创造了圣路加学校独特的哥特式复兴风格。[5] 1884—1914 年，在天主教徒政党执政的 30 年中，这种风格成为比利时的国家风格。许多市政厅、法院大楼、火车站、邮局、学校，当然还有教堂，都是按照圣路加学校的风格建造的，这种风格是理性的、哥特式的、天主教的，也是比利时的。[6]

但和羹柏 1876—1881 年间在圣路加学校接受培育时，"圣路加运动"尚处于起步阶段，高度激进并受贝蒂讷极端意识形态的控制。和羹柏当时还是个年轻学生，两位老师——贝蒂讷和奥古斯特·范·阿什（Auguste van Assche）的越山主义的意识形态和建筑理念让他心动。他对两位老师都怀有深深的敬意，并参观了当时他们所建教堂的工地。当和羹柏神父 1900—1929 年间在中国设计教堂时，他继续参照的就是普金的理论，以及他在 1885 年被派来华之前在比利时见过的他的老师所建造的教堂。此外，他的家人还经常向他寄送比利时建筑杂志（见第 6.2 章），并且，特别是通过他的姐夫（或是妹夫）、建筑师摩

1　De Maeyer, *De Sint-Lucasscholen...*, 1988; Coomans, "The St Luke Schools...", 2016, p. 125-133.

2　Lamberts, *The Black International...*, 2002.

3　Pugin, *The True Principles...*, 1841.

4　Pugin / King, *Les vrais principes...*, 1850.

5　Helbig, *Le Baron Bethune...*, 1906; Coomans, "Pugin Worldwide...", 2016, p. 156-167.

6　De Maeyer, "The Neo-Gothic in Belgium...", 2000, p. 29-34.

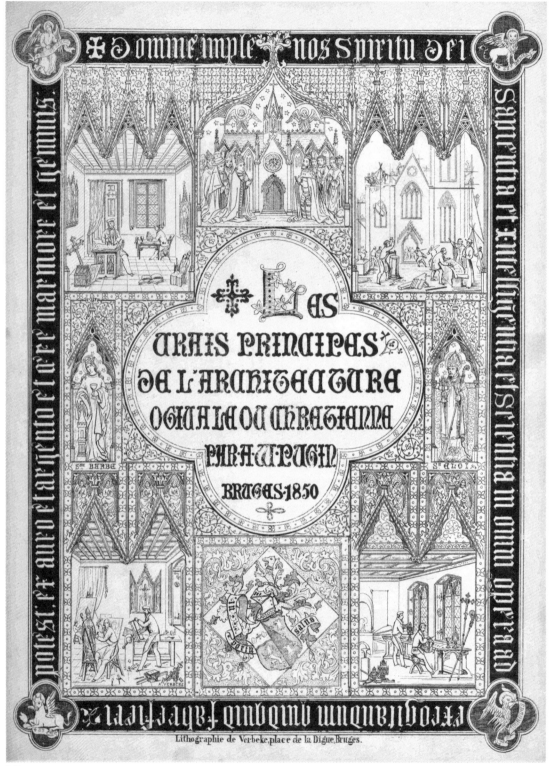

5.19

图 5.19
普金的《尖顶建筑或基督教建筑原理》法译本扉页，托马斯·哈珀·金（Thomas Harper King）译，比利时布鲁日，1850年
鲁汶大学，KADOC 图书馆

德斯·德·诺耶特（Modeste de Noyette），他与圣路加运动始终保持着联系。[1]

因此，和羹柏神父的设计方法包括从有限的比利时哥特式建筑模型中汲取灵感，这些模型都与他认为具有普遍意义的圣路加运动有关。他的方法已经在中国其他几座教堂的设计中得到了细察。[2] 生活在中国北方的他，完全没有接触到 1880 年代至第一次世界大战期间西方建筑的显著发展，例如美国金属框架的摩天大楼，新艺术运动和欧洲的现代主义先锋建筑，以及钢筋混凝土及其新的结构可能性。天津和北京是仅有的他能偶尔遇见西方建筑师、工程师或外交官的地方，这些西方建筑师、工程师或外交官向他展示的其他方面的现实，我们不能确定他是否感兴趣。一方面，他不得不以贫乏的物质手段和有限的人力资源来建造——他既没有水泥，也没有钢筋，并且必须训练中国工人接受西方木工和石匠的知识；另一方面，他坚信哥特式风格是包括中国在内的全世界天主教建筑的唯一合适选择（见第 6.3 章）。

和羹柏神父 1920 年设计的哥特式佘山大殿方案在两个层面上是不合时宜的。第一，如果不是在南立面的立面图上标出"上海佘山设计"的字样（图 5.15），实际上没有任何迹象表明该项目是为中国的一个场地而设计的；第二，和羹柏神父不断参照 1860 年代至 1870 年代的模型，以及圣路加学派越山主义和保守的意识形态，但这些思想在第一次世界大战后就已经完全过时了（见第 6.1 章）。

就像在他的许多大型教堂中所体现的那样，和羹柏神父最喜欢的模型是比利时南部马雷多斯（Maredsous）的本笃会隐修院圣堂（Benedictine abbey church），由贝蒂讷男爵于 1872—1880 年间设计并建造，而那一时期和羹柏正在根特学习建筑。[3] 贝蒂讷本人受到了普金绘制的隐修院图纸的启发。[4] 像马雷多斯隐修院那样，有着两座钟楼的前立面，一个右侧后殿，三个大玫瑰窗和一个将教堂分成等长的中殿和至圣所的耳堂（图 5.20），定义了佘山哥特式建筑设计方案。三层的尖拱窗、圆柱、尖拱、水叶柱头和十字交叉处的簇状柱子，

1　Coomans, "Pugin Worldwide...", 2016, p. 167-171.

2　例如，建于 1917 年的双树子教堂，结合了马雷多斯隐修院（Abbey of Maredsous）圣堂的立面和比利时列日市的圣克里斯托弗堂（Saint Christopher's Church in Liège）的立面，建筑师范·阿什（Van Assche）曾在 1877 年研究过该教堂，然后将其修复。宣化大教堂建于 1903 年至 1906 年，结合了马雷苏尔的木制拱顶和法国鲁贝的圣若瑟堂（Saint Joseph's Church in Roubaix）的总体设计，圣若瑟堂是贝蒂讷（Bethune）1876 年至 1878 年的主要作品之一。见：Coomans, "Saint-Christophe à Liège...", 2006; Coomans / Luo, "Exporting Flemish Gothic Architecture to China...", 2012, p. 237-248; Coomans / Luo, "Mimesis, Nostalgia and Ideology...", 2015, p. 499-506.

3　和羹柏神父很可能在他还是圣路加的学生时就和他的老师一起参观了建筑工程。关于隐修院的建造，见：Helbig, Le Baron Bethune..., 1906, p. 234-241; Misonne, En parcourant l'histoire..., 2005, p. 10-21 and 77-130; Coomans, "Unexpected Connections...", 2021, p. 275-281.

4　摘自在比利时印刷的法文译本：Pugin / King, Les vrais principes..., 1850.

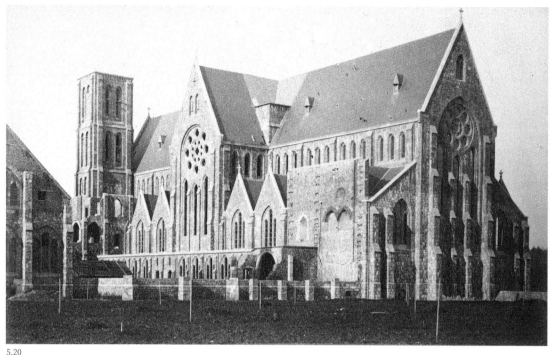

5.20

均指向13世纪的哥特式风格。宣化大教堂是一个很好的例子，说明这些特征已经被和羹柏神父应用到了中国北方地区（图5.5）。

　　与另一座圣路加哥特式的大型建筑——比利时南部阿尔隆的圣玛尔定大殿（Saint Martin in Arlon）进行比较，可以进一步了解和羹柏神父的设计方法。阿尔隆教堂（图5.21）和佘山哥特式方案（图5.11）的底层平面图中中殿和过道的比例非常相似，耳堂的东西两边都有过道，后殿是直的，立面也很相似（图5.22）。阿尔隆教堂完全由方石砌成，带有飞扶壁和丰富的雕刻装饰，这些在中国是很难做到的（图5.23）。和羹柏神父自1885年起就居住在中国，他是如何了解建于1904—1907年的阿尔隆教堂的呢？阿尔隆由建筑师爱德华·范·格鲁维（Édouard van Gheluwe）设计，他1906年去世后，由建筑师摩德斯·德·诺耶特完成。诺耶特是和羹柏神父的姐夫或妹夫，也与圣路加运动有关。[1]由于诺耶特的档案没有留存，和羹柏神父的档案又极为零散，我们没有证据证明两位建筑师之间有过书信或设计交流。但有证据表明，和羹柏神父在中国设计的其他教堂与诺耶特在比利时设计的教堂之间存在相似之处。[2]从阿尔隆圣玛尔定教堂的内部照片中，我们可以大致猜测出佘山哥特式教堂如果建成会是什么

图5.20
马雷多斯隐修院圣堂，建设中，1879年
© Abbey of Maredsous

图5.21
阿尔隆的圣马尔定堂，底层平面图，爱德华·范·格鲁维设计，1906年
© 瓦隆大区 CRMSF 档案

图5.22
阿尔隆的圣玛尔定堂，北立面图，爱德华·范·格鲁维设计，1906年
© 瓦隆大区 CRMSF 档案

1　　见：Van Loo, *Dictionnaire...*, 2003, p. 257.
2　　例如，建于1908—1910年（已拆除）的河北省卢龙的永平大教堂就受到了建于1891—1896年的比利时龙塞（Ronse）教堂的启发。

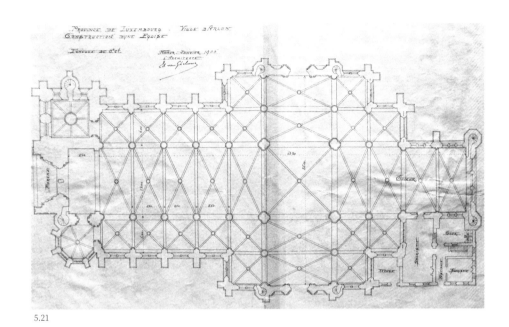

5.21

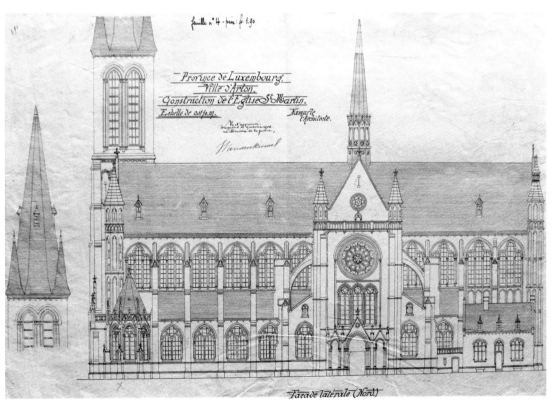

5.22

5.23

5.24

图5.23
从西南面看阿尔隆的圣玛尔
定堂
明信片，1920年代

图5.24
阿尔隆的圣玛尔定堂内景
Wikimedia Common, Zaizon, 2017

图5.25
布鲁塞尔的科克尔伯格圣心
大殿，皮埃尔·朗格罗克设
计，1903年
鲁汶大学，KADOC图书馆

5.25

样子（图 5.24）。

和羹柏神父受委托为佘山山顶设计一座大型的奉献教堂，他的灵感来自马雷多斯隐修院教堂和阿尔隆的圣玛尔定教堂，这两座教堂都位居高处，其轮廓在周围数英里外都能看到。毫无疑问，他也知道布鲁塞尔圣心大殿（Basilica of the Sacred Heart），这是比利时国王利奥波德二世（Leopold Ⅱ）为美化首都而支持的项目（图 5.25）。这项宏伟的国家哥特式大殿工程具有五座中殿和七座塔楼，也体现了天主教政治和圣路加运动新哥特式美学的胜利。建筑师皮埃尔·朗格罗克（Pierre Langerock）[1] 是和羹柏在圣路加学校的同学，工程则被委托给了位于根特的 Van Herrewege & De Wilde 公司，该公司属于和羹柏的一个姐姐的婆家。这说明了和羹柏家族所属的根特圣路加天主教网络的力量。不过，1903 年起开始建设的布鲁塞尔大殿在 1910 年国王去世后不久即被废弃。佘山大殿的主立面与布鲁塞尔的主立面相似，尤其是钟楼的轮廓和中央大窗。

这绝对不是抄袭，而是作为艺术运动一部分的观念共同体，该团体成员参照了其大师的作品，并服务于天主教世界观。[2] 我们知道，和羹柏神父与他在比利时的家人保持定期联系。第一次世界大战之前，他向圣路加的艺术家订制彩色玻璃窗，这些玻璃窗从根特运到天津，再小心地转运到西湾子和河北省永平。1907 年，根特的圣路加学校与这位传教士建筑师联系，请他寄来其在中国设计的教堂图纸，以便参加在根特举行的年度纪念展览。[3]

1   Coomans, "Pierre Langerock...", 1991.

2   Coomans, "Pugin Worldwide...", 2016.

3   不幸的是，这些图纸到达根特时，和羹柏的书已经出版了，所以图纸没有纳入书中，后来也遗失了。

第6章
Chapter 6

寻求合适的风格
Seeking an Appropriate Style

1920 年 3 月，和羹柏神父到上海访问时，耶稣会士委托他为新大殿设计两个方案，一个哥特式的，一个罗马式的。传教士建筑师从他最心仪的哥特式设计开始，并希望设计能够得到一致认可（见第 5.2 章）。当年 10 月，设计案被提交给了刚从法国返回中国的上海耶稣会会长万尔典（Joseph Verdier）神父。但万尔典神父拒绝了这个哥特式设计，并敦促和羹柏神父设计罗马式方案。颜辛傅神父简短解释了哥特式设计被拒的原因：

> "万尔典神父借在法国逗留期间与同仁谈起正在进行的项目。他会见了建筑师和艺术家，向他们展示了佘山及周边地区的照片，征求他们的建议。他们认为，只有罗马式的教堂才适合这座山丘，并与天文台的圆顶相匹配。包括品位不凡的艺术家皮埃尔·达迈拉克（Pierre d'Armailhac）神父在内，他们都建议不应采用除此之外的其他设计。一回到中国，万尔典神父'怀着爱'收下了和羹柏神父绘制的宏伟草图，然后就请他摒弃之，改而设计一个罗马式的方案。"[1]

法国耶稣会的长上不喜欢圣路加的哥特式设计，并不令人意外。我们不能确知皮埃尔·达迈拉克神父在其中所起的作用。大约在 1920 年前后，这位耶稣会士是巴黎基督教艺术家的指导司铎（chaplain），是公认的艺术权威。[2] 显然，即使是战后不久巴黎最保守的艺术和建筑界，也不会对这个设计案抱什么热情，因为它的设计精神、参考和风格都是不合时宜的，属于过时的19世纪(见第5.3章)。

和羹柏神父将他的哥特式设计转变成了耶稣会士认为合适的风格。他的第二个设计在风格上更加折中，而不是真正的"罗马式"——这与当代资料所显示的正相反，因为它仅仅是对最初的哥特式设计的一个改头换面。和羹柏神父对最初的哥特式设计投入了极大热情，总共用了七个多月的时间就完成了设计。相比之下，修改这个设计并最终获得耶稣会士的认可，却费时两年多。从1920年3月设计项目启动到1923年2月定稿设计案移交给承包商，耶稣会士与和羹柏神父进行了近三年的讨论。如果再加上1917—1918年间还曾考虑要将还愿圣堂替换掉的话（见第4.3章），那么总的拖延时间超过了五年。

这一决策的缓慢与中国社会乃至整个世界的快速变化形成了鲜明的对比。1920年代初，中国的政治、社会和经济形势正发生深刻的变化。在这不确定

1   Chevestrier, *Notre Dame de Zô-cè...*, 1942, p. 186.
2   Moledina, *La Bibliothèque jésuite de Jersey...*, 2002, p. 105-106.

的背景下，天主教会决定更改其传教政策。教宗本笃十五世的宗座牧函《夫至大》对天主教传教士的欧洲中心主义特征提出了质疑，并从普世的角度出发，呼吁"本地化"和发展地方教会。1922 年，教宗比约十一世派刚恒毅总主教来中国担任宗座代表，其使命是实施本地化。[1] 1924 年 5 月 15 日至 6 月 12 日，他在上海召开了中国教会第一届全国主教会议（图 P2.1），6 月 14 日，刚恒毅及其他主教还参观了佘山（图 6.1）。两年后，即 1926 年 10 月 28 日，教宗比约十一世在罗马祝圣了首批六名中国籍主教。但是，刚恒毅总主教面临着很多宗座代牧主教和传教士，尤其是法国人的反对，因为在法国保教权终结之后，他们正逐渐失去在地方教会发展中的主导地位。

本章对佘山大殿的"罗马式"设计进行分析和梳理，其风格、身份和年代问题将是中心议题。为什么上海法国耶稣会士在 1900 年建造徐家汇圣依纳爵大教堂时采用哥特式，而 1920 年代却偏爱"罗马式"风格？我们对哥特式设计被改过程的不同阶段了解多少？为什么要花两年多的时间？和羹柏神父在设计这座不同于他所熟悉的哥特式风格的教堂时，灵感来源有哪些？

此外，本章的第三部分将讨论在罗马和刚恒毅总主教推动本地化的背景下，哥特式与罗马式之争的悖论。"本地化"对天主教建筑和艺术的中国化有何帮助？耶稣会士为什么不质疑佘山大殿的西式风格？佘山大殿的设计是一种"风格错误"吗？

6.1 耶稣会士对罗马式风格的选择

法国耶稣会士偏爱罗马式风格，似乎是出于两个主要原因。第一是要拒绝比利时圣路加新哥特式风格和蒙马特圣心大殿在巴黎的影响。首先，普金和贝蒂讷的意识形态几乎没有渗透到法国。比利时圣路加哥特式风格的影响仅限于法国北部，里尔（Lille）和鲁贝（Roubaix）的越山主义天主教圈子。贝蒂讷于 1873—1876 年间在鲁贝建造了圣若瑟教堂和圣克莱尔（clarisses）女隐修院，1877—1880 年为新里尔天主教大学拟定了一个宏伟的设计，但遭到拒绝。[2] 1872—1879 年，他在巴黎为佛兰德协会（l'Oeuvre des Flamands）建造了

1   Ticozzi, "Celso Costantini's Contribution...", 2008; Taveirne, "Re-reading the Apostolic Letter...", 2014.
2   Helbig, Le Baron Bethune..., 1906, p. 264-275; Maury (ed.), Le Baron Bethune à Roubaix..., 2014.

6.1

图6.1
刚恒毅总主教及与会教长在
佘山的大楼梯上，1924 年 6
月 14 日
© AFSI 档案馆，Album souvenir
Zikawё

图6.2
巴黎蒙马特圣心大殿，
1875—1914 年建造
© THOC 2019

图6.3
巴黎蒙马特圣心大殿的罗马
式拱门、柱头和主导着首都
天际线的松果形尖顶
© THOC 2019

教堂，主要目的是帮助在法国首都工作的佛兰德工人不会失去天主教信仰。[1]
此外，法国是维奥莱 - 勒 - 迪克（Eugène Viollet-le-Duc）的祖国，他作为建筑
师、修复师和作家的国际影响力远超贝蒂讷。他们二人对哥特式建筑的态度截
然不同：维奥莱 - 勒 - 迪克是一位反教权的理性主义者，他认为哥特建筑的卓
越在于建筑结构的创新和材料性能的挖掘，特别是石材的雕刻切割，[2] 他的科
研、考古和历史考证方法与普金和贝蒂讷意识形态和越山主义的方法形成鲜明
对比；普金和贝蒂讷将哥特式建筑视为在工业化社会中表达传统天主教信仰的
一种方法。和羹柏神父同样秉持着普金和贝蒂讷的越山主义理念（见第5.3章）。
值得注意的是，贝蒂讷在法国工作的时间与和羹柏在根特圣路加学校（1876—
1881）学习建筑学的时间是吻合的。

　　第二个原因是法国逐渐放弃了哥特式风格，转而接受了罗马式和拜占庭
式的影响。自 19 世纪末，巴黎及其郊区所建造的教堂无疑都背弃了哥特式复
兴，并选择了更为现代的风格，其圆拱和穹顶受到了罗马式和拜占庭式风格的
影响。[3] 作为历史遗迹修复建筑师，维奥莱 - 勒 - 迪克也对法国罗马式建筑产生
了浓厚的兴趣，正如他的著作《11 至 16 世纪法国建筑分类词典》（*Dictionnaire
raisonné de l'architecture française du XIe au XVIe siècle*）所表明的那样。[4] 法国巴黎地
区第一批罗马 - 拜占庭式的教堂建于 1860—1870 年间。[5] 1875—1914 年间，巴
黎蒙马特高地圣心大殿的建设是一个重要的转折点。（图6.2）这是一项国家

1　　Byls, "Les Belges à Paris...", 2010.

2　　关于这一点，在维奥莱 - 勒 - 迪克(Viollet-le-Duc)的众多出版物和关于他的出版物中均有记载，见:
　　　Bercé, *Viollet-le-Duc*, 2013; Poisson, *Eugène Viollet-le-Duc*, 2014; de Finance / Leniaud (eds), *Viollet-le-Duc. Les
　　　visions d'un architecte*, 2014.

3　　Le Bas, *Des sanctuaires hors les murs...*, 2002, p. 125-149; Renaud-Chamska / Vigne-Dumas / Le Bas, *Paris et
　　　ses églises...*, 2017.

4　　Viollet-le-Duc, *Dictionnaire raisonné de l'architecture française...*, 10 vol., 1854-68.

5　　阿让特伊的圣但尼大殿（Saint Denis' Basilica at Argenteuil）（1862—1865），由建筑师希欧多尔·巴鲁
　　　（Théodore Ballu）设计，蒙鲁日的圣伯多禄堂（the churches of Saint Peter at Montrouge）（1865—1870）
　　　和奥特伊（Auteuil）圣母院（1877—1892），二者都由建筑师埃米尔·沃德雷默（Émile Vaudremer）设计。

6.2   6.3

工程，由国民议会投票决定，这是一项哥特式和罗马式风格竞争的建筑比赛。贝蒂讷提交了哥特式风格的作品，没有被接受。[1] 建筑师保罗·阿巴迪（Paul Abadie）绘制的罗马式设计于1875年获胜，并得以实现。[2] 蒙马特圣心大殿的大圆顶和大小不同的松果形圆顶的灵感来自多尔多涅省（Dordogne）省会佩里格（Périgueux）的圣弗朗（Saint-Front）罗马式主教座堂，阿巴迪曾修复过这座教堂。[3] 蒙马特圣心大殿的兴建促成了新罗马-拜占庭式圆顶教堂的风尚，20世纪初和两次世界大战间隔期间，这一风格在法国和其他天主教国家声名大振。[4]

　　保罗·阿巴迪设计的蒙马特白色石头大殿的标志性穹顶，直至今日仍然主导着巴黎的天际线（图6.3）。毫无疑问，万尔典神父于1920年3月至10月在法国逗留期间，曾参观过圣心大教堂——甚至可能是在皮埃尔·达迈拉克神父的陪同下参观的。这座圣心大殿刚刚于1919年10月16日被奉为乙级大殿，我们不难想象它会激起万尔典神父对于上海朝圣教堂设计的热情。比利时圣路加新哥特式确实不能与罗马-拜占庭式风格的圣心大殿媲美。结果，万尔典神父要求和龚柏神父修改设计，用罗马式圆拱取代哥特式尖拱，取消哥特式尖顶并从罗马式松果穹顶中汲取灵感。这种具有地道法国特色的罗马式形式，会明确

1   Helbig, *La Baron Bethune...*, 1906, p. 247-253, Pl. 34.

2   Laroche (ed.), *Paul Abadie, architecte...*, 1988, p. 200-264.

3   Bault / Bercé / Durliat, *Paul Abadie, architecte...*, 1984; Laroche (ed.) *Paul Abadie...*, 1988, p. 111-133, 327-333. 佩里格大教堂（Périgueux）的钟楼顶上有一个圆锥形的石头尖顶，是12世纪上半叶罗马式建筑的杰作。

4   Loyer, "Une basilique synthétique", 1988.

建立起与当时法国保守天主教最新、最有力象征的蒙马特圣心大殿的联系。[1]

　和羹柏神父花费了数年来做佘山大殿的第二个设计。他多次访问佘山，以期更好地了解该地环境并与耶稣会士进行讨论。但他无法倾其全力投入佘山设计，因为1921年他还要为圣母圣心会设计大同总修院，这座总修院位于山西省北部，在上海西北部1400多公里，最终在1922—1924年间完成建设（图5.10）。驻留上海期间，他还绘制了杨树浦和平之后圣母堂的图纸，这座教堂开工稍晚，于1926—1928年间建成（图6.4）。[2]和羹柏神父在1923年2月4日最后一次到访佘山，并将耶稣会长上批准的最终完整设计图交付给承包商。[3]总而言之，设计和绘制图纸的过程非常漫长，从1920年3月到1923年2月，耗时三年。

　和羹柏神父没有去过蒙马特，他对法国罗马式风格的了解也很有限，因此不得不搜集各种文献。据我们所知，没有任何原初的设计图、草图或者信件可以帮助理解他是如何将哥特式设计转变为罗马式设计的，仅有两张未标明日期的立面图的小幅照片，属于和羹柏神父。[4]第一张是西立面图，与后来的建筑一样，但钟楼顶端没有安置玛利亚的雕像（图6.5）。安放上玛利亚彩色雕像后的该立面作为1930年代新大殿的宣传图像，在明信片、宗教图像和杂志上流传（图6.6）。[5]第二张是南立面图，也是和羹柏神父绘制的，显示了另一个版本的钟楼，没有角楼，有一个带肋的穹顶（图6.7）。我们没有找到和羹柏神父所绘制的平面图、立面图和内部剖面图。[6]

　档案资料的缺乏不利于建筑历史学家的研究工作，特别是在建筑师和耶稣会士之间关于风格的讨论方面，以及建筑物本身的建造、结构和材料的使用方面。

6.4

图6.4

上海杨树浦和平之后圣母堂，1926—1928年建造

© AFSI档案馆，FCh334

1　Noordholland de Jong, "Du roi Très Chrétien au Christ-Roi...", 2000.

2　Van Hecken, "Alphonse Frédéric De Moerloose...", 1968, p. 171. 关于教区和教堂：X, A Guide to Catholic Shanghai, 1937, p. 7; X., "Les Paroisses Catholiques de Shang-haï: Notre-Dame de la Paix", 1935.

3　Chevestrier, Notre Dame de Zô-cè..., 1942, p. 185-186. 见本书第6.2章。

4　这些照片是在鲁汶（KADOC, C.I.C.M., De Moerloose）和巴黎（AFSI, Fi.C4）发现的。巴黎只保留了两张与佘山有关的原始图纸：一张主祭台的立面图（图7.8）和一张柱顶和栏杆的详细图纸（图6.22）。

5　Haouisée, Lettre pastorale..., 1936; 慈音..., 1936, cover; X, "Zo-cè", 1936, p. 471; Chevestrier, "Chez les païens...", 1937, p. 155.

6　《佘山新堂南首侧面图》，《圣教杂志》1923年5月（12/5），p. 1.

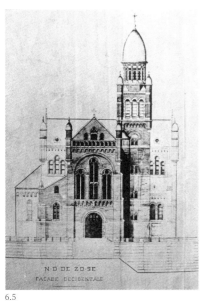

6.5

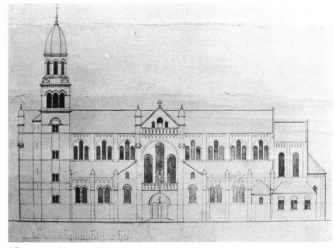

6.6

图6.5
佘山大殿，和龚柏神父的最
终设计，西立面，1923年
鲁汶大学，© KADOC 档案馆，
CICM

图6.6
佘山大殿，西立面，另有效
果图和钟楼上的圣母雕像，
1936年
© AFSI 档案馆，Fi.C4

图6.7
佘山大殿，和龚柏神父的最
终设计，南立面；只有钟楼
顶部没有确定，1922年
鲁汶大学，© KADOC 档案馆，
CICM; 和 © AFSI 档案馆，Fi.C4

6.7

6.2 从哥特式向罗马式的转变

图6.8、图6.9、图6.10
佘山大殿底层平面图，回廊
和高侧窗高度的平面图
© 上海建筑装饰集团有限公司，
陈中伟

对比哥特式设计和最终建成的大殿，可以发现许多重要的差异。差异主要来源于风格的转变，以及和羹柏神父对最初设计的修改。不过，有许多修改是由叶肇昌神父在后来进行的，他负责设计所有细节，绘制施工图并监督施工现场（见第7.1和7.3章）。在1935年的一次采访中，叶肇昌神父抱怨和羹柏神父的图纸缺乏精确性，以及自己被迫要做的工作：

> "在为教堂做设计时，和羹柏神父非常注意在西立面图上表达他的想法。他几乎不关心其他图纸，这些图纸并不是特别详细，有时甚至连草图都没画出来。这是他的工作方式：'关于细节，'他说，'你不需要图纸；你必须在当时处理每个细节部分，如果不好就重新做。'因此，必须从头开始绘制所有图纸，包括平面图、四个立面的立面图、两个剖面图，根据和羹柏神父的西立面图猜测他的意图。"[1]

建筑师陈中伟和上海建筑装饰集团有限公司最近对佘山大殿进行了全面的建筑勘测，显示出自1980年代以来进行了几波修复之后大殿的现状（图6.8~图6.16）。建筑物的整体尺寸大致相同，但平面图中的七个部分已被更改：

· 西部立面只有一座钟楼，而不是两座；钟楼不再位于西立面一跨中，而是位于中殿，在第二跨中。

· 耳堂的北臂缩短了一跨；不再有北向的入口，而是一个围绕祭台的大型半圆形后殿。这种布置产生了一个以此后殿和祭台为终点的南北横向轴，该轴线垂直于同样以后殿和祭台为终点的东西方向主轴。

· 至圣所内正祭台区块进深更长；它有两个开间和一个半圆形的后殿，而不是一个开间和一个直的后殿。此外，至圣所的两个横向空间朝向次要空间，从中殿不可见，但从横向空间可以直接看到高高的正祭台。这些横向空间是耶稣会圣堂专属的，神父们可以在那里祈祷和朝拜圣体。还愿圣堂和中山圣堂高高的正祭台附近也有同样的空间设计。

---

1   X., "Zo-cè. Bénédiction...", 1935, p. 382.

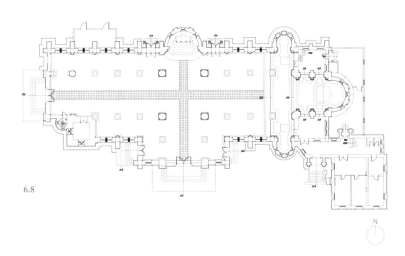

6.8

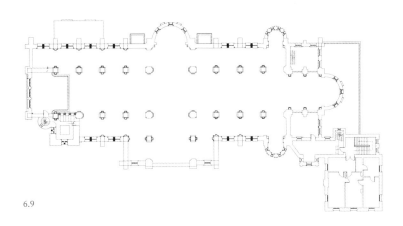

6.9

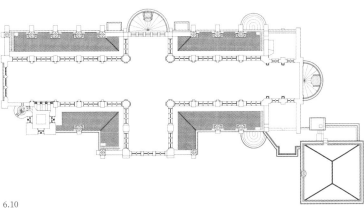

6.10

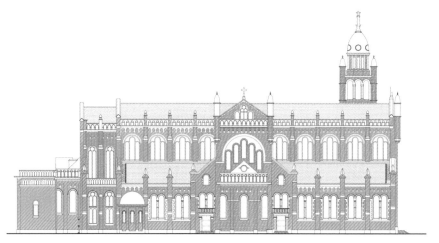

图6.11、图6.12、图6.13
佘山大殿北、南立面，长向
剖面
© 上海建筑装饰集团有限公司，
陈中伟

6.11

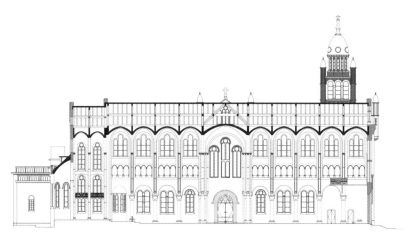

6.12

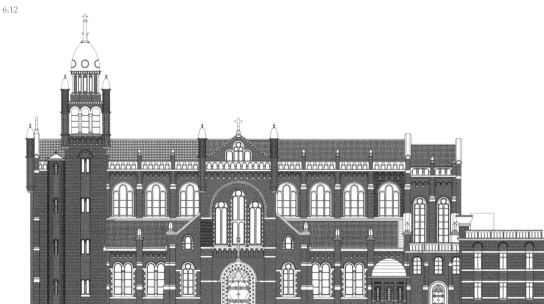

6.13

图6.14、图6.15、图6.16
佘山大殿东、西立面，横向
剖面
© 上海建筑装饰集团有限公司，
陈中伟

6.14

- 两座侧祭台不再位于至圣所过道的东部开间内，而是位于向外凸出的半圆形小堂中：北边是耶稣圣心小圣堂，南边是圣若瑟小圣堂。
- 教堂过道中的四扇次要大门已经被移动：南侧，两扇门在耳堂的过道中；北侧，它们位于大型半圆形后殿两侧的开间中。
- 不再有六个旋转楼梯的塔楼，而只有一个较大的楼梯塔楼连接着钟楼的西侧。
- 更衣室（祭衣室）和附属房屋已重新布置：在至圣所东南建造了一座大型建筑，平面呈正方形，分为两层，其中包括更衣室（祭衣室）和负责朝圣活动的神职人员的办公室。

图6.17
佘山大殿，从更衣室（祭衣室）的屋顶上看前部、至圣所和南面耳堂的外景
© THOC 2011

图6.18
佘山大殿，在拱廊高度上东向的中殿内景
© THOC 2011

　　哥特式方案呈现出了完美的对称，而罗马式大殿则采用了不对称的平面，更适合山丘的地形特点。它的两个主要特征是单一的钟楼和耳堂背面的后殿。尤其是从西面和北面看，这种平面图的不对称对立面产生了非常明显的影响（图6.15）。此外，至圣所的半圆形后殿几乎触及了天文台的西端。

　　在立面上，从哥特式到罗马式的转变涉及用半圆拱代替尖拱，修改哥特式门廊，移除耳堂和后殿的三扇玫瑰花窗，以及西立面和过道的所有花格窗。在外部（图6.17），屋顶下的石制梁托配有来自《圣母德叙祷文》（"玄义玫瑰"和"晓明之星"）[1]和来自《默示录》的圣母玛利亚标记（新月和星冠）。[2]在南侧耳堂的两个入口上方，在檐口的十六根翅托（corbel）刻有四处中文楹联，以欢迎朝圣者："进教之佑"和"大能大忠"位于东南大门的上方；"可崇可敬"（图6.36）和"上天之门"位于西南大门的上方。西面大门和东山墙嵌刻着四位福音书作者的标志：象征圣若望的鹰，象征圣尔谷的狮子，象征圣路加的牛和象征圣玛窦的天使。[3]至于这些装饰物和楹联是由和羹柏神父设计的还是后来由叶肇昌神父在施工中添加的，我们不得而知。

　　在内部（图6.18～图6.20），哥特式方案的中殿和至圣所各开间的立面和节奏保持不变，除了所有尖拱均改为半圆形拱，并且东面和北面增加了两个后

---

[1]　《圣母德叙祷文》是兴起于16世纪的祷文，列举了圣母的许多称号。这些头衔中不太抽象的部分经常被用于圣母玛利亚的圣像画。例如，镜子指的是"义德之镜"的称号，玫瑰指的是"玄义玫瑰"，星星指的是"晓明之星"，塔指的是"达味敌塔"，门指的是"上天之门"，房子指的是"黄金之殿"，方柜指的是"结约之柜"，等等。

[2]　圣若望的《默示录》第12章第1节描绘了默示录中的女人，她的脚下有一弯新月（象征女性的贞洁），头上戴着有十二颗星的王冠。

[3]　四位福音书作者的符号的结合被称为"四态"。它指的是四个不同元素在一个单元中的结合，在这种情况下就代表《新约》中的四本福音书。

6.17 ｜ 6.18

6.19

6.20

6.21 | 6.23

图6.19
佘山大殿，西向的中殿内景
© THOC 2011

图6.20
佘山大殿，中殿内景
© THOC 2019

图6.21
佘山大殿，哥特式结构和罗马式形式，从对面过道看中殿的拱廊
© THOC 2011

图6.22
佘山大殿，中殿柱子的基座和柱头的蓝图（右）以及南侧和西侧正门上方的护墙细部，无日期
© AFSI 档案馆，maps and plans

图6.23
佘山大殿，从南面看钟楼
© THOC 2016

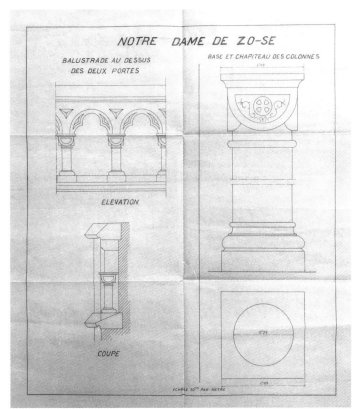

6.22

殿。现在，教堂的拱廊（triforium）与过道拱顶上方的空间相通（图6.21）。教堂中殿和拱廊的柱子有方形或立方体的柱头，这是莱茵河地区11和12世纪罗马式建筑的典型特征(图6.22)。横向的拱由带有罗马式树叶的柱头和半柱支撑。中殿和过道的拱顶都是哥特式肋架拱顶。一些棱柱形基座和圣体栏杆的花格也是哥特式的。只有少量的托架是形象化的，饰有天使的头，还有几个肋架拱顶的拱心石上描绘着天主的羔羊和天使。

最显著的变化显然是单个的钟楼，它明确地定义了建筑物的竖向轴线，且位于南立面和西立面转角处。从那里开始，钟楼在整个场地中占据主导地位，并在山丘的整体轮廓中将天文台的穹顶边缘化。与哥特式方案的钟楼相比，该钟楼没有支撑，而且开口更少（图6.23）。安置大钟的楼层高于中殿屋顶最高处，并有三个圆拱形开口，每个开口都有反音板。钟楼的顶部不再是由四个角楼围绕的哥特式尖塔，而是一个松果形的钢筋混凝土圆锥尖顶。得以保存下来的和羹柏神父有关罗马式设计的两张图纸显示了钟楼塔顶的两个不同的变体，表明新建大殿的这一关键要素是长期讨论的主题。第一个是八角形的，没有转角处的角楼；圆锥形的尖塔有八个边，位于一个八边形的鼓座上，鼓座的每一侧都设有一个开口（图6.7）。第二个有四个角楼，光滑的圆锥形尖顶位于圆形底座上；圆形鼓座由十二个小圆柱组成，圆柱之间有十二个矩形小开口（图6.6）。第二个方案最终被采用，但钟楼的建设花费了十多年的时间，钟楼的塔顶至1935年才告竣工（见第7.3章）。松果形的塔顶配有六个天窗，并立有圣母玛利亚的雕像（图6.24）（见第8.2章）。

松果形的圆锥尖顶明显参考了巴黎蒙马特圣心大殿（见第6.1章）。然而，和羹柏神父并非直接从巴黎的圣心大殿获得启发，而是复制了安特卫普（Antwerp）的圣弥额尔（Saint Michael's Church）和圣伯多禄教堂的尖顶（图6.25）。该教堂是按照建筑师弗兰斯·范·戴克（Frans van Dijk）的设计于1893—1897年间建成的，属于罗马式和早期基督教风格的融合，有一座松果形尖顶的钟楼，塔顶的形状设计受到蒙马特圣心大殿的启发（图6.26）。[1]这座教堂位于通往火车南站和1894年安特卫普世界博览会会场的林荫大道上，非常引人注目，显示了法国给比利时安特卫普都会区带来的新趋势。和羹柏神父是如何知道这座安特卫普的教堂的呢，又为何选择了该教堂？我们知道，和羹柏家族订阅了

图6.24
佘山大殿，从东面看钟楼的尖顶
©THOC 2011

---

1   法兰德斯（Flanders）建筑遗产目录,安特卫普的圣弥额尔和圣伯多禄教堂,
     见：https://id.erfgoed.net/erfgoedobjecten/6409[2021-2-18].

6.24

6.25 ｜ 6.26

比利时中央建筑学会（Société Centrale d'Architecture de Belgique）的杂志《竞争》（*L'Émulation*），并于1891—1899年间，通过西伯利亚邮政把该杂志寄给了这位在中国的传教士建筑师。[1] 1899年，《竞争》杂志刊登了安特卫普的圣弥额尔和圣伯多禄教堂的两张平面图和七幅大照片，和羹柏神父因此而了解这座教堂。[2] 安特卫普和佘山的教堂尖顶对比显示，后者几乎是前者的直接复制（图6.6，图6.8，图6.23）。

　　因此，我们可以将谱系关系概括如下：佘山大殿的钟楼和松果形尖塔几乎是安特卫普的圣弥额尔和圣伯多禄教堂钟塔的复制品，其本身受到巴黎蒙马特圣心大殿的启发，而蒙马特圣心大殿则是多尔多涅省（省会佩里格）地区地方性罗马式风格的复兴。我们做这种论证背后的方法是"建筑图像学"，它会分析建筑形式的使用，这些参照发生的原因及其意义。[3] 佘山钟楼的两个独特的

图6.25
安特卫普的圣弥额尔和圣伯多禄教堂，1893—1897年建造
出自：*L'Émulation 1899*，pl. 29
（Flanders AOE 图书馆）

图6.26
安特卫普圣弥额尔和圣伯多禄教堂，钟楼的尖顶，约建成于1896年
出自：*L'Émulation 1899*，pl. 31
（Flanders AOE 图书馆）

1　　"和羹柏神父总是热衷于完善和发展他的才能，他收到了来自比利时的美丽月刊 *L'Émulation*……1891年，从第16期开始一个新的完整系列开始了……和羹柏神父一直保留着他收到的这个系列，直到1899年，并于1929年将其带回比利时。可以认为，它帮助完善了建筑师的天赋，丰富了他的灵感。" Van Hecken, "Alphonse Frédéric De Moerloose...", 1968, p.165.

2　　Van Dijk, "Basilique...", 1899, Pl. 28-33. 关于建筑师，见：Van Loo (dir.), *Dictionnaire...*, 2003, p. 562.

3　　关于建筑图像学，见：Bandmann, *Early Medieval Architecture as Bearer of Meaning...*, 2005; Coomans, "Architectural Iconology and Visual Culture...", 2021.

6.27 | 6.28

图6.27
始建于14世纪的贝尔格的
钟楼，1944年被拆，1958—
1961年重建
出自：GFreihalter 2014,Wikimedia
Commons

图6.28
让蒂伊的耶稣圣心堂，
1933—1936年建造
© THOC 2019

附加部分是安特卫普、巴黎和佩里格都没有的四个转角塔楼，以及顶部的圣母玛利亚雕像（见第8.1章）。这八角形转角塔楼可能是受14世纪晚期法国佛兰德地区的一个小镇贝尔格（Bergues）钟楼的启发（图6.27）。[1]

最后，关于大殿的风格，当时的资料称是"罗马式风格"，而非"哥特式风格"，[2]但我们将其描述为新中世纪折衷主义似乎更为合适。因为和羹柏神父通过用罗马式的圆拱和半圆形的后殿代替太过明显的哥特式形式（玫瑰窗、尖拱和窗饰），成功地使他的圣路加哥特式风格的设计得以改进和融合。整体的比例系统、竖向空间、开间的节奏，强烈的光照，三段式的立面和肋架拱顶仍旧是哥特式的。因此可以认为，和羹柏神父保留了哥特式的结构和空间，只是将拱券、窗户和其他建筑元素的形状调整为罗马式风格，就创造出一个新的、非凡的内部空间（图6.19）。正如我们所见，创建一个带有北部后殿的南北向轴线是对中国建筑朝向的十分重要的适应（见结论1）。松果形的圆锥形尖塔

1　贝尔格距卡塞尔（Cassel）20公里，是尚保衡神父（见7.1章）的故乡。这个钟楼在1944年被德国人摧毁，1958—1961年重建。1999年被列入联合国教科文组织世界遗产名录。

2　Chevestrier, *Notre Dame de Zô-cè...*, 1942, p. 186. 和羹柏神父自己也使用了这个术语，见：杨家坪，1925年2月15日和羹柏神父给Karel van de Vyvere的信（译自德文），KADOC, C.I.C.M., T.I.a.14.3.2 (Leuven, KADOC, C.I.C.M., T.I.a.14.3.2)。（见第5.2章）

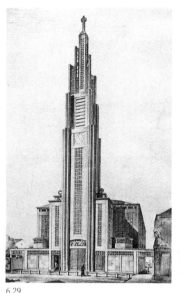
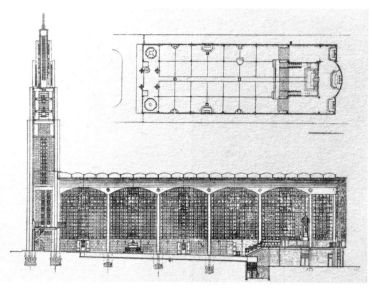

6.29

为佘山山丘的轮廓增添了现代气息，并将佘山与蒙马特、将上海与巴黎联系起来。看到佘山山顶上有这样一个象征，上海的法国耶稣会士一定会感到高兴。巴黎南部让蒂伊（Gentilly）的新罗马式圣心教堂（Sacré-Cœur）也有一个圆锥形的钟楼，周围环绕着四尊天使铜像（图6.28）。[1] 该项目于1931年设计，所以是在和羹柏神父佘山大殿之后的项目。它建于1933—1936年，与佘山钟楼的建设是同一时期，并且同样使用了钢筋混凝土。

图6.29
勒兰西的圣母堂，1922—1924年建造（明信片）

6.3 风格的错误？为何是西式而非中式的？

　　1920年代初期围绕佘山大殿项目而展开的辩论核心的风格问题，至少在两个方面是不合时宜的。首先，在欧洲，建筑正在向现代主义潮流敞开大门，这潮流完全拒绝了有关历史风格的学术辩论。建筑师奥古斯特·佩雷（Auguste Perret）设计了一座完全由钢筋混凝土和玻璃建成的教堂，包括一座优雅的钟楼，其尖顶呼应了哥特式的纤细美感，那就是巴黎附近的勒兰西圣母院（Notre-Dame du Raincy）。这座教堂于1922年4月30日奠下基石，1924年6月17日举行奉献礼，

1　　该图纸由建筑师皮埃尔·帕克(Pierre Paquet)和让·皮埃尔·帕克(Jean-Pierre Paquet)于1931年绘制。
Le Bas, *Des sanctuaires hors les murs...*, 2002, p. 125-149; Renaud-Chamska / Vigne-Dumas / Le Bas, *Paris et ses églises...*, 2017.

对整个建筑界，尤其是宗教建筑界产生了重大影响（图6.29）。[1] 因此，"罗马式风格"和上海耶稣会士对"蒙马特圣心大殿的参考"，并不比和羹柏神父的"圣路加哥特式风格"更加进步——在欧洲，这两种样式都属于19世纪。至于在佘山大殿中使用钢筋混凝土的问题，和羹柏神父并没有预见到，是后来由叶肇昌神父和尚保衡神父引进的（见第7章）。

第二个不合时宜之处与罗马教廷推动在华天主教向本地化发展的模式转变有关。[2] 到达中国后，刚恒毅总主教立即提出了艺术和建筑风格的中国化。这种"中式基督教"风格应该成为"基督教（天主教）中国化"的主要途径（图6.30）。[3] 他在1923年4月发表的一篇文章中抨击了哥特式和罗马式风格，没有区分这两种西方风格，而是将它们与中式风格进行了对比：

> "西方艺术在中国无异于风格错误。……因此，将罗马式和哥特式的欧洲风格引入该国是一种艺术上的失误。……将外国建筑引入中国的做法是一个宗教宣传方法错误的问题。……我无意批评迄今为止所做的事情；确定的是，建设者们都想尽力而为。但是，由于传教事业持续不断地取得进步，我打算为今后的教会建筑厘定一些原则。……我们必须知道如何在建筑中融入中国人的精神，并以新的基督徒生活使之焕发活力。"[4]

鉴于风格问题在中国社会现代化、寻求新身份的巨大挑战中所起的作用，它就不仅仅是美学问题。事实上，刚恒毅总主教面临着三项随之而来的建筑挑战。[5] 第一个挑战是保守派传教士，尤其是法国传教士，反对任何教堂建筑、教堂装饰和所用家具形式的中国化。这些传教士不仅包括和羹柏神父和北京的遣使会士，还包括上海和天津的耶稣会士。他们坚信西式的优越性，其中一些人很长一段时间坚持捍卫哥特式，视之为教会唯一的普适风格。[6] 第二个挑战是中国天主教徒在一个快速的、暴力变革的社会中遭遇了定义自我身份的困境。在西方还是中国的风格问题上，不仅传教士之间存在分歧，中国天主教徒之间

1　　Le Bas, "Notre-Dame du Raincy…", 2009.

2　　Zheng, *Sinicizing Christianity*, 2017.

3　　Coomans, "The 'Sino-Christian Style': A Major Tool for Architectural Indigenization", 2017；高曼士，《从西式基督教风格到中式基督教风格：作为在华本土化文化适应手段的建筑，1919—1939》，2016；Coomans, "Indigenizing Catholic Architecture in China…", 2014.

4　　1923年4月23日的信件发表于: Constantini, "Proper Style of Church Architecture…", 1923, p. 288-290; Costantini, "The Need of Developing a Sino-Christian Architecture…", 1927, p. 9-10.

5　　Coomans, "The 'Sino-Christian Style'…", 2017.

6　　高曼士、徐怡涛：《舶来与本土》，2016，第85-100页。

身一如猶會一成共人教奉下天普的立自親穌耶主吾是會教聖

洲亞西亞　　洲加利非亞　　洲　　奧　　洲加利美亞　　洲巴羅歐

穌耶主天是的見不看在現首的會教聖是誰

6.30

也存在分歧。[1] 一方面，西方风格的拥护者不希望教堂看上去像宝塔或中国庙宇，其中有些人想强调他们的宗教信仰是不同的、源于海外的；另一方面，本地化的拥护者质疑为什么在中国的教堂不是中国式的房子，难道"基督在这里未感到像在自己家吗"？[2]

　　刚恒毅总主教面临的第三个建筑挑战是新教信徒在中国化问题上取得的进展，特别是在大学建筑方面，以及他们在推动中式现代建筑的国民党精英中取得的成功。[3] 在1920年代初期，中国仅有两所天主教大学，分别是上海的震旦大学和天津的工商大学，这两所大学分别由法国耶稣会于1903年和1921年所建，并采用了西方建筑风格。越来越多的中国人批评他们开设的教学以法国的文化、历史和地理，而不是以中国的文化、历史和地理为荣。[4] 大修院中的教学也是如此，中国人在那里接受神职人员的培训，还不得不在法式建筑中学习拉丁语（图6.31）。[5] 刚恒毅总主教希望中国籍神父在中国风格的现代化建筑环

1　　X., "Objections", 1932.

2　　Costantini, "Proper Style of Church Architecture…", 1923.

3　　Cody, "American Geometries…", 2009; Cody, "Striking a Harmonious Chord…", 1996.

4　　Strong, *A Call to Mission…*, 2018, p. 251-254.

5　　在宣化(河北)、开封(河南)和香港仔(香港)为培育中国神父建造了三座中式基督教风格的总修院。
　　关于后者，见：Coomans, "Sinicising Christian Architecture in Hong Kong…", 2016.

6.31

境中接受教育。在西方人最多且以殖民为傲的城市中，尤其是在上海、天津和香港，传教士对此的抵抗最为强烈。[1]

刚恒毅总主教以宗座牧函《夫至大》为指导方针，并以其宗座代表的权威来争取团结，为教会服务。1924年，他召集了中国天主教会第一次全体主教会议，会议于5月15日—6月12日在上海举行，汇聚了中国传教区59位宗座代牧和各省传教修士的长上（第二部分，图P2.2）。主教会议结束后两天，即6月14日星期六，刚恒毅总主教和25位主教会议成员前往佘山朝圣（图6.1）。到达佘山之巅，位于天地之间，他们隆重并正式地将中国奉献给圣母玛利亚。在会议期间，长上们已经在徐家汇举行了这样的奉献礼。[2] 这位宗座代表看到建筑工程正在进行中，和龔柏神父的设计毫无疑问也已经呈交给他了。虽然我们无法找到具体的资料来源，但从颜辛傅神父报告的以下摘录中可以清楚地看到存在争论：

"有些人——并非中国人——批评（耶稣会）错过了为圣母玛利亚建造中国式殿堂的绝佳机会。关于这一点，我们既未忽视，不沙文主义，亦不蔑视。但传教士不是业余爱好者，也不是为了艺术而艺术。当他们要建造一座教堂而又不忽视该建筑的美学维度时，他们主要关心的是建造一座

1   Coomans / Ho, "Architectural Styles and Identities in Hong Kong…", 2018.
2   X,《刚钦使及主教等奉献中国于佘山圣母》,《圣教杂志》1924 年（13/7），p. 1.

适合其信徒虔敬侍奉的祈祷场所，从而满足礼仪的需要……因此，风格问题并不是首先要考虑的，如果不同时考虑场地、建筑材料和为带领不同朝圣者的众多神父提供所需要的便利设施，问题就无法解决。一座真正的中式教堂不容易满足这些条件。而且，我们位于农村地区的大多数小圣堂都是几乎没被改动过的中国庙宇，每当提及要用新的建筑来取代它们时，我们的信徒便率先呼吁要一座'真正的圣堂'，即一座不像佛塔的建筑。"[1]

具体到佘山大殿，我们对相关事件发生的时间顺序仔细研究后可发现，1924年6月刚恒毅总主教的访问为时已晚，已无法改变耶稣会士的宏伟工程计划，以使其风格更为中国化。和羹柏神父于1920年被选为设计师，其最终设计方案于1923年2月获得通过，还愿圣堂的拆除工程已于1923年8月27日启动，1924年6月山顶的土方工程正在进行或已经完成。[2] 不仅仅耶稣会士不能再质疑自1917年以来就在筹划的项目，而且诸多法国传教士对天主教传教事业的中国化运动持怀疑态度，甚至怀有敌意。尽管有17世纪时徐光启、利玛窦和其他传教士拥护本地化的伟大典范在先，但在1920年代，仍有大量耶稣会士继续以19世纪的方式和思维来看待他们的传教使命。[3]

1924年，刚恒毅总主教尚未就"中式基督教风格"形成一个精确的概念。他既不想要西方风格也不想要现代主义美学，但接受中式风格的建筑在其建造技术上应该是现代的。出于经济和坚固性的考虑，在承重结构和屋顶框架中应使用钢筋混凝土代替木材。最早的一批中式现代天主教建筑从1927年开始，由荷兰本笃会会士葛利斯（Adelbert Gresnigt）设计，他是被刚恒毅总主教召唤来中国的，因为总主教未能找到创造此"中式基督教风格"的中国天主教建筑师。[4]

1926年10月28日，教宗比约十一世在罗马祝圣首批六位中国籍主教，这是刚恒毅总主教中国化政策的首批重大成就之一。这六位主教中有一位是上海的中国耶稣会士朱开敏，他成为海门代牧区的宗座代牧主教。[5] 另一项重大成就就是美国本笃会士于1925年创立了北京公教大学——辅仁大学（Fu Jen

1   Chevestrier, *Notre Dame de Zô-cè...*, 1942, p. 182.

2   Chevestrier, *Notre Dame de Zô-cè...*, 1942, p. 186-187.

3   Strong, *A Call to Mission...*, 2018, p. 166-169, 188-213.

4   Coomans, "La création d'un style...", 2013; Coomans, "Dom Adelbert Gresnigt...", 2014; Coomans, "The Sino-Christian Style...", 2017.

5   然而，这些首批中国主教只获得了二级传教区；上海、北京、广州、天津等地仍一直由外国传教士掌握，直到1945年之后。Tiedemann, "The Chinese Clergy", 2010, p. 571-586; Soetens, *L'Église Catholique en Chine...*, 1997, p. 113-137.

6.32

图6.32
北京公教辅仁大学，葛利斯
神父于1927—1929年设计，
1929—1930年建造
©THOC 2013

图6.33
未建成的海门主教座堂的蓝
图，葛利斯神父设计，约
1928—1930年

6.33

6.34

Catholic University of Peking）。与上海的震旦大学不同，它对中国文化广泛开放，
并成为跨文化交流和基督教汉化的主要汇聚点。[1] 刘贤总结了这两所天主教大
学的差异，将震旦定义为"位于中国本土的法国大学"，将辅仁定义为"享有
国际援助的中国大学"。[2] 葛利斯神父负责北京新公教大学主楼的设计，并为
海门朱开敏主教绘制了主教座堂，这两座建筑都是中式基督教风格的（图6.29，
图6.30）。[3] 前者于1930年9月竣工，而后者未能兴建。

　　如果我们承认佘山大殿的设计是在建筑本地化的议题和中式基督教风格出
现不久之前完成的，那么可以断定，佘山大殿不是"风格错误"。新的大殿与
上海耶稣会士所认同的逻辑保持了一致，他们在上海和徐家汇、震旦大学和佘
山朝圣地的建筑均是西式的古典或中世纪风格，最好带有明显的法国特征。唯
一值得注意的例外是上海老城的老堂，这是耶稣会士在17世纪所收的一幢中

图6.34
上海老堂内景，约1900年
© AFSI 档案馆，Fi

1　　*Bulletin of the Catholic University of Peking* 輔仁大學, 1-8, 1926-1931.
2　　Liu, "Two Universities...", 2009; p. 416.
3　　Coomans, "The Sino-Christian Style...", 2017；高曼士，《从西式基督教风格到中式基督教风格：
　　作为在华本土化文化适应手段的建筑》, 2016；Coomans, "Indigenizing Catholic Architecture in
　　China...", 2014.

图6.35
佘山大殿，侧面后殿和一条过道的窗户上有装饰性的花卉图案
©THOC 2011

6.35

6.36

国建筑，后来改建成了圣堂（图6.34，另见图P1.5）。[1] 19世纪和20世纪的耶稣会士将此圣堂视为徐光启时代和本地化的古老遗迹，但并没有从其中汲取兴建新建筑的经验。不难理解，这种固执并不能取悦刚恒毅总主教和中式基督教风格的其他支持者，他们只能为佘山朝圣地没有亭台楼阁和其他中国特色的建筑而感到遗憾。在建造新大殿的过程中，高层平台上中式屋顶的亭子和狮子楼梯上的狮子都消失不见了（见第3.3章）。中山圣堂、驻院、广场上的古迹、苦路、宏伟的大殿和天文台……它们在外观上都绝对是西方的。如果不是因为山坡上的竹子和夏天亚热带气候的湿热，人们可能会以为身在法国。只有码头对面朝圣地入口处的牌坊，幸免于时间的摧残，至今仍在（图3.9）（见第3.1章）。用于大殿的建筑材料中，只有釉面的绿色琉璃瓦有些中国化的气息。立面所用的红色而非蓝色的砖块彰显了建筑的西方特征。[2] 仔细观察，大殿内部和后殿外围低矮窗户的拱券末端出现了一些中国花卉图案（图6.35）。

图6.36
位于西南大门上方的四个石质托（即拱形装饰下部的石质部上面篆写着"可敬可崇"四字
©THOC 2019

1   Colombel, *Histoire de la Mission...*, 3/2, 1900, p. 282-285; Shuller, *Die Geschichte...*, 1939, p. 36-39.
2   Shu, "From the Blue to the Red...", 2015.

第7章
Chapter 7

建造大殿
Erecting the Basilica

佘山大殿的建造必然会产生多到令人无法想象的档案：总图和细部图纸，与建筑公司签订的合同、订单、发票和账目、会议记录和信件，工程师有关钢筋混凝土结构的报告、照片等。不幸的是，我们从档案中几乎没有找到任何东西。施工期间，叶肇昌神父住在佘山的驻院，天文台旁边的新圣器室成了他的办公室，绝大部分文件必然保存在那里。1936年工程完结后，这些档案作何处置？是被转移到了徐家汇耶稣会档案馆还是存放在了佘山？它们在战争中被毁了吗？ 1950年代初，耶稣会士离开上海之前将它们销毁了吗？还是被没收并存放在了封闭的场所？（引言3）

无论档案的命运如何，在缺乏它们的情形下，我们别无选择，这一章只能以耶稣会刊物所刊发的评论文章和游记照片为基础，来描述大殿的建造（图7.1）。资料的缺乏极其令人沮丧，因为中国的教堂建筑工地本应该是一个名副其实的"实验室"，可以传播技术知识、建筑传统和人力组织模式。[1] 我们因此无法回答如下这些基本的问题：工程的精确时间、施工阶段、建筑材料的选择和来源、建造成本和资金来源、叶肇昌神父对和羹柏神父的设计所做的更改、各种技术性问题、其他专家的贡献，以及建筑承包商、工头、工人、参与的外国人、中国人等等的身份。耶稣会士一定邀请了上海的外国公司——主要是法国的——参与，因为通过先前在徐家汇和震旦大学的建筑项目，以及在土山湾的工坊进行的装饰和家具制作，他们已经与这些公司建立了联系。所有这些问题都不得而知。

到目前为止，文字记录主要提及耶稣会士叶肇昌神父，他被视为大殿的建筑师，而不是和羹柏神父。[2] 是否有可能在没有档案的情况下确定叶肇昌神父的确切角色？他为什么主张在大殿的结构中使用钢筋混凝土？协助他的工程师是谁？大殿的建造从1923年持续到1935年，是如何进行的？为什么建造工期要这么长？建造如此大的一座教堂是否有特定的仪式？中国工人和建筑承包商有哪些？建设资金从哪儿来？项目的哪些部分未完成？

图 7.1
从南面看佘山，1935 年：
除了钟楼外，大殿已经完工
© AFSI 档案馆，F

1   Coomans, "East Meets West on the Construction Site…", 2018.
2   广受欢迎的《上海天主教指南》只提到了叶肇昌神父。见：X, A Guide…, 1937, p. 64. 另见：伍江《上海百年建筑师》，第二版，1996，第120-121页；周进《上海教堂建筑地图》，2014，第179页。

7.1

7.1 两位建筑工程师神父：叶肇昌和尚保衡

1920年3月2日和羹柏神父第一次访问佘山时，叶肇昌神父的名字就已经出现了。[1] 关于叶肇昌神父的原始资料很有限。[2] 我们只能找到他出现在两张集体照片上（图7.2，图7.3），以及他在徐家汇一张工程图上的签名（图7.4）。不应将叶肇昌神父（1869—1943）与叶乐山神父（Joseph Diniz, 1904—1989）混淆，后者同样是上海葡萄牙人耶稣会士，他更年轻并且出现在多张照片中。[3] 叶肇昌神父并不像马历耀修士、顾培原修士和葛承亮修士（见第2.1和4.2章）那样专门从事木工，而是像和羹柏神父一样，是一位接受过建筑师训练的神父。

叶肇昌于1869年7月15日生于上海，父母是澳门的葡萄牙人，他就读于耶稣会在洋泾浜的圣若瑟堂区所开办的公学，这所公学后来成为圣方济各沙

---

1 Chevestrier, *Notre Dame de Zô-cè*..., 1942, p. 185.

2 de Lapparent, "Mort du R.P. François-Xavier Diniz...", 1943; X., "Zo-cè. Bénédiction...", 1935; Chevestrier, *Notre Dame de Zô-cè*..., 1942, p. 188-191.

3 叶乐山（1904—1989），见：Raguin, "P. Joseph Diniz...", 1991; Lardinois / Mateos / Ryden, *Directory of the Jesuits in China*..., 2018, p. 52, n° 0364.

7.2

7.5

7.3 | 7.4

图7.2
叶肇昌神父（中左）和笪光华神父（José Damazio）与土山湾孤儿院军乐队的合影，约1910年
© AFSI 档案馆, Fi，Black Album

图7.3
叶肇昌神父，1930 年代早期一张照片的细部
© AFSI 档案馆, Fi.5

图7.4
叶肇昌神父在一张平面图上的签名，时间为1908年
© AFSI 档案馆, maps and plans

图7.5
建设中的徐家汇主教座堂，1908年
© AFSI 档案馆, Fi.E3

勿略公学（collège Saint-François-Xavier），并迁到了虹口区的耶稣圣心堂区。叶肇昌在公学里学习法语和英语。他随后进入建筑师威廉·道达尔（William Dowdall）在上海开办的事务所，在那里接受建筑学教育。[1] 1896年，叶肇昌的职业前程似已被规划好，他却决定放弃建筑学，转而加入耶稣会。他具有"音乐家的灵魂和艺术家的才华"，能拉小提琴，会演奏小号和单簧管，他还写过一本叫作《音乐基础》（Rudiments de musique）的中文方法论。[2] 1903年，他创立了土山湾孤儿院军乐队，并担任指挥多年（图7.1）。1905年，他被祝圣为神父，派往安徽宁国地区圣母朝圣地所在的水东堂区。忆起叶肇昌神父过去从事建筑的经历，长上于1906年委派他对徐家汇新圣依纳爵教堂的建设进行监督（图7.5）。[3] 这是一个明智的决策，因为在建筑师兼设计师威廉·道达尔的事务所修业期间他曾协助道达尔绘制设计图。叶肇昌神父担任建筑师-建造工人的角色，直到1910年主教座堂竣工。此后，他被派往欧洲，在巴黎高等美术学院（École des Beaux-Arts, Paris）学习了一年的建筑课程，[4] 并在法国一家建筑公司实习，再之后在英国坎特伯雷完成了第三年初学(卒试)。他1913年返回上海，成为"传教区的传教士建筑师"，直至1943年8月6日去世。[5] 叶肇昌神父一直

1　关于建筑师威廉·道达尔，见：http://www.scottisharchitects.org.uk/architect_full.php?id=203385; Haouisée, "Inauguration...", 1911, p. 15-22.

2　Hermand, "Chronique musicale", 1907, p. 49-50.

3　关于新圣依纳爵教堂的建造，见：Guillen-Nuñez, "The Gothic Revival...", 2015. 然而，作者并没有提到叶肇昌神父。

4　然而，在美术学院学生数据库（1800—1968）中没有提到叶肇昌神父，见http://agorha.inha.fr/inhaprod/servlet/LoginServlet [2017-12-09].

5　他可能在战争期间被杀，这一点简要提及于：Lardinois / Mateos / Ryden, Directory of the Jesuits in China..., 2018, p. 52, n° 0363.

是徐家汇耶稣会团体成员。

作为在上海的葡萄牙人，曾在公学中学习法文，又曾在一家英国建筑事务所工作过，叶肇昌神父能流利地讲葡萄牙语、上海话、法语和英语。作为耶稣会的神父，他也能使用拉丁语。孔明道神父（Joseph de Lapparent，1862—1953）这样评论叶肇昌神父：

> "严肃、认真、勤奋，善于反思和计算，用心对待自己所做的一切。或许稍显迟缓，但这只是因为他力求确然，也正因此可以成功。他所主持的所有建筑都非常坚固，在像长江下游这种冲积平原的不平整土壤上获得成功是不易的。传教士经常向他咨询建筑之事，除了实际的建议外，他也不吝设计和图纸。"[1]

7.6

图7.6
尚保衡神父
出自：*Bulletin de l'Université l'Aurore*，
1938年（鲁汶大学，Sabbe 图书馆）

叶肇昌神父在上海设计并建造了位于卢家湾的震旦大学的第一栋大楼和徐家汇公学的"新大楼"。据称他还在江苏省建造了几座教堂，但我们无法确定是哪座教堂。叶肇昌神父在震旦大学教授建筑学与建筑技术课程，但具体信息未知。[2] 他可能是1919年出版的带插图的手册（*Technologie du bâtiment*）的作者，该手册保存在徐家汇藏书楼中，用于为土木工程课程做准备的建筑技术课程。[3] 1937年8月，他为在南京的美国加利福尼亚耶稣会士主持建筑工事，但日军的猛烈轰炸迫使他停止工作并返回上海。[4] 毫无疑问，佘山圣母大殿工程是叶肇昌神父最重要的杰作，从1923年到1936年，他为此奉献了13年光阴，使这项在华耶稣会士最宏伟的建筑项目之一得以实现。

对于佘山大殿钢筋混凝土结构的设计和计算，叶肇昌神父可以依靠尚保衡神父的帮助（图7.6）。[5] 两人彼此熟识，在徐家汇、震旦大学和佘山的大型项目期间，他们共同参与了上海耶稣会的大部分建筑施工现场。尚保衡于1875年1月17日出生在法国的卡塞勒小镇，先后就读于巴黎的两座顶级"大学校"：中央理工学院（École Centrale）和高等电力学院（École Supérieure d'Électricité），

1　　de Lapparent, "Mort du R.P. François-Xavier Diniz…", 1943, p. 500-501.

2　　我们只知道这门课程从1935年开始由马克斯·王教授，他曾作为建筑师毕业于布鲁塞尔（比利时）
　　　学院。见：X, "Chronique…", 1935, p. 117. 此外，人们对这位上海建筑师知之甚少，只知道他曾在
　　　1933年为比利时的Crédit Foncier d'Extême Orient公司工作。见：Coomans, "China Papers…", 2014, p. 11.

3　　X, *Technologie du bâtiment*…, 2 vol., 1919.

4　　Brière, "La guerre et la Mission de Changhai…", 1939, p. 110. 亦提及于：Strong, *A Call to Mission*…, 2018,
　　　p. 321.［作者将叶肇昌神父（Francisco Diniz）与叶乐山神父（José Diniz）混淆了。]

5　　讣告见：Germain, "Le Père Louis de Jenlis…", 1938; X, "Le Père Louis de Jenlis", 1938; X, "Nos morts…", 1939.

如今这两座学院已合并为中央理工-高等电力学院，即中央高电（Centrale Supélec Engineering School）。他于1898年获得了两个工程师学位，然后在两家法国公司的设计事务所担任工程师。1903年，他进入了耶稣会。在完成哲学和神学修业后，他于1910年晋升铎品，并被派遣来上海，于1911年9月抵达。直到1938年10月14日去世，尚保衡神父一直是震旦大学土木工程系的教授。他在理工学院土木工程系教授数学、工业物理和水力学，但专门研究并成为了材料力学方面的专家。他创建了震旦大学的工业电力实验室、水力实验室和材料测试实验室。

"他对上海的流质土壤做了非常出色的基础研究工作，因此对其有充分了解，加之在材料选择方面的能力，使他成为震旦大学历任校长的建筑顾问，历任校长都是建设者。"[1] 因此，除教学活动外，尚保衡神父还为1912—1938年间由上海主要建筑师建造的震旦大学的所有建筑设计了基础并监督设计图，其中包括1929—1931年建造的震旦博物院，[2] 1932—1933年兴建的大学内的圣伯多禄小圣堂（图7.7），[3] 以及1936年包含图书馆和实验室的大型教学楼；[4] 这三座建筑都有钢筋混凝土框架，并与佘山大殿同时期建造。作为"耶稣会传教区的建筑师"，叶肇昌神父还把控着这些建筑物的设计并监督其施工。因此，尚保衡神父成为叶肇昌神父的合作伙伴，[5] 并参与佘山大殿钢筋混凝土结构设计的制定和计算，而这些并未包含在和羹柏神父的设计之中（见第5.2章）。

7.2 奠定基石和基础

在基督教的传统中，教堂是天主的殿宇。天主教徒相信天主在圣堂中的真实临在。因此，一座圣堂的建造过程必须包括三个庄严的时刻，并伴有主教主

---

1 Germain, "Le Père Louis de Jenlis...", 1938, p. 2; de La Servière, "Une université catholique en Chine...", 1925.

2 建筑师亚历山大·赉安（Alexandre Léonard）和保罗·韦什尔（Paul Veysseyre），见：Belval, "Le Musée d'Histoire Naturelle...", 1933, p. 433-437.

3 建筑师亚历山大·赉安和保罗·韦什尔，见：Denison / Ren, *Building Shanghai...*, 2006, p. 167-169.

4 中法实业公司建筑师米努第（René Minutti & Cie），见：X, Université L'Aurore 1936... / 震旦大学..., 1936.

5 X., "Zo-cè. Bénédiction...", 1935, p. 381-383.

7.7

持的祝福仪式。[1] 首先，在地面以上的砌筑工作开始时，须放置基石或角石；其次，一旦圣堂或圣堂的一部分可以被用来举行礼仪时，须祝福圣堂和祭台，随后举行第一台弥撒，圣堂其他部分的建筑工事可以继续进行，尤其是有多个建设阶段的情况下；第三，当建筑工事全部完成且建设费用全部付清之后，主教便为圣堂举行奉献礼。圣堂建设通常由私人捐款或公共资金提供支持，但绝不通过贷款获得资金。[2] 因为所有的费用还没有结清，或所需要的礼仪家具尚未配置齐全，所以在工程完结几年之后才举行奉献礼是可能的。

图 7.7
震旦大学圣伯多禄堂，钢筋混凝土结构正在建设中，1932—1933 年
© AFSI 档案馆，Fi

1   这些教堂的保护仪式和典礼都包含在一本名为《罗马礼规》（*Roman Pontifical*）的礼仪书第六部分中。在建造佘山大殿时，1598 年教宗克莱孟八世的《罗马礼规》仍在使用。它在 1961 年被修订。几个有据可查的案例研究见：Schaven / Delbeke, *Foundation, Dedication and Consecration...*, 2012.

2   *Codex iuris canonicis*, Rome, 1983, canons 1214-1220.

7.8

以佘山为例，奠基仪式由一份详细报告和四张照片记录下来。[1] 这些特殊的原始资料使我们能够更详细地了解该仪式。奠下第一方基石并不是在工程开始时，而是指地面以上砌砖石工作的开始。必须事先准备好场地并完成基础。佘山项目的早期工作进展得并不容易，因为需要先拆除还愿圣堂（图 7.7），然后才能进行重要的土方工程，再之后需要标出新教堂的平面图，挖基坑直至岩石，最后打造钢筋混凝土基础。

颜辛傅神父提到了与承包商之间的问题，这与进出场地交通困难有关。[2] 耶稣会士希望与法国 Rémond & Collet 公司合作，因为以前双方有过良好的合作关系，并且该公司在上海法租界有强大的关系网。这两位建筑商在徐家汇拥有一个木工和金属作坊，[3] 后来又承建了震旦大学的礼堂项目。[4] 1923 年 2 月 4 日，

1　Chevestrier, *Notre Dame de Zô-cè...*, 1942, p. 177-180.
2　Chevestrier, *Notre Dame de Zô-cè...*, 1942, p. 186-187.
3　*Conseil d'administration municipale de la Concession Française à Changhai...*, 1925, p. 69, 90, 94, 112, 161.
4　这个礼堂或宴会厅于 1928 年 9 月 8 日落成，钢筋混凝土结构，附带着楼座。见：X, "Chronique...", April 1929, p. 72.

7.9

他们在现场与和羹柏神父、叶肇昌神父会面，神父们提交了预估造价所需要的
设计图和技术说明。承包商特别注意与上海的交通联系、为工人搭建住屋、材
料的来源以及运输到山顶的问题。一个明确的附加条件是不能干扰相邻天文台
的天文观测工作。

　　1923年8月22日，承包商提交了一份报价，虽然价格很高，但鉴于工程
的难度，也被认为是合理的。他们拒绝承担拆除还愿圣堂的工作，要求场地必
须先被彻底清理。1923年8月27日还愿圣堂开始拆除，家具和装饰品已先行
转移至中山圣堂，钟楼的两口钟被移至山腰平台（图3.18）。[1] 有位访客在1924
年2月如此描述清理工作的进展情况：

　　　　"旧教堂地上部分已被完全拆除。几乎到处都是裸露的岩石，东部和
　　北部几乎与地面齐平，南部和西部则达到地面以下4～5米的深度。……
　　在岩石上，用石灰描绘出的未来大殿的布局线，使人对建筑的长度和宽度、
　　至圣所、耳堂、过道的长度和宽度有了粗略的了解。货运设备由长480米
　　的强力钢缆组成，由位于山脚下的电机驱动，可以使装满物料的斗车在两
　　分钟内被提升。就是以这种方式，最初使用的千万块红砖已经被运上来。
　　用于浸泡红砖的水也通过约300米长的管道从下方引上来。"[2]

图7.9
佘山大殿主祭台，1926年
© AFSI 档案馆，maps and plans

1　　X, "Travaux pour la nouvelle église…", 1924, p. 380.
2　　X, "Travaux pour la nouvelle église…", 1924, p. 379-380.

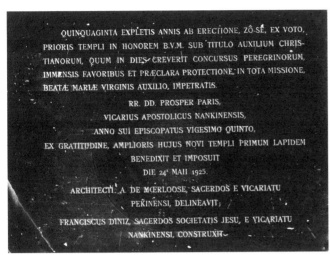

QUINQUAGINTA EXPLETIS ANNIS AB ERECTIONE, ZÔ-SÈ, EX VOTO,
PRIORIS TEMPLI IN HONOREM B.V.M. SUB TITULO AUXILIUM CHRIS-
TIANORUM, QUUM IN DIES CREVERIT CONCURSUS PEREGRINORUM,
IMMENSIS FAVORIBUS ET PRÆCLARA PROTECTIONE IN TOTA MISSIONE,
BEATÆ MARIÆ VIRGINIS AUXILIO, IMPETRATIS.

RR. DD. PROSPER PARIS,
VICARIUS APOSTOLICUS NANKINENSIS,
ANNO SUI EPISCOPATUS VIGESIMO QUINTO,
EX GRATITUDINE, AMPLIORIS HUJUS NOVI TEMPLI PRIMUM LAPIDEM
BENEDIXIT ET IMPOSUIT
DIE 24ᵃ MAII 1925.

ARCHITECTI A. DE MOERLOOSE, SACERDOS E VICARIATU
PEKINENSI, DELINEAVIT;
FRANCISCUS DINIZ, SACERDOS SOCIETATIS JESU, E VICARIATU
NANKINENSI, CONSTRUXIT.

7.10 | 7.11

　　还愿圣堂被拆除之后，1871年的奉献碑以及古老庙宇弥陀殿的基础重见天日（见第1.1和2.2章）。1924年5月，在刚恒毅总主教视察该地前不久（见第6.3章），建筑承包商要求耶稣会士负责建设教堂的地基，他们认为由于建材的运输、工作时间、气候等因素的不确定性，无法进行工程报价。在这种情况下，耶稣会长上没有任何犹豫地决定最终委托叶肇昌神父负责建筑工事，因为这位建筑师在工作中享有盛誉，虽然工作缓慢但对每一个细节都一丝不苟地关注。[1] 长上们自此也意识到，建造时间将比最初计划的三年更长。矛盾的是，新教堂的主祭台在1926年就做好了："被精心地包装在十二个巨大的盒子里，在旧修院的房间里耐心地等待着新堂的落成；这祭台是大理石制成的，不怕高温或潮湿。"[2] 这个祭台极有可能是在土山湾的工坊中制作的。它的设计图被送到了巴黎，因此得以留存（图7.9）。

　　新大殿的奠基仪式于1925年5月24日下午5点举行。南京宗座代牧姚宗李主教亲临，还有为数不多的其他人参加了奠基礼。基石是空心的，内有一份拉丁文和中文的文件，其中包括两位建筑师的名字（图7.10，图7.11）：

　　"时维天主降生一千九百二十五年，江苏姚大司牧晋升主教后之第二十五年，阳历五月二十四日，以畲山旧堂，由前江南教务代牧耶稣会会长谷为求免本省应受艰难，矢愿上主，特敬圣母为进教之佑。建筑后已逾五十年，本省教友到山朝拜圣母者日益加增，旧堂不能容纳，爰重建新大之圣堂，敬于是日行大礼祝圣磐石。

绘图者北京传教士和羹柏

工程师耶稣会司铎叶肇昌"[1]

　　得益于这一段文字说明，以及从邻近天文台圆顶、在建设中的大殿南侧过道的轴线上拍摄的四张照片（图7.12~图7.15），我们能够重现奠基仪式的过程。在前景中，即东面，一个木制的十字架被安置在未来主祭台的位置上。在西面，靠近货运设备的井架和建筑小屋的地方有一个竹制的凯旋门拱门，标志着大殿的入口。在这两个端点之间，柱子的方形基础、通道和南部耳堂的墙壁基础，以及北墙基础的木制模板，使大殿的平面布局清晰可见。为准备典礼，教堂内部的空间已被全部清理，木板被整齐地堆放起来。在南面，我们可以辨认出狮子楼梯，而与会人员则聚集在平台的西南角，靠近华盖形帐篷，就在未来钟楼基础的附近。

　　在第一张照片中，姚宗李主教正站在天篷式帐篷下；几位身穿白衣的神父和修生正在等待仪式行进开始（图7.12）。第二张照片显示，仪式行列从教堂的外围，经过竹制凯旋门下方进入中殿（图7.13）。[2] 从前面可以看到，行列中包括约30位神父和修生，随后是代牧主教和负责朝圣的焦宾华神父。所有人都在歌唱："万军的上主，你的居所是多么可爱！我的灵魂对上主的宫廷渴慕及缅怀。我的心灵以及我的肉身，向生活的天主踊跃欢欣。"[3]

　　第三张照片是祝福基石的时候拍摄的，照片发表在《圣教杂志》上（图7.14）。[4] 颜辛傅神父提供了有关仪式的详细记录。[5] 列队在十字架前停了下来，主教先向地面洒了圣水，然后走向拐角处在那里等待的叶肇昌神父。人们向基督祈祷和歌唱："真正的基石，配得在这里，工程的开始、继续和完成，均以

1　英文翻译："自从在佘山建立了第一座进教之佑圣母堂，已经过去了50年，朝圣者的奉献与日俱增。在圣母玛利亚的帮助下，整个传教区得到了不可估量的恩惠和最高的保护，最尊敬的南京代牧区姚宗李蒙席，在他担任主教的第25年，为表示谢意，于1925年5月24日为这座新的、更大的教堂举行奠基祝福礼。建筑师：北京代牧区和羹柏神父绘制了平面图；南京代牧区耶稣会士叶肇昌神父负责建造。"

2　这张照片发表于：Pénot, "La basilique de Zo-Sè...", 1926, p. 306.

3　Psalm 84 (83), 2-3: *Quam dilecta tabernacula tua Domine virtutum! Concupiscit, et deficit anima mea in atria Domini. Cor meum, et caro mea exultaverunt in Deum vivum.*

4　《圣教杂志》1935年第1页，说明文字为：姚主教祝圣佘山新堂奠基石。

5　Chevestrier, *Notre Dame de Zô-cè...*, 1942, p. 179.

图7.12
奠基祝福礼一，
1925年5月24日
© AFSI 档案馆，Fi.C4

图7.13
奠基祝福礼二，
1925年5月24日
© AFSI 档案馆，Fi.C4

7.13

姚 主 教 祝 聖 佘 山 新 堂 奠 基 石

7.14

图 7.14
奠基祝福礼三,
1925 年 5 月 24 日
出自:《圣教杂志》1925 年第 1 页
(◎ 中国国家图书馆)

图 7.15
奠基祝福礼四,
1925 年 5 月 24 日
◎ AFSI 档案馆, Fr.C4

7.15

你的荣耀。"然后，主教在基石上洒圣水，并用小刀在上面刻画了三个十字，期间，人们歌唱《诸圣祷文》。然后唱出了建筑工人的诗歌（"Builder's Psalm"，《圣咏：登圣殿歌》）："若不是上主兴工建屋，建筑的人徒然劳苦。"[1] 将上面提到的拉丁文和中文奉献文件嵌入石头之后，主教和建筑师将其固定在最终位置。

在第四张也是最后一张照片中，我们可以看到：仪式行列先是在至圣所区域重新汇集在一起，然后往相反方向穿过教堂（图 7.15）。然后，主教向教堂的地基洒圣水，同时众人歌唱："这地方令人敬畏！这是上主的殿宇和升天堂的门户。"[2] 回至起点，站于天篷式帐篷之下，主教诵念了最后的祈祷文，他在祷文中请求上主临在并祝福这个地方，驱除恶魔并向这里派遣和平天使。

7.3 十二年建造工期

从天文台穹顶拍摄的第五张照片，呈现了奠下基石几个月后的施工现场。木制十字架已经从后殿被移开，脚手架开始安装，其主杆在地基的外侧对齐而立（图 7.16）。钟楼底部，北侧过道和后殿的木制模板表明了墙壁的混凝土浇筑进度。这张精心拍摄的照片旨在显示教堂东南部的狮子楼梯和天文台之间的区域。教堂平台的挡土墙带有厚重的扶壁，不久前才完工。方形建筑地基刚刚浇筑完成，极可能是更衣室（祭衣室），但似乎没有金属钢筋伸出来。最后，天文台的墙（图 7.12）刚被拆除不久，取而代之的是临时的竹木栅栏。

1925—1935 年的十年间，实际上没有任何信息：我们没有找到档案、照片或文章。似乎每个人都在问同一个问题："大殿何时能建成？"叶肇昌神父则简单地回答"很快"。[3] 被脚手架包围的教堂工地出现在几张远景照片中（图 1.5，图 7.22），但没有发现教堂建筑工程的近距离内部或外部照片。通过放大细节，我们看到几个先后的建造阶段。天文台边上两层楼高的更衣室（祭衣室）是首先完工的部分，之后叶肇昌神父的办公室就在那里（图 7.18）。之后逐层建造大教堂的外壳（图 7.19，图 8.24），接着是钢筋混凝土屋顶桁架结构（图 7.20），最后是拱券和屋盖（图 7.21）。

1　Psalm 127 (126), 1: *Nisi Dominus aedificaverit domum.*

2　《创世纪》第 28 章 17~18 节中雅各布在贝特耳（Bethel）所见神示中的对白：*O quam metuendus est locus iste! Vere non est hic aliud, nisi domus Dei et porta caeli.*

3　X., "Zo-sè", 1934, p. 97.

7.16

图7.16
从东面看大殿建筑工地，
1925年夏

© AFSI 档案馆，Fi.C4

7.17 | 7.18

图7.17
从南面看佘山，约1926年。
教堂的脚手架搭得更高了，
而更衣室（祭衣室）的结构
框架工作仍在继续
© AFSI 档案馆，Fi

图7.18
从南面看佘山，约1928年
© AFSI 档案馆，Fi.CI

图7.19
1920年代后半叶，从山腰
平台看建设中的大殿。南侧
耳堂的砌筑工作已经完成
© AFSI 档案馆，Fi

7.19

7.20

7.21

7.22

　　1935年的几张照片显示，中殿、耳堂和至圣所已经建成（图7.1），[1] 脚手架仅保留在教堂西面的主立面和钟楼周围，钟楼的顶部覆盖着圆锥形的屋顶，这无疑是为了在建造过程中进行保护，便于施工（图7.21，图7.22）。这几张照片与步瀛洲神父（Louis Bugnicourt）在1935年新年前不久的描述相吻合："我们到了山上，站在新教堂的下方。内部仍然杂乱无章，布满竹制脚手架、直达拱顶的倾斜平面和材料。没有滑轮或绞车；到处都是工人。有一条电缆连接山顶和山脚，却很少使用。但是工人有时会花一天时间把沉重的石头搬到高处。顶部的彩色玻璃窗已经到位。钟楼尖顶（钟室）已经停止施工一段时间了。因为寒冷，水泥无法再浇筑。它将再增高三到四米。……绿瓦红砖在光线下柔和地交相辉映。"[2]

　　我们不知道有多少工人在现场工作，也不知道他们住在何处。是哪些中国工头在协助叶肇昌神父？建筑物资是如何被运到佘山的？由于上海与佘山之间尚无公路，[3] 因此这些建筑材料很有可能是用船运到山脚下，或者是通过铁路运到松江车站，然后从那里转船运到达佘山脚下。上海耶稣会士是各教堂、大学建筑、各学校等场所的建造者，无疑会向他们通常的合作方提出特别的条件。我们可以假定为大殿的建设供应用砖的是义品公司（Crédit Foncier d'Extrême-Orient），这是一家亲近天主教界的比利时-法国公司，在上海设有建筑事务所和

1　　其中一张照片印刷在《圣教杂志》1936年第1页。

2　　Bugnicourt, "Le charme de Zo-Sé", 1935, p. 191-192.

3　　Bugnicourt, "Le charme de Zo-Sé", 1935, p. 192.

7.23

7.24

图 **7.23**
佘山大殿原有的英式红砖砌法
©THOC 2019

图 **7.24**
佘山大殿的南大门：花岗岩台阶、基座和门框，而砌筑中看似石材的元素是人造石
©THOC 2016

7.25 | 7.26

图 7.25
大殿内立面所有看似石材的
元素都是铸石
© THOC 2016

图 7.26
从厢廊向外看大殿
© THOC 2011

砖厂。[1] 所有的砖都是红色的，尺寸为 24×11.8 ×4.8/5 厘米，砖石构造为英式砌法（图 7.23）。楼梯、柱础和大门的门框材质为花岗岩，来自上海附近的金山采石场，并从那里运至佘山山顶（图 7.24）。拱门、窗框、小柱子、柱头和拱顶的肋骨均非真石所制，而是"人造铸石"（图 7.25，图 7.26，图 7.29）。这种技术在上海已经很成熟了，这些构件很有可能是由艺都公司（The Metropole Craftsmen）生产的，该公司曾在 1936 年震旦大学的杂志中做过广告（图 7.27，图 7.28）。[2]

至于其他材料，大多只能猜测，比如水泥、钢筋和用于混凝土的沙子、绿色屋面瓦、中殿和至圣所的装饰地砖、石膏、门、金属窗框、彩色玻璃等。教堂中使用得最少的材料是木材，仅用于钟楼的门板和楼梯。木材主要用于施工现场的模板和脚手架（图 7.16，图 7.19）。屋顶框架、拱顶、屋顶板条、钟楼的结构和圆锥形尖塔均由钢筋混凝土制成（图 7.30～图 7.32）。有三个原因可以解释为什么从地基到拱顶和屋顶结构都系统地使用了钢筋混凝土：建筑暴露于大风和台风下；木材易遭虫蛀；上海拥有掌握现代复杂建筑技术的建筑公司。尚保衡神父的角色显然非常关键，但我们一直无法找到教堂的基础或钢筋混凝土骨架的图纸（见第 7.1 章）。尤其是中殿的大型顶部框架，非常引人注目，据我们所知这在中国是独一无二的。[3] 框架中的每一榀桁架均由一根长 7.50 米、截面为 0.42 米×0.25 米的巨大系梁，两根主椽，一个屋架拉杆和两个支柱组成。

1　　Coomans, "China Papers…", 2014; Shu, "From the Blue to the Red…", 2015; Shu / Coomans, "Towards Modern Ceramics in China…", 2020.
2　　见：X, Université L'Aurore… / 震旦大学…, 1936, 艺都公司（The Metropole Craftsmen）的广告。
3　　Coomans, "Vaulting Churches in China…", 2016, p. 541; 高曼士《人造天穹：中国教堂中的哥特拱顶》, 2019, 第 152 页。

 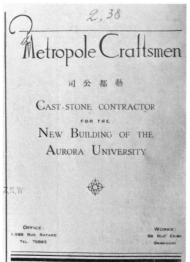 

7.27 | 7.28 | 7.29

纵向构件是一根脊檩，以及一个罕见的双檩条，它们通过隐蔽的节点与椽子和屋面板条相连接（图7.33）。最后，框架的根部被整合到两块钢筋混凝土墙板中，在天窗墙的上面形成一个完整的环（图7.34，图7.35）。主系梁的下部与中殿的横向拱相连，横向拱之间混凝土穹顶填满了一跨的宽度。这种巨大的钢筋混凝土结构不需要飞扶壁，可以经得住地震。在拱廊的高度，过道上方的单坡顶的钢筋混凝土框架更简单，但也非常庞大（图7.36）。

　　1935年11月17日举行佘山大殿奉献礼之际发表的一篇文章包含了对叶肇昌神父的采访。[1] 建筑师驳斥了对工程进度缓慢的批评，将徐家汇圣依纳爵主教座堂的十年建设期（1903—1912）与佘山大殿的十二年（1923—1935）工期相比较。原计划于1926年落成的工程被推迟到1931年，[2] 但直到1935—1936年才最终竣工。叶肇昌神父解释了他必须面对的各种问题：场地地形、和羹柏神父设计的不完整、地基工程、材料（方石、人造铸石、钢筋混凝土和屋面瓦），以及动荡的政治环境。叶肇昌神父曾经参与了徐家汇主教座堂的建造（图7.4），因此可以比较这两个场地及其截然不同的建造技术。据我们所知，这次访谈是叶肇昌神父留下来的唯一有关大殿建设的一手资料，因此，其中的相关段落值得翻译出来并在此完整公布。

图7.27
更衣室（祭衣室）大楼一角的花岗岩石（右）和铸石（左）砌体之间的接缝
©THOC 2019

图7.28
铸石承包商艺都公司的广告
出自：《震旦大学》（ Université L'Aurore ），1936年（上海图书馆徐家汇藏书楼）

图7.29
浇筑的水泥柱头
©THOC 2016

图7.30
从一楼看钟楼下部的内部结构
©THOC 2011

图7.31
钟楼顶端的内部结构和圆锥形尖顶
©THOC 2019

图7.32
教堂拱顶
©THOC 2016

1　　X, "Zo-cè. Bénédiction...", 1935, p. 381-383.
2　　X, "Section de Song-kaong...", 1931, p. 328.

 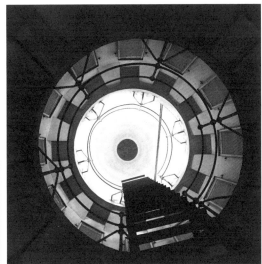

7.30 | 7.31

7.32

7.33

7.34 ｜ 7.35

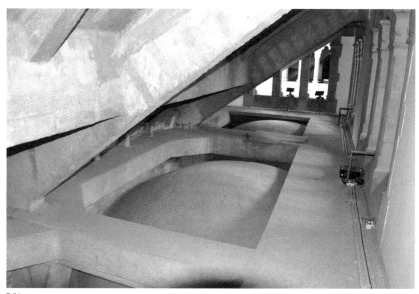

7.36

"我们把这个建筑工程与徐家汇教堂的工程做个比较。徐家汇教堂的建设委托给了一位世俗（非神职）建筑师和一家有意快速推进项目的建筑公司。所有的设计图已被精心准备好并交给建筑师，建筑师在其中添加自己的理念并研究所有的细节，然后才交给承包商请求报价：这花了大约一年半的时间（1903—1905）。建筑承包商花了近五年的时间来完工（1905—1910）。但是，所有带底座和柱头的石柱和大门的边框——它们取自苏州的花岗岩——在开工很早之前，就在葛承亮修士的指导下准备好了。地基沟槽很容易挖；地基是砖砌的，就像砖砌的其他部分那样；没有使用人造石；整个屋顶框架是木制的，拱顶是板条。更衣室（祭衣室）不包括在内；它是后来才建造的（1910—1912）。因此，徐家汇教堂的整个工程是从1903年开始，到1912年结束。"

"至于佘山教堂，当姚宗李主教和当时耶稣会的长上万尔典神父委托我负责工程实施时，设计已经拟定好了，施工合同也已经签订。签了合同，就意味着需要立即开始。地基工程不包括在内。必须拆除旧教堂，必须切割已经破碎或烂掉的岩石，某些地方需要下挖5米甚至更深。必须研究地基工程，绘制图纸并执行。混凝土基座没有石材饰面：这是在工程进行期间确定的。" ……[1] "这石材并没有预先准备好；这些支柱本应由水泥制成。建筑中最容易受到重压或磨损的部分需要用石头。钱一凑齐，我们就得订购石材，将巨石运到山顶，按需要切割并放置到位，所有这些都是在施工过程中进行的。"

"上层墙壁原计划用砖砌，没有飞扶壁的支撑，它们对风压和拱顶的抵抗力是不够的。尚保衡神父建议用钢筋混凝土框架结构。我们计算、拟定施工图并执行了该方案。模架的制作很困难，且造价昂贵，尤其是拱顶的模架。钢筋混凝土框架、拱顶和桁架需要大量的工作和时间。按照计划，屋顶应该是用石板覆盖的。由于当时的情况，不可能获得石板，会长神父建议采用江苏省宜兴的釉面瓦。这种屋顶需要有不变形的板条：需要钢筋混凝土挂瓦条。由于额外的负荷，屋顶的框架结构再一次更改。"

"军阀混战及政党之争在周围地区引发了动荡：工人被绑架，物资不能到达，施工本身受到威胁，行程变得越来越困难。但是，尽管如此，童贞玛利亚必然取得胜利，为荣耀圣母而开始的工程最终圆满成功。这些挫折、变化，人造石和钢筋混凝土的大量工作、各种石雕刻件、水泥砖和马赛克的铺设（也需要研究和绘图），使这项工程比徐家汇教堂的时间长了两年零几个月。"

我们将以这句不言而喻的赞美来结束介绍佘山大殿建设的这一章："来自上海的工程师最近来这里研究雕像的安装。他们称，在十年内建造如此规模的教堂，并完成如此细致的装饰，在佘山所处的条件下，是一件不可思议的事。"[2]

---

1   叶肇昌神父对和羹柏神父不准确的图纸的批评出现在此处的访谈中（见第6.2章）。
2   译自法文：X., "Zo-cè. Bénédiction...", 1935, p. 381.

第8章
Chapter 8

玛利亚的、全国性的、中国人的朝圣地
A Marian, National, and Chinese Shrine

8.1

新教堂建成后，朝圣者终于能够再登佘山山顶。耶稣会士指望借着新教堂恢复对佘山圣母的敬礼，并让这里成为中国最重要的全国性圣母朝圣地。在20世纪二三十年代中国社会极为复杂的背景之下，天主教会希望借助新的本地化的传教政策，在中国确立自己的长期地位（见第6.3章）。此外，天主教也在与新教竞争，相比其他地方，二者在上海面向的是同一个城市精英阶层。与天主教不同，基督新教不敬礼圣母玛利亚，也没有朝圣活动。[1] 因此，在彰显当时大多数中国人尚无法理解的天主教信仰的独特性方面，佘山是做出了贡献的。简言之，自从1925年大殿奠下基石以来，建筑工期每延迟一年，就意味着天主教会在以时间为重的传教大计中又浪费了一年。

图8.1
大殿建成后从北部看佘山，1936年
© AFSI 档案馆，Fi.C4

---

1 英国圣公会、路德宗和东正教也在上海——特别是在英国、德国和俄罗斯社区——敬礼玛利亚。其他新教徒则不然。

耶稣会士给予了大殿奉献礼（落成典礼）应有的辉煌和影响。在从1935年11月到1946年5月的十年间，佘山圣母朝圣地无可争议地获得了全国性朝圣地的地位。1924年，刚恒毅总主教首先将中国奉献给圣母玛利亚（见第6.3章）。他的继任者蔡宁总主教（Mgr Mario Zanin）于1935年再次举行奉献礼，黎培理总主教（Mgr Antonio Riberi）于1946年举行了第三次奉献礼。考虑到时局，这种精心安排的屡次奉献礼更显意义重大——从1937年7月到1945年8月，中国人民在全面抗日战争时期遭受了日本侵略者犯下的众多恐怖罪行，上海这座城市惨遭重创，整个天主教传教事业也陷入混乱。[1]

1935年11月17日代牧主教惠济良为新教堂举行了奉献典礼，在钟楼塔顶安放了佘山圣母像，1936年脚手架被拆除，建筑工程即告完成（图8.1）。周围仍是散布着棚屋的建筑工地，开发工作尚未进行。在西侧原本规划了一个广场和一条从山脚直接通往山顶的纪念性楼梯（图6.6），但这些工程因战争被推迟。大殿内部仅配备了必要的家具：新的主祭台已安装在至圣所的罗马式风格后殿，而一排石制的圣体栏杆则区分开了至圣所与主堂（图8.2）。我们对于两侧的耶稣圣心和圣若瑟小圣堂的祭台一无所知，也没有关于室内设计、壁画、彩色玻璃的任何信息。

1942年9月12日，教宗比约十二世将佘山教堂敕封为乙级圣殿，这是东亚地区的第一座圣殿。抗日战争结束后，教宗批准为佘山圣母行加冕典礼，并于1946年5月18日举行了隆重庆典。赵文词（Richard Madsen）和范丽珠将这两个事件解释为罗马教廷控制佘山朝圣地神圣权力的一种方式。[2] 这也构成了佘山自1863年耶稣会士到来、1870年的矢愿开始的"基督教化"过程的最后阶段。

本章主要讨论两个议题。首先，我们要深入研究1935—1946年佘山的情况，研究战争期间朝圣活动是如何进行的；接下来，我们将重回佘山基督教化的核心议题，研究耶稣会士如何用圣母玛利亚的敬礼取代了先前存在的观音崇拜，尽管二者属于完全相异的宗教传统，但这两位女性神明经常被描绘为"携子女神"，这种外在的相似之处是否有助于上述敬礼的转移？

---

1   Strong, *A Call to Mission…*, 1, 2018, p. 313-344.

2   Madsen / Fan, "The Catholic Pilgrimage of Sheshan", 2009, p. 83-85.

8.2

8.1 玛利亚的多重面孔

图 8.2
佘山大殿室内看向至圣所
和主祭台的内景，1936 年
© AFSI 档案馆，FCh337

在新教堂举行落成仪式之前，自 1933 年 11 月接任教宗驻华代表职务的蔡宁总主教于 1935 年 9 月 16 日访问了佘山，他隆重地再次将中国奉献给圣母玛利亚。两个月后，即 1935 年 11 月 16 日晚上，上海代牧区惠济良主教为新堂举行了祝福礼，这是一个简单的、近乎私人的仪式，只有修院的修生、十几位神父和少数邻居参与。隆重的落成典礼于第二天，即 11 月 17 日星期日举行，吸引了大批朝圣者和围观者前来。[1] 那天天气晴朗，场面壮观：

> "红砖绿瓦在阳光下闪闪发光，在山上深绿色植被的衬托下格外醒目；新教堂周围的区域已被仔细清理过，许多木栅栏阻止了人群无序地涌入内部。"[2]

三张照片显示，土山湾孤儿院军乐队在教堂的南门和钟楼脚手架附近奏乐（图 8.3）；成群的朝圣者沿台阶相拥而上；将自从还愿圣堂拆除以来一直被保存在中山圣堂的进教之佑圣母雕像迎回新大殿（图 8.4，图 8.5）。[3] 雕像被放置在主祭台的上方，从此成为大殿内部的焦点（图 8.2）。惠济良主教和上海耶稣会会长桑黻翰（Pierre Lefebvre）神父隆重奉献两台弥撒，以满足数千名朝圣者参加开堂第一台弥撒的愿望。[4] 当天中午在驻院举行了午餐会，期间进行了多项演讲和致谢，尤其是向叶肇昌神父致谢，他的付出最终受到了应有的赞赏。叶肇昌神父将佘山的建设过程与徐家汇主教座堂的建设进行了比较说明（见第 7.3 章）。一日的活动以咏唱《谢主辞》结束，朝圣者们下山回到船上。

当时已决定将朝圣地的奉献礼推迟到 1936 年 5 月并尽可能隆重地举行庆典，届时所有工程都将完成。从 1936 年 3 月 25 日起，上海和南京教区的所有堂区都传阅了惠济良主教撰写的牧函。[5] 这封牧函包括佘山朝圣的历史部分和信仰教导部分："一，依照天主的圣意，圣母带给我们所有的恩宠；二，圣母如何将这些恩典传递给我们？"惠济良主教还解释说，佘山山峰出现在他的主教徽章上，这寓意"圣母玛利亚是通往主心的道路，生命之源和仁爱之泉"。正如

---

1   X, "Zo-cè. Bénédiction de la nouvelle église", 1936, p. 377-381.

2   译自法文：X, "Zo-cè. Bénédiction de la nouvelle église", 1936, p. 378.

3   这些图片发表于《中国关系》（*Relations de Chine*），1936，第 479-480 页。

4   蔡宁总主教因患病而被迫在最后时刻取消参与。

5   Haouisée, *Lettre pastorale sur Notre-Dame Auxiliatrice de Zosé...*, 1936.

图 8.3

1935 年 11 月 17 日举行第一次弥撒, 土山湾军乐队在大殿的南门。钟楼的脚手架仍在

©AFSI 档案馆, Fi.C4

图 8.4

朝圣者和儿童唱经班正登上通往大殿的最后一级台阶, 1935 年 11 月 17 日

©AFSI 档案馆, Fi.C4

图 8.5

圣母雕像从中山圣堂游行返回至新大殿, 1935 年 11 月 17 日

©AFSI 档案馆, Fi.C4

8.6

他的两个座右铭所言："信仰主爱"和"为使他们获得生命"（图8.6）。

1936年年初，一尊5米高的玛利亚雕像被安放在钟楼顶端。这雕像外部由铜制成，里面灌注了水泥。[1] 圣母站立着，她所举抱着的婴孩耶稣伸出双臂，呈十字形，她脚下踏着象征邪恶的带有翅膀的恶魔（图8.7）。几张老照片显示了竖立后的圣母雕像的近距离情况，其中一张是1936年在脚手架上拍的（图8.8）。这尊雕像是上海耶稣会林保禄（Paul Léonard）修士的杰作，他是当时土山湾雕塑工作坊的负责人。雕像重1200公斤，由设在上海、离董家渡不远的中法建筑公司（Société Franco-Chinoise de Constructions M.M. Kiou-sin）铸造。[2] 圣母雕像中婴孩耶稣是教堂的至高点，达43米，从远处的松江平原上就可以看到。[3] 有关在教堂钟楼顶端安放圣母雕像的议题，在介绍1917年葛承亮修士设计的章节中已经有过讨论（见第4.3章）。

雕像的风格既不是中式的，也不是西式的，而是现代和普世的。独特的图像表现形式值得特别注意。玛利亚站立着，将婴孩耶稣举在头顶上方，而婴孩耶稣的手臂伸展，呈十字形。显然，耶稣会士想创新和推广一个强有力的佘山圣母的形象，使她有自己的特色，而不是从法国复制一尊玛利亚的雕像，例如胜利之后圣母、进教之佑圣母或露德圣母。佘山圣母低头注视下方，而同时婴孩耶稣望向天际；因此，她是朝圣者从地面向上看的中介。玛利亚是基督的母

1　Bugnicourt, "Le charme de Zo-sé", 1935, p. 192.

2　X, *A Guide to Catholic Shanghai*, 1937, p. 63-64.

3　X, "Zo-cè. Bénédiction de la nouvelle église", 1936, p. 383; Chevestrier, *Notre Dame de Zô-cè...*, 1942, p. 198-200; X, "Zo-cè", 1936, p. 469-488.

8.7

8.8

8.9

亲，将祂带给世人。这还不是全部：婴孩基督并不是简单地张开双臂表示欢迎，如同胜利之后圣母和进教之佑圣母雕像中所表现的那样（图8.21）。在这里，婴孩基督的手臂完美地水平伸展，寓意祂的十字架和祂的复活。这是救赎主基督的形象，表达了"救赎"的信仰：天主派遣了祂的独生子来救赎人类，从常陷入的罪恶中拯救他们，给予他们在天主内永生的希望。最著名的基督救赎主雕像之一位于巴西里约热内卢市，自1931年以来一直主宰着该市的天际线（图8.9）。佘山圣母因此具有确切的神学意义：玛利亚高举婴孩耶稣——救赎主基督。耶稣伸展的手臂既象征着天主教会对中国的开放，也象征着基督十字架的苦难。"玛利亚站在新钟楼的穹顶上，向全中国展示她的圣子，世界的救赎主。"[1] 我们不知道这个雕像的起源，也不了解雕像最终定型所

图8.7
林保禄修士创作的佘山圣母像
© AFSI档案馆，Fi.C4

图8.8
佘山圣母像，安置于大殿塔顶之上，1936年年初
© AFSI档案馆，Fi.C4

图8.9
里约热内卢的基督救赎主雕像，1931年
Wikimedia Commons，照片Arturdiasr，2015年

8.10 | 8.11

经过的不同阶段。在 1940 年代的一张圣像中，玛利亚和耶稣的头像是中国化的，婴孩则处于坐姿。衣袍的褶皱也不相同。这很可能是为个体奉献者批量制作的小雕像的照片（图8.10）。

但目前钟楼塔顶上安放的雕像是 2000 年由金鲁贤主教祝福的。这尊雕像与原始版本略有不同：婴孩耶稣没有戴光环，头发更为浓密且头部略微向下倾斜，类似于文艺复兴的丘比特。耶稣呈坐姿，没有伸展胳膊呈十字形，只是简单地张开了双臂。也就是说，它失去了救赎主基督的肖像意义。玛利亚的身形更明显。她的头部向下倾斜幅度较小，长袍没有褶皱（图8.11）。雕像将玛利亚刻画为一位有福的母亲，她能疗愈人的个人问题，赐予健康的身体、成功的事业、和谐的家庭生活等。[1] 2000 年版雕像的形式和含义与 1936 年的原始雕像略有不同。

从 1936 年 5 月到 1937 年 8 月中旬，佘山吸引了数量空前的朝圣者前来。[2] 原因之一是松江和佘山之间的公路开通，朝圣者可以乘车或骑自行车来。当时上海和佘山之间的直达公路也在建设中，未来将成为佘山地区城市化的起点（图8.12）。1936 年 8 月，师恩理（Henri de Bascher）神父带着震旦大学的学生测量了佘山地区的地形。[3]

1937 年 8 月至 11 月，日军侵略和淞沪会战影响了耶稣会在江苏、徐家汇和佘山的使命。[4] 9 月，对松江的空袭导致数千名受惊的难民逃往佘山，其中大部分是天主教学校的孩子。[5] 至 12 月，难民数量已达到 2500 人，其中 1000 人住在新教堂，

1   Madsen / Fan, "The Catholic Pilgrimage of Sheshan", 2009, p. 90-91.
2   Chevestrier, *Notre Dame de Zô-cè...*, 1942, p. 198-200.
3   de Bascher, "Chronique. Campagne topographique à Zô-cè", 1936.
4   Brière, "La guerre et la Mission de Changhai...", 1939; Strong, *A Call to Mission...*, 1, 2018, p. 295-299, 313-344.
5   Chevestrier, "Lettre..." [12 October 1937], 1938.

8.12

其余的人入住其他建筑物内，包括以前的建筑工地小屋和天文台圆堡。[1] 只有中山圣堂仍然用于祈祷和敬拜。在法国国旗的保护下，颜辛傅神父和卫尔甘神父成功地说服了前来搜查的日本人，让他们放过佘山的难民。因此，这座山成了一个小的非军事安全区，当然其规模无法与饶家驹神父在上海所建的南市安全区相提并论，[2] 后者挽救了约25万中国难民的生命。最悲惨的时刻是1937年11月9日至10日夜间的佘山战役，中日两国士兵在佘山山脚和山坡上交火，造成约1600人死亡，接下来的几天，他们的尸体被颜辛傅神父和志愿者掩埋。[3]受伤的中国人在佘山驻院的走廊里接受治疗。朝圣地没有遭到任何实质性的破坏，但山谷中的房屋在激战中遭到了严重破坏（图8.13）。佘山难民依靠乘船前来朝圣地入口出售食物的当地农民生活。夜间，必须要防备强盗袭击，借助瞿宗庆修士在天文台顶部安装的强力探照灯来组织巡逻。1938年4月，日本人命令耶稣会士从佘山撤离，中国难民亦离开，一些人回到了松江，一些人转至上海。天文台被允许恢复正常的科研工作，但只能通过无线电与徐家汇联系。[4]

图8.12
1936年，从佘山向东南方向看平原：通往上海的道路和电杆（左），拓宽并整顿后的运河，以及带有私人花园的大别墅（右），都对早期乡村景观的改变做出了贡献
© AFSI 档案馆，Fi.C7

图8.13
1937年11月9日至10日淞沪会战后，位于佘山脚下的森伟祖的房子。这个冬季，房屋被劫匪完全拆毁了
© AFSI 档案馆，Fi.C7

1   Chevestrier, "Zo-Ce. Pèlerinage pendant la guerre", 1939; Chevestrier, *Notre-Dame de Zo-Sè*, 1947, p. 3-5.

2   Japonicus, "Les Zones Jacquinot", 1939; Ristaino, *The Jacquinot Safe Zone...*, 2008; Strong, *A Call to Mission...*,
      1, 2018, p. 292-293, 315-319.

3   L.D., "Au District Sud. 3. Zo-cé", 1938; Chevestrier, "Zo-Ce. Pèlerinage pendant la guerre", 1939, p. 84 and
      86; Chevestrier, *Notre-Dame de Zo-Sè*, 1947, p. 3.

4   X, "Le travail scientifique à l'observatoire. 10 avril", 1938.

8.13

8.2 东亚第一座乙级圣殿

在战争年代，朝圣活动尽力恢复其正常形式。[1] 五月的庆祝活动继续吸引着大批的朝圣者，并欢迎尊贵的访客。1938 年，耶稣会法国会省的省会长方济各·达廷（François Datin）神父从巴黎前来上海，评估淞沪会战之后和日本占领之后的局势。之前的轰炸摧毁了十几座教堂、驻院和学校。他感谢耶稣会士对难民的帮助，并鼓励神父们坚持不懈地牧灵。[2] 1938 年 11 月 20 日，省会长达廷神父在传教区会长姚缵唐（Yves Henry）神父的陪同下主持了进教之佑瞻礼弥撒。礼仪开始时，他在圣堂里洒了圣水，礼仪结束时，他"重新将中国奉献给圣母，然后参礼的信徒重复宣读了奉献经文"。[3]

在战争最激烈的时期，1942 年 9 月 12 日，教宗比约十二世将佘山教堂敕封为乙级圣殿。这个荣誉称号强调了该地以及在此所完成工作的重要性。天主教会有四座甲级圣殿，几个世纪以来一直是罗马最重要的朝圣地。[4] 教宗将"乙级圣殿"的称号授予世界各地具有特别重要的礼仪和牧灵生活的圣堂。[5] 教宗

---

1   Chevestrier, "Pèlerinage à Zo-cè", 1939; Chevestrier, "Districts du sud, 2. Zo-ce", 1939; Chevestrier, *Notre-Dame de Zo-Sè*, 1947, p. 3-5.

2   Strong, *A Call to Mission...*, 1, 2018, p. 325-326.

3   Chevestrier, "Districts du sud, 2. Zo-ce", 1939, p. 76.

4   梵蒂冈的圣伯多禄大殿、圣若望拉特朗大殿、圣母大殿和城外的圣保禄大殿。

5   1942 年，没有关于乙级圣殿的确切规范。梵蒂冈第二届大公会议后，圣礼部在 1968 年 7 月 6 日颁布的 *Domus Dei* 法令中制定了规范，1989 年 11 月 9 日进行了修订。

8.14

向这些地方的朝圣者颁赐大赦。[1] 佘山是东亚地区第一座被敕封为"乙级圣殿"的圣堂。[2] 圣殿会收到两个特殊的标记，被放置于主祭台附近：宗座华盖（拉丁文 *umbraculum*），是覆盖有红色和黄色丝绸带的伞；宗座铃铛（拉丁文 *tintinnabulum*），挂在便携式支架上（图8.14）。

　　第二次世界大战结束后不久，1946年4月11日，罗马宗座将中国的一百个宗座代牧区升级为教区。因此从那时起，中国不再是一个传教区，不再归属于罗马传信部，而成为一个完整的地方教会。自从1924年天主教会在上海召开主教会议以来（见第6.3章），这是在华天主教中国化进程中的重要一步，并且在1945—1949年国共内战的背景下加速推进。但是，"1946年中国籍主教的数量很少，这代表着进步，却使许多希望建立强大的本土领导层的中国天主教徒感到失望"。[3] 在这种情况下，1946年5月8日，罗马宗座颁布了一项法令：

图8.14
圣殿的两个象征：左侧，宗座华盖；右侧，宗座铃铛。摄于1946年5月18日圣母玛利亚雕像的加冕典礼
© AFSI 档案馆，Fi.C4

1　　目前全世界有1802座乙级圣殿。拥有最多乙级圣殿的国家是意大利（576座）、法国（173座）、波兰（154座）、西班牙（123座）、美国（85座）、德国（78座）和巴西（71座）。亚洲有59座乙级圣殿，印度（23座）、菲律宾（15座），以色列／巴勒斯坦的数量最多（9座）。见：https://en.wikipedia.org/wiki/List_of_Catholic_basilicas#Basilicas_in_Asia [2021-8-15].

2　　除了以色列／巴勒斯坦的六座大教堂外，在1965年之前，亚洲只有十几座教堂获得了乙级圣殿的称号：①菲律宾马尼拉的圣塞巴斯蒂安堂（San Sebastian in Manila）（1890年）；②中国上海的佘山圣母堂（1942年）；③印度果阿旧城耶稣慈悲堂（Bom Jesus in Goa Velha）（1946年）；④菲律宾八打雁市的无原罪圣母堂（Immaculate Conception in Batangas City）（1948年）；⑤菲律宾塔尔的圣玛尔定堂（Saint Martin in Taal）（1948年）；⑥印度孟买的圣玛利亚山教堂（Mount Mary）（1954年）；⑦印度钦奈的圣多美堂（San Tome in Chennai）（1956年）；⑧印度萨尔达纳的圣母堂（Our Lady of Graces, Sardhana）（1961年）；⑨越南拉旺的圣母堂（Our Lady in La Vang）（1961年）；⑩越南胡志明市的无原罪圣母堂（Immaculate Conception Cathedral in Ho Chi Minh City）（1962年）；⑪印度维兰坎尼的健康圣母教堂（Our Lady of Good Health in Velankanni）（1962年）；⑫菲律宾宿务的圣婴堂（Holy Child in Cebu）（1965年）。

3　　Tiedemann (ed.), *Handbook of Christianity in China*, 2, 2010, p. 522-523 (quote), p. 665-666.

8.15

为佘山朝圣的对象——进教之佑圣母雕像加冕。根据惯例，教宗有权为童贞圣母玛利亚的雕像加冕，皇冠代表着王权和荣耀。[1] 将佘山的圣堂提升到乙级圣殿的级别，又为圣母雕像加冕，"表明罗马宗座渴望看到佘山朝圣的发展。这也是教宗比约十二世对上海教区主教惠济良的热忱所授予的特殊奖励"。[2]

加冕典礼于5月18日，即中华圣母瞻礼日举行，由时任上海教区主教惠济良组织。他计划了规模空前的活动，在这一天将上海和佘山置于中国天主教地图的中心。来自中国不同地区的大约六七万名信众、至少11位主教（其中包括7位耶稣会士）、200多位中国神父和外国传教士、大多数在华传教修会的代表，以及世俗机构的代表，例如上海市市长吴国桢，出席了典礼。[3] 典礼通过小册子、摄影报告、圣像和电影的传播对外进行了宣传。[4] 上午8时30分，长长的游行队伍开始沿着山坡西侧新开辟的道路向上攀登（图8.15）。这条路通向大殿西侧的新景观广场，在正门前面形成了一个大大的前庭院。伴随着歌唱声和土山湾军乐队的奏乐声，游行队伍中包括了盛装的重要教会人士、神父、修院的修生和徐家汇的学生，他们抱着十字架，打着旗帜，提着香炉，执着乙级圣殿的标识——宗座华盖和铃铛，抬着置于中式风格天篷之下的为圣母玛利亚和小耶稣加冕所用的两个皇冠（图8.16）。陆伯都修士1868年绘制的胜利之后圣母画像也被抬着游行，因为这一画像是1870年

1　Langlois, "Liturgical Creativity and Marian Solemnity…", 2016.

2　Chevestrier, *Notre-Dame de Zo-cè*, 1947, p. 6.

3　除惠济良主教（上海）外，还包括黎培理主教（教廷驻华公使）、于斌主教（南京）、梅占魁主教（杭州）、梅耿光主教（安庆）、朱开敏主教（海门）、胡若山主教（临海，译者注：台州）、戴福瑞主教（宁波）、郜轶欧主教（徐州）、蒲芦主教（Zenón Arámburu）（安庆）、赵信义主教（蚌埠）。南昌主教以及丽水和屯溪的宗座监牧未能出席。仪式的次序由上海公教进行会（Catholic Action of Shanghai）提供。

4　Chevestrier, *Notre-Dame de Zo-cè*, 1947, p.21：这本小册子包含了对事件的详细法语报道，包括教宗的拉丁文文件和主教们的发言稿。小册子第12页提到了这部电影，在一些照片中可以看到摄像师的身影（图8.15）。关于这部影片，见导言的最后一段（资料来源），参考文献（圣路易斯档案馆），以及即将出版的Ho, *Developping Mission…*

8.16

8.17

矢愿以来唯一留下的古物（图8.15）
（见第1.2章）。圣母玛利亚的皇冠由
颜辛傅神父设计，土山湾冶金工作坊
的田使文（Restituto Díez）辅理修士
制作。[1] 皇冠的主体结构是抛光金制
的，镶有许多珍珠、宝石、钻石，以
及主教们、传教修会、上海的天主教
家庭和匿名人士所捐赠的玉饰。圣母
皇冠的结构犹如百合花叶汇聚在中央花冠处，在那里插入了蔡宁总主教的宝石
权戒。百合花是基督教王权的象征，是圣母玛利亚童贞的象征，由围绕中心雌
蕊的四颗珍珠组成，并以一颗高纯度的钻石收工。

　　加冕典礼在广场上举行，为此专门搭建了一座祭台。传教区耶稣会会长格
寿平（Fernand Lacretelle）宣读了教宗的信函，给予惠济良主教为圣母雕像加
冕的权力。自1946年6月以来担任教廷驻华公使的黎培理总主教（Mgr Riberi）
用法语发表了演讲，并现场翻译成中文。黎培理总主教祝福了两顶用于加冕的
皇冠，并将它们分别交给了惠济良主教和南京教区总主教于斌，二人分别为婴
孩耶稣和圣母玛利亚加冕（图8.17）。于斌总主教用普通话演讲，谈到了中国
人民对圣母玛利亚的热爱。最终，黎培理总主教再一次将中国奉献给圣母玛利

图8.16
1946年5月18日，加冕仪
式的游行队伍：佘山进教之
佑圣母的皇冠被放在中式彩
篷中
© AFSI 档案馆，Fi.C4

图8.17
1946年5月18日，圣母玛
利亚雕像加冕
© AFSI 档案馆，Fi.C4

1　　Chevestrier, *Notre-Dame de Zo-cè*, 1947, p. 19-20.

8.18 | 8.19

图8.18
1937年10月，法国耶稣会杂志封面所刊登的佘山大殿建成照片
© AFSI 档案馆，FCh337

图8.19
1940年春，美国耶稣会杂志封面所刊登的佘山大殿建成照片
© AFSI 档案馆，FCh

亚，就像1924年刚恒毅总主教和1935年蔡宁总主教所做的那样。随后游行队伍继续向大殿的方向前行（图 P2.11），通过西面的大门进入大殿并把加冕的雕像放在至圣所内，又在山上的不同地点为众多朝圣者举行了几场弥撒。[1]

从历史的角度来看，1946年5月的加冕典礼在许多方面都是一个转折点。一方面，毫无疑问，这是谷振声神父1870年的矢愿以来朝圣活动的最高峰。仅仅用四分之三个世纪，就在中国取得了非凡的甚至是独一无二的成就。耶稣会士征服了松江平原最高的山丘，抹去了古代佛教在佘山的大部分痕迹，使之成为圣母山。1936年新教堂落成，1942年升格为乙级圣殿，1946年为圣母玛利亚加冕，使佘山成为中国最重要的天主教和圣母朝圣地。得益于耶稣会的宣传，朝圣地的名声现已超出了中国和法国的边界（图8.18），远至美国（图8.19）。它的前途一片光明。另一方面，1946年圣母加冕时正逢国共两党军队激战，1949年5月27日中国人民解放军控制了上海，1949年10月1日中华人民共和国成立后，所有外国传教士都被要求在1955年之前离开，包括上海（县城）、徐家汇和佘山的耶稣会士。[2]

---

1 黎培理总主教和惠济良主教在大殿举行大礼弥撒，同时，于斌总主教在西广场举行露天弥撒，海门主教朱开敏则在半山的耶稣圣心亭那里举行露天弥撒。

2 Strong, *A Call to Mission...*, 1, 2018, p. 364-371.

8.3 玛利亚对抗观音

佘山是一个佛教遗址基督教化的典型例子，也是一个以欧洲和天主教优越性的典型殖民方式，以圣母朝圣代替观音崇拜的例子。观音是中国最受欢迎的佛教神灵之一，而且自11世纪以来一般被表现为女性神灵。[1]我们在此不讨论观音的性别转变话题或观音的不同画像形式，而是着重探讨观音何以成为自清末以来就寻求在中国推广圣母敬礼的天主教传教士针对的主要对象。

观音和玛利亚分别是中国佛教和普世天主教[2]中最主要的女性形象，前者被尊为中国慈悲女神，后者在教会内被尊为慈悲之母。观音和玛利亚画像均有许多不同的表现形式，其中，"送子观音"的形象类似"天主之母"玛利亚怀抱婴孩耶稣的形象（图8.20）。有一种说法认为，送子观音的形象受到了13、14世纪方济各会传教士带到中国的"谦卑圣母"画像的影响。根据历史学家的研究，这种令人惊讶的交叉融合发生在江苏省扬州市、福建省泉州和漳州市等贸易城镇。今天，历史学家仍不能就时间顺序达成共识，但一致认为，在16世纪和17世纪初，中国加强了为东南亚的华侨市场生产玛利亚雕像的力度，特别是漳州生产的象牙制品，这影响了为中国国内市场制作送子观音雕像的方式。[3]

尽管两位女神的形象有相似之处，但19世纪的传教士竭尽所能地避免混淆并促进对西式圣母玛利亚像的敬礼（图8.21）。在传教士看来，玛利亚是观音的对立面。[4]法国耶稣会士禄是遒（Henri Doré）以在江苏省和安徽省的田野调查为基础撰写了一部百科全书式的研究作品《中国民间信仰研究》（*Recherches sur les superstitions en Chine*），他在书中描述了观音的传说、观音形象和对观音的崇拜，并承认观音在

8.20

---

1   Yü, "Feminine Images of Kuan-Yin...", 1990, p. 61; Yü, *Kuan-yin*..., 2001.

2   以及在东正教和英国圣公会内，与大多数新教教会不同，后者在当今中国被统称为"基督教"。

3   Gillman, "Ming and Qing Ivories...", p. 39-41; Clunas, *Art in China*, 1997, p. 129; Yü, *Kuan-yin*..., 2001, p. 258-259; Clarke, *The Virgin Mary*..., 2013, p. 24-31 (in particular p. 26-27).

4   Palatre, *Le pèlerinage*..., 1875, p. 14.

8.21

中国备受欢迎，尤其是因为其送子功能（图 8.22）。[1] 但他在评论部分谴责观音是欺骗的结果。[2]

时至 20 世纪 20 至 30 年代，为响应刚恒毅总主教所发起的教会艺术本地化运动（见第 6.3 章），这种情况发生了转变。不仅教会的建筑，而且所有基督教圣像均要中国化。因此，玛利亚在中国应该是中国人，"她与明朝时期的观音肖像相似"也就成了研究的主题和艺术灵感的来源。一方面，艺术史学者开始研究明清时期基督教圣像的中国化，为正在进行的艺术本地化寻找合法性，其中以德国学者塞普·舒勒（Sepp Schüller）的著作最为优秀；[3] 另一方面，刚恒毅总主教在北京公教大学（辅仁大学）内推动建立了艺术系，该系在陈缘督的指导下培训了中国天主教艺术家，[4] 这些艺术家主要对基督生活画像和玛利亚的肖像画进行了中国化。他们对圣母抱耶稣的画像的表达类似于送子观音（图 8.23）。在西方传教士艺术家之中，比利时籍画家方希圣（Mon van Genechten）神父和狄化淳（Leo van Dijk）神父在这种艺术交流中发挥了重要作用（图 8.23，

1　Doré, *Recherches sur les superstitions en Chine. Première partie...*, 1/1, 1911, p. 1-2; Doré, *Recherches sur les superstitions en Chine ...*, Part 2, 6, 1914, p. 94-156.

2　Doré, *Recherches sur les superstitions en Chine...*, Part 2, 6, 1914, p. 150.

3　Schüller, *La Vierge Marie...*, 1936; Schüller, *Die Geschichte...*, 1940.

4　Schüller, *Neue christliche Malerei in China...*, 1940; Clarke, *The Virgin Mary...*, 2013, p. 143-194.

La "Koan-yng" aux enfants.

8.22 | 8.23

图6.30）。[1] 而上海的耶稣会士一直反对这一运动，他们拒绝佘山圣母像中国化就是明证（图8.7）。1937年1月土山湾出版的《上海天主教指南》的封面是一个明显的例外（图P2.7）。[2]

佘山成为玛利亚与观音之间残酷斗争的战场。柏立德神父在其1875年的著作中讲述了佘山唯一一座没被太平军烧毁的寺庙，是如何在耶稣会士的祝福下被残酷摧毁了的。[3] 这座寺庙指的是供奉观音的沐堂，位于山腰的平台，紧邻另外两座寺庙的废墟（见第1.1章）。至于砖和瓦，它们将被耶稣会神父们再次使用。柏立德神父总结道：

> "今天的朝圣者沿着佘山的小径攀登，他们丝毫不会想到，就在传道员住所下方的广场平台上，曾经有一座为崇拜观音而建的庙宇，它没有留下任何痕迹。"[4]

报告更为详细地指出，负责该地的常驻传教士卫德宣神父与英国人进行了交易，并购买了剩下的砖瓦——我们不禁要问，从谁那里买的？值得注意的是，颜辛傅神父在书写时受到柏立德神父的启发，但颜辛傅神父省略了这一令人尴尬的

图8.22
禄是遒神父所绘送子观音
出自：禄是遒神父《中国民间信仰研究》2/6，1914年（鲁汶大学，东亚图书馆）

图8.23
比利时籍传教士、中式教会画像画家方希圣神父
鲁汶大学，© KADOC 档案馆，CICM

1   Van Dijk, *Wenda Xiangjie* 问答像解 , 1928; Swerts / De Ridder, *Mon Van Genechten*..., 2002.

2   X, *A Guide to Catholic Shanghai*, 1937, cover.

3   Palatre, *Le pèlerinage*..., 1875, p. 15-17.

4   Palatre, *Le pèlerinage*..., 1875, p. 17.

叙述，而只重述了关于山腰平台旁边井的故事（图1.9）。[1] 事实上，柏立德神父介绍了10世纪时僧侣聪道人在沐堂遗址处所挖的一口古井（见第1.1章），并嘲讽：

"人类的命运呀！10世纪时佛陀的祭司开凿的井，今天为耶稣基督的祭司们提供了在祭台上向真神献祭所需的水。"[2]

不用说，耶稣会士在邻近的村庄并没有交到很多朋友，因为对观音的崇拜非常流行，特别是因为她有确保男性子嗣的力量。1860年，太平天国军烧毁了宏大的供奉观音的宣妙寺，这座寺庙自宋代以来一直立于佘山西南侧（见第1.1章）。太平天国离开后，在山南的运河边建起了一座观音小庙，建筑材料来自宣妙寺遗存（图8.24）。柏立德神父讲述了1873年1月他参观这座小庙的情景，那是还愿圣堂落成前几个月的事情。大和尚让神父进入寺内。他的描述特别批评了观音像的浮夸，与圣母玛利亚完全相反。他在叙述结束时总结，这座庙宇建在平原之上，因此"不再亵渎佘山的土壤"。[3] 玛利亚因此取代了佘山的观音：还愿圣堂在山顶上凯旋，而观音则被赶回了平原（图8.25）。

1936年3月25日，佘山新教堂开放和钟楼顶端圣母玛利亚雕像落成之际，惠济良主教发表了一封牧函，以佘山进教之佑圣母和圣母敬礼为主题，上文中已有所提及（图8.6）。[4] 在这封信的历史陈述部分，主教简要地提到了这座山丘的"异教的过去"和一座专门供奉"佛教最著名的慈悲之神"——观音的寺庙。虽然语气不如六十年前还愿圣堂落成时柏立德神父那般激进，但惠济良主教对于玛利亚战胜观音的说法是再明确不过了：

"但是有一天，佘山成为完全的'圣母之山'，无染原罪圣母之丘，被用来对付最残忍的毒蛇——魔鬼的咬伤。在山腰观音寺的地方，一座奉献给真正慈悲之母的圣堂得以建造，在顶部，原来佛教寺庙所在的地方，我们相继地建成了进教之佑圣母朝圣地，今天位于钟楼顶端的那位向全世界展示祂（指耶稣）是'道路、真理和生命'。"[5]

毫不奇怪，尽管卫德宣神父及其继任者们作出了种种努力，但佘山和东山周围的村民长期对传教士表现出敌意，并且很少有人皈依教会。[6] 1937年，在

---

1   Palatre, *Le pèlerinage*…, 1875, p. 23.
2   Palatre, *Le pèlerinage*…, 1875, p. 23.
3   Palatre, *Le pèlerinage*…, 1875, p. 23.
4   Haouisée, *Lettre pastorale*…, 1936. 历史部分转载于：Haouisée, "L'histoire du pèlerinage", 1936, p. 469-470.
5   Haouisée, *Lettre pastorale*…, 1936, p. 4; Haouisée, "L'histoire du pèlerinage", p. 470.
6   Palatre, *Le pèlerinage*…, 1875, p. 3-6.

8.25

新大教堂奉献之后，颜辛傅神父在《中国通讯》杂志上发表了一篇文章：《佘山周围的异教徒们》（Chez les païens, autour de Zo-cè）。[1] 他抱怨当地的村民拒绝皈依教会，但他们却最先从朝圣活动中获得经济利益，这片地区也最终向他们提供了新的道路交通、电力及住房（图8.13）。他解释说，1870年代，卫德宣神父在山脚下开办了一所学校，他本人最近又建立了一所新的学校，分三个年级，但佘山附近的村民拒绝将孩子送到那里。颜辛傅的结论符合西方传教士的殖民主义思想：

> "毫无疑问，必须要从当地异教徒的内在精神和周围城镇人人尽知的不良习俗来寻找这种态度的原因。显然，魔鬼想留住他的受众，当地的乡绅们则尽一切力量帮助它。……这里的平民百姓是好人，我们将很快赢得他们的心。但是魔鬼正在注视着，它不希望我们从它那里带走它所控制的灵魂。因此，必须在超性的领域投入战斗，而只有祈祷才能战胜敌人。"[2]

与耶稣会士的想法相反，村民的冷漠与西方天主教徒所定义的魔鬼或邪恶无关。原因是传教方法本身所含的巨大暴力：征服神圣山丘的过程、对庙宇和其遗迹的摧毁、西方风格的新建筑、坟墓的迁移。来自上海和松江的朝圣者在运河上的交通日益繁忙，打破了这个传统的乡村地区数百年来的和谐生活。

8.26 | 8.27

当地的居民如何能忘记或原谅他们崇拜的观音雕像和唯一在太平天国运动后
幸存的庙宇遭到破坏的事实？ 1860年代，见证佘山逐步被殖民征服的孩子们
之中，到1930年时仍有一些健在。村民们在太平天国运动后重建于山脚下的
观音小庙，也就是1873年柏立德神父曾参观过的小庙，到1947年时仍然存在
（图8.23）。[1]

　　与农民和船夫不同，渔民们被佘山吸引并大量地皈依了基督。正如杰出的
美国社会学家赵文词所解释的那样：

> "中国的船夫传统上以妈祖或观音为神，祈求她们的引导以度过水难。
> 但渔民对观音的看法不同，因为他们因杀鱼而造孽。而圣母玛利亚的儿子
> 则让渔民成为他的门徒。这种玛利亚敬礼在上海渔民中尤为强烈。我采访
> 过的上海教区的一位负责人曾指出，得胜之母的形象可以吸引上海渔民，
> 因为他们知道她也是海之星。"[2]

　　耶稣会专为渔民发展出一套特别的牧灵方式，并把船只改装成小圣堂。渔
民的孩子可以在佘山的小学上学，并学习如何在中山圣堂祈祷（图8.26，图
8.27）。[3] 当地的朝圣者领着全家来中山圣堂参加弥撒，在山腰平台的三圣亭前
祈祷，或默默地拜苦路。和大部分来佘山的中国人一样，他们祈求圣母玛利亚
保佑他们身体安康、家庭幸福如意——和那些祈求观音保佑的中国人一样。

图8.26
佘山"小渔民学校"和柏德
培神父（François de Plas），
1930年代初
© AFSI 档案馆，Fi

图8.27
一群渔民的孩子和中国籍耶
稣会士在佘山上，山顶的还
愿圣堂清晰可辨。照片是安
守约修士用戈尔茨（Görtz）
相机拍摄的，时间在1912
年之前
© AFSI 档案馆，Fi.C7

1   Chevestrier, *Notre-Dame de Zo-Sé*, 1947, p. 1.
2   Madsen / Fan, "The Catholic Pilgrimage to Sheshan", 2009, p. 82.
3   Bugnicourt, "Le charme de Zo-Sé", 1935, p. 193.

结论
CONCLUSION

一座宇宙空间建筑的象征
THE SYMBOLISM OF A COSMIC BUILDING

1. 风水、谣言、具有文化修养的传教士建造师

中国的传统建筑力求与周围环境和谐共存。周边的风景和自然环境应该是建筑关注的重中之重，而建筑的目的只是为了增强其美感。[1] 因此对于大多数中国人来说，佘山大殿及其由红砖——当时被认为是一种丑陋的西方建筑材料[2]——砌成的钟楼，一定会被认为是暴力的、侵入性的和不受欢迎的，因为它破坏了周边场地的和谐，从而威胁到了周围村庄的生存（图 C.1，图 C.2）。山顶上的大殿和山丘南侧其他建筑的位置和朝向表达了什么呢？耶稣会的建造者是否忽略了风水理论？该理论特别基于自然界中对立和互补的原则——阴（女性，负极）和阳（男性，正极）——其目标是根据环境的配置来协调气场。

众所周知，佘山被佛教寺庙占据了数百年。我们已经看到，周围村庄的居民直接反对耶稣会士拆毁观音庙和迁移他们祖先坟墓的计划（见第8.3章）。最负面的批评以谣言的形式出现，其确切来源仍然不明。在1871—1873年还愿圣堂建设期间，灾难的谣言流传于中国籍工人之间。[3] 山上的建筑工事和通往山脚的繁忙的运河交通引起当地农民的恐惧，他们担心这些活动会激怒水、土之神，给周围地区带来不幸。他们相信，一旦工程完成，隐藏在教堂下方的巨龙就会升起，并将教堂夷为平地。[4] 另有谣言指责传教士残害儿童并将他们埋在教堂的柱子下面。[5] 这种毫无根据的指责在中国很普遍，特别是引发了1870年的天津教案（见第1.3章）。除此之外，还有对西方技术的不信任，包括照相机，村民们害怕照相技术含有窃取孩子灵魂的魔法。[6]

1870—1937年间，至少有七名建筑师和工程师为佘山的塑造做出了贡献（表4）。尽管他们都是传教士，但作为木匠、建筑师或工程师，他们的个人背景截然不同。除了柏应时神父是特地从印度前来佘山建造天文台之外，他们都在中国长期居住并适应了当地文化；叶肇昌神父出生于上海，一生中大部分时间都在那里度过。这些教会人士不计工作时间，也不领取报酬，而是将他们的生命献给了传教事业。他们每个人都以自己的方式为中国建筑的现代化发展做

图C.1
从东面看佘山，可见佘山村落、中山驻院、山顶建设中的天文台以及东北侧的宝塔，1900年
© AFSI 档案馆，Fi, Black Album

图C.2
从南面，自张浦桥村看佘山，约1935年
© AFSI 档案馆，Fi

1   Gresnigt, "Reflections on Chinese Architecture", 1931.
2   高曼士、徐怡涛：《舶来与本土》，2016，第156、385页。
3   Chevestrier, *Notre Dame de Zô-cè...*, 1942, p. 68-69.
4   de La Servière, Histoire de la mission..., vol. 2, 1925, ...p. 202. 关于这些神祇，见：Kleeman, "Mountain Deities in China...", 1994.
5   Chevestrier, *Notre Dame de Zô-cè...*, 1942, p. 68-69.
6   Palatre, *Le pèlerinage...*, 1875, p. 4-6; Chevestrier, "Un procès à propos de Zo-cè", 1937.

C.1 | C.2

表4 1870—1937 年间参与佘山教堂建造的人员名单

姓名	时间	身份	在华时间	所参与的佘山建造项目
马历耀	1830—1902	法国耶稣会修士建造师	1863—1902（39年）	还愿圣堂 1871—1873 / 驻院 1875 / 中山圣堂 1894（绘图、建设）
顾培原	1828—1896	法国耶稣会修士建造师	1865—1896（31年）	驻院 1875（绘图、建设）
柏应时	1859—1916	法国耶稣会神父工程师	1898—1901（3年）	天文台 1899—1901（建设）
葛承亮	1853—1931	德国耶稣会修士建造师	1892—1931（39年）	露德圣母亭 1897（绘图、建设）/ 未建教堂项目 1918（绘图）
和羹柏	1848—1923	比利时传教士、神父建造师	1885—1929（44年）	哥特式教堂项目 1920（未建）/ 罗马式大殿 1921—1923（绘图）
叶肇昌	1869—1943	葡萄牙耶稣会神父建筑师	1869—1911 1913—1943（72年）	大殿 1923—1936（建设）
尚保衡	1875—1938	法国耶稣会神父工程师	1911—1938（27年）	大殿 1923—1936（建设）

出了贡献，尤其是在建筑工地上，他们的责任心和经验使他们成"技术传播的媒介、翻译和代理人"。[1] 其中五位也是教育家：马历耀修士、顾培原修士和葛承亮修士在土山湾经营木工坊，而尚保衡和叶肇昌神父则在震旦大学任教。和羹柏神父是唯一一位声誉和建设活动从北京、内蒙古延伸到上海的建设者。

　　这些西方传教士建筑师与中国的工头和劳工有着密切的联系，后者没有在历史上留下名字，但他们的面孔可以在珍贵的照片中看到。最好的照片无疑是1900年拍摄的一张13名中国工人在天文台圆顶前的合照，该建筑使用了当时在中国闻所未闻的复杂技术（图C.3）。他们面带微笑，似乎意识到他们对成功完成一项技术挑战所做的贡献，尽管他们可能并不了解这项挑战的科学范围。遗憾的是，我们一直无法找到可用来对比的佘山其他工地的照片，但不难想象许多工人情理之中的自豪感，尤其是那些制作佘山大殿钢筋混凝土结构和1936年在钟楼安置圣母玛利亚雕像的工人。几张非常罕见的照片展示了一位传教士建造者位于他的中国学徒中间：葛承亮修士和土山湾木工坊的孤儿（图4.17），还有叶肇昌神父和他创立的土山湾铜管乐队（图7.2）。

　　从欧洲到中国的转移不是简单的单向的，因为传教士建造者通过适应当地的传统技术和可用材料、对比中国的气候和场地地形，获得了文化的熏陶和经

C.3

验。[1] 以佘山为例，在一座圣山山顶上建造能够俯瞰松江平原和上海的宗教建筑，无论对于传教士还是中国工人来说，无疑都是一次非常特别的经历。在一处如此宁静美丽、几个世纪以来一直被佛教寺庙占据的地方，欧洲的建设者们无法忽视风水的重要性，这在任何建筑工地都不可避免地被谈论。然而，耶稣会资料提到风水时都是极其负面的，例如，禄是遒神父在他百科全书式的《中国民间信仰研究》一书中这样说：

"风水理论不仅是错误的，而且在民间制造了混乱，为众多烦恼打开了大门；总之，它是有害的。"[2]

1   高曼士、徐怡涛：《舶来与本土》，2016，第47-234页。
2   Doré, *Recherches sur les superstitions en Chine. Première partie...*, 2/3, 1912, p. 280-289 (quote p. 288).

传教士建造者在他们的作品中没有提到风水，但确实在建筑物的空间组织和教堂的建造中考虑到了风水。[1] 从字里行间看，朝向问题甚至在工作开始之前就已经是一个被广泛讨论的问题了。以双国英神父所报道的徐州地区土山(邳县) 教堂的建设为例：

> "朝向是个灾难：早晚都晒太阳，夏天没有空气。此外，由于空间不足，我不能让教堂呈东西走向。挑战在于找到一种协调地块布局和最佳朝向的形式。为什么不是希腊十字式呢？耳堂与中殿一样长；包括祭台在内的至圣所，应该稍短一些。"[2]

在地形允许的情况下，风水理论的基本规则之一是以南北为轴向，房屋的正门或坟墓的主面朝南。在理想的情况下，该南北轴线应与风和水的能量相结合。因此，南面的正门应面向水，而背面则靠着山。这一基本原则不仅适用于单个建筑物，也适用于有多个院落的建筑群，例如宫殿或寺庙，在更大范围内则适用于整座城市。如果传教士忽略了这一点，他们的教堂可能不会吸引太多中国人（图 C.4，图 C.5）。

在佘山，标志着圣母朝圣地入口的牌楼位于东南面，面向运河，朝圣者乘船抵达的地方（图 3.7）。朝圣者从那里登上南侧的山丘，直至中山圣堂、驻院和设有三圣亭的平台，然后继续向上登，直至大殿和广场。到达那里后，大殿的主门也向南打开。高龍鞶神父所著《江南传教史》其中一卷的扉页上绘有登山小路的精美图画（图 C.6）。[3] 这幅画在页面的整个高度上垂直展开，包括圣地入口处的中式牌坊、山腰平台上的新哥特式露德圣母亭、大楼梯、通往建有新古典主义风格的还愿圣堂的山顶和广场的苦路。这幅图概括了佘山南侧基督教化进程的结果，半个世纪以前，这里仍然矗立着几座佛教寺庙；大多数小径已被佛教朝圣者使用了几个世纪。南轴（风水）和平台已被接管并基督教化了，但蜿蜒的苦路除外，这是耶稣会士的原创设计（图 C.7）。

图 C.4
从南面观后坂村（福建省）及其教堂。这座教堂在 1855 年由西班牙道明会士 (Spanish Dominicans) 建造，是一座背山面水的中式建筑
出自：*Les Missions catholiques*，1877 年，第 435 页（鲁汶大学，© KADOC 图书馆）

图 C.5
从南面观永嘉场（浙江省）教堂。教堂由法国遣使会士 (French Lazarists) 建造，传教士们的西式大院位于山水之间。1920 年代的照片
巴黎，© Archives historiques de la Congrégation des Missions

---

1   Coomans, "Islands on the Mainland: Catholic Missions and Spatial Strategies in China...", 2023.

2   译自法文：Hermand, "Monsieur le doyen bâtit...", 1923, p. 94.

3   Colombel, *Histoire de la Mission du Kiang-nan*, 3/2, [1899-1900], front page.

C.4

C.5

C.6   C.7

2. 调和中式和基督教风格的朝向

　　还愿圣堂的集中式平面，呈希腊十字式，是按照前面提到的中式建筑惯行的南北轴线建造而成的；这种朝向与基督教礼仪传统的神圣的东西轴向相矛盾。后者基于太阳的运行，太阳升起被认为是基督复活的象征。从9世纪开始，[1] 教堂的至圣所——最神圣的部分，也就是高高的主祭台所在的地方——面向东方和朝阳，而教堂的正门——与世俗世界接触的部分——面向西方和斜阳。这种象征性朝向在中世纪时被严格使用，但之后逐渐放松。然而，到19世纪，一些保守的群体仍然严格地遵循这种做法。基督教的东西向朝向适应了地球上任何地方可见的太阳轨迹，因此具有宇宙性和普遍性。由于大多数教堂的形状都是十字架形——当纵轴和横轴长度相同时，这是希腊十字形；当主轴较长时是拉丁十字形——它们的四个末端面向四个基点。因此，南北轴对基督徒来说也很重要，因为它是宇宙性十字架的横轴，但不是主轴。东方是基督徒最重要的基点，而对中国人来说则是南方。在佘山，建造者如何解决这个明显的矛盾呢？

1　　教堂以前也是建在东西向的轴线上，但方向相反，入口在东边，至圣所在西边。这一变化是9世纪发生的礼仪改革的结果。

关于 1868 年杜若兰神父主持建造的小圣堂的朝向，我们没有准确的信息；因此，它在山顶的位置是不确切的（图 C.10/1）。还愿圣堂的正门朝南，通向狮子楼梯（图 C.8），而后殿和主祭台在北面（图 C.9）。当门户大开时，进教之佑圣母塑像便将目光投向松江平原，与平台上的八只狮子和弥陀殿佛像的方向一致。因此，这种中国式的定位继承了佘山山顶还愿圣堂之前几个世纪以来佛教寺庙的定位，并显示出耶稣会士的某种文化适应。教堂的新古典主义风格和白色可能是外国的，但它的低矮和朝向肯定不是为了使中国人震惊。教堂的两侧，东边的男性用广场和西边的女性用广场各有一座中式六边形小圣堂，和谐地完成了对称式布局（图 C.10/2）。此外，还愿圣堂没有钟楼，因为根据关汝雄神父的说法，"当我们组织建造佘山建筑时，异教徒几乎很难接受一座钟楼"。[1] 上海现存的建于还愿圣堂时期的四座教堂中，有三座（老城区的老堂、董家渡的圣方济各沙勿略堂、徐家汇的第一座圣依纳爵堂）均按照中国人的习俗朝向南方；只有法租界内的圣若瑟堂是东西走向的，但它的入口朝东，面向黄浦江。

天文台的建设破坏了佘山的美丽和谐，其金属圆顶与还愿圣堂形成了视觉上的竞争。天文台的中央平面并不完美，因为东翼和西翼较长（图 C.10/3）。值得注意的是，由于地形的原因，不可能建造长度相等的四翼，尤其是在山坡非常陡峭的北侧。也是因为地形的原因，天文台略微偏离教堂。随后天文台的两次扩建都是在东边，那里的坡度比较平缓（图 4.5）。

同样的地形原因使得还愿圣堂不可能向北或向南延伸。因此，葛承亮修士的设计提出了一个轴向的反转：还愿圣堂的南北轴变成新教堂的东西向横断轴（图 C.10/4）。奇怪的是，双钟楼的立面并没有按照基督教的传统面朝西方，而是朝向东方，像当时新建的徐家汇圣依纳爵教堂的双钟楼立面一样。圆顶标示着十字交叉的位置，并成为山丘的最高点。至于两座钟楼，它们位于天文台和教堂的圆顶之间。在葛承亮修士的设计中，狮子楼梯、教堂南立面和受到佛罗伦萨圣母百花大殿启发的圆顶突出了教堂横向体量的纪念性特征。相反，中殿和至圣所的内部空间肯定是纵向的，并通过向西的后殿和回廊得到加强，如同唐墓桥圣母堂和徐家汇圣依纳爵堂那样。

自 1920 年 3 月和龚柏神父第一次访问佘山，讨论的重点就指向他受委托所设计项目的规模和朝向。"必须要考虑到天文台，不能干扰它重要的科研工作。

1　Le Coq, "Un pèlerinage à Zo-Cè", 1910, p. 35.

鉴于此，东西向的朝向是显而易见的，在这一点上很快就达成了共识。"[1]

　　毕业于圣路加学校的和羹柏神父，像越山主义者和贝蒂讷男爵一样，将东西向的基督教礼仪传统视为一个原则问题。[2] 有别于遵守了风水习俗的中国大多数其他教堂，佘山给了和羹柏神父一个将基督教传统的东西轴线用于一个重大项目的机会。他重拾了葛承亮修士确立的两条轴线的原则，但将后者的哥特式项目的两座钟楼的立面向西旋转（图C.10/5）。他的第一个设计的构图在其纵轴和横轴上都是完全对称的。

　　但到了第二个设计方案，即罗马式大殿设计时，平面不再是对称的。两条轴线的末端是大的后殿，每个后殿都包含一个圣母祭台（图C.10/6，图C.10/7）。一方面，纵向轴以东边的祭台结束，祭台上置有原来还愿圣堂主祭台上的进教之佑圣母雕像（图C.11）。另一方面，耳堂横向轴以北面的一个后殿结束，其中放置了原来还愿圣堂的主祭台和另一尊圣母玛利亚雕像。这座带有扭曲柱子的巴洛克式祭台的位置和方向与原来还愿圣堂的位置和方向大致相同（图C.12）。我们不知道陆伯都修士为最初的小圣堂所绘的胜利之后圣母画像是何时被放置在圣殿北面祭台上的，推测很有可能是为了配合1946年圣母玛利亚雕像的加冕典礼而从中山圣堂转移过来的。

　　不论怎样，中国式的南北轴和基督教的东西轴结合，形成了一个原始的宇宙十字，适合于佘山的地形和中国基督教的身份认同（图C.10/8）。我们无法找到任何关于1921—1922年辩论的信息，这些辩论成就了这项高度原创的设计，但我们怀疑这个想法并非出自和羹柏神父一个人。上海耶稣会长上们长期讨论的结果是哥特式和罗马式大殿设计方案之间的主要变化。这与其说是风格问题，不如说是创造了一个适合到山顶朝圣的宇宙概念：在东面的纵轴上建造一个后殿，在横轴上建造一个北面的后殿，并拆除了西面的两座钟楼，取而代之的是位于教堂西南角的一座钟楼。这一座钟楼定义了大殿的第三条连接天与地的竖向轴线。

1　　Chevestrier, *Notre Dame de Zô-cè...*, 1942, p. 185-186.
2　　Coomans, "Reconquering a Lost Visibility...", 2021; Helbig, *Le Baron Bethune...*, 1906, p. 246-247.

图C.8
从东南方向看还愿圣堂的狮子楼梯和主立面
约1900年的明信片 ©AFSI档案馆，Fi

图C.9
巴洛克风格的主祭台和还愿圣堂后殿的进教之佑圣母雕像
©AFSI档案馆，Fi.C2

佘山堂前正摄

C.8

C.9

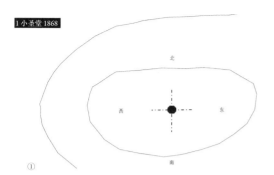

① 1 小圣堂 1868

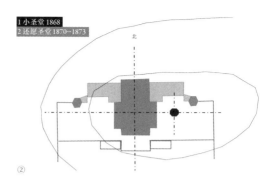

② 1 小圣堂 1868
2 还愿圣堂 1870~1873

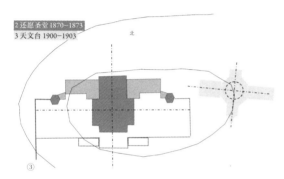

③ 2 还愿圣堂 1870~1873
3 天文台 1900~1903

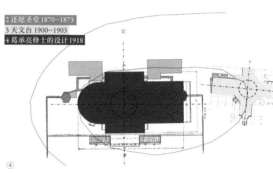

④ 2 还愿圣堂 1870~1873
3 天文台 1900~1903
4 葛承亮修士的设计 1918

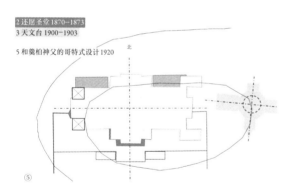

⑤ 2 还愿圣堂 1870~1873
3 天文台 1900~1903
5 和羹柏神父的哥特式设计 1920

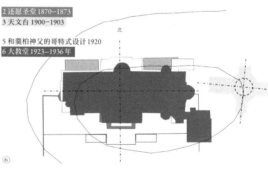

⑥ 2 还愿圣堂 1870~1873
3 天文台 1900~1903
5 和羹柏神父的哥特式设计 1920
6 大教堂 1923~1936 年

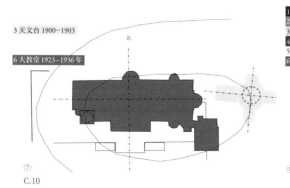

⑦ 3 天文台 1900~1903
6 大教堂 1923~1936 年

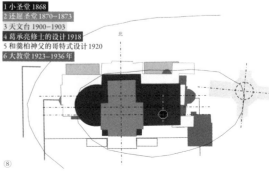

⑧ 1 小圣堂 1868
2 还愿圣堂 1870~1873
3 天文台 1900~1903
4 葛承亮修士的设计 1918
5 和羹柏神父的哥特式设计 1920
6 大教堂 1923~1936 年

C.10

3. 佘山的宇宙轴

佘山大殿的第三条轴线是竖向的，以单个的钟楼为标志，是一条连接天地的宇宙轴（图6.23）。"世界轴"（*axis mundi*）的概念与世界各地的各种神话记载有关，但我们将特别关注由著名宗教史学家米尔恰·伊利亚德（Mircea Eliade）于1952年创立的"中心象征"理论。[1] 一方面，世界上每一个社会或微观世界（microcosme）都有一个中心点，是该微观世界最神圣的地方。另一方面，这个中心点构成了地与天的交汇点，并以一棵树、宇宙圆（cosmic circle）、立杆、塔楼等形式的垂直元素为标志。这个垂直元素象征着微观世界的宇宙轴线，使天地之间的交流成为可能。象征上升的礼仪就在这个垂直连接点周围进行。

在松江平原微观世界的尺度上，佘山显然是一座宇宙山，因为它是最高的，因此几个世纪以来它比其他山丘吸引了更多的宗教性存在。佘山上的每一座寺庙也形成了一个微观世界，都有自己的中心点，其中山丘东侧的秀道者塔是最后的有形圣物。1867年，杜若兰神父在山丘的最高点建造了八角形小圣堂，创造了一个他自己都无法想象未来发展的新中心点。

我们已经看到，耶稣会士认为只为还愿圣堂建造一座钟楼是不合适的。他们在佘山建造的第一个垂直结构是位于山腰平台上的露德圣母亭的哥特式尖顶（图C.13）。这个尖顶状的天棚由葛承亮修士于1897年设计，位于一尊圣母玛利亚雕像之上。同样是这位葛承亮修士，1918年设计了一个新教堂方案，其中央顶部是一个圆顶，在教堂中殿和耳堂交叉形成的宇宙十字的中间。它是天地之间的终极轴线，它的上方是一尊圣母玛利亚的雕像。尽管未能实现，但葛承亮修士的设计证明，基督教在这座山上存在50年之后，部分传教士相信中国人已经准备好接受一个主宰他们先祖领地的新符号。和羹柏神父的哥特式设计包含了双钟楼，但被拒绝了。耶稣会士想要一座罗马式的大教堂，就像耶稣圣心大殿那样，它的中央圆顶位于蒙马特高地的最高处，为巴黎提供了一个新的象征中心。

佘山的单个钟楼在宇宙十字的两个水平轴上增加了第三条垂直轴。这座钟楼的上部是松果形的尖顶，最高处是佘山圣母雕像，她双手托举着圣婴耶稣高过自己的头部。这座雕像连接天地，象征着道成肉身的奥迹，并表达了赋予玛

1　　Eliade, "Symbolism of the 'Centre'", 1961, p. 39-56（译自1952年的法文版）.

C.11 | C.12

C.13

图 C.11
佘山大殿东后殿的主祭台和
进教之佑圣母雕像。1936
年的照片
© AFSI 档案馆，Fi.C4

图 C.12
还愿圣堂内原巴洛克风格主
祭台，位置在佘山大教堂横
向轴线的北后殿，新安置的
得胜之母画像之前。1936
年的照片
© AFSI 档案馆，Fi.C4

图 C.13
1897 年建成后不久的哥特
式露德圣母亭。它在类似于
月亮门的背景中既强调了
垂直轴线（尖顶），又强调
了中心（圆）的概念
© AFSI 档案馆，Fi.C3

W 西

S 南

N 北

E 东

C.14

图 C.14
佘山大殿的宇宙十字架和世
界轴线，以及每条轴线上的
不同的圣母像
© THOC 2021

利亚的特殊的转祷者的角色。如果我们从基督教的象征过渡到宇宙象征的中国
原型，可以得出结论，钟楼和宝塔是"世界轴"的两种形式，从远处看，铜制
圣母雕像可与宝塔顶部的铜塔刹相媲美（图 C.14）。毫无疑问，这种宝塔与钟
楼的联系对于许多中国人来说是明确的，1930 年代时，他们还不习惯在景观
中看到任何其他的塔，除了几个世纪以来为他们的和谐做出贡献的佛塔。如果
佘山大殿有两座对称的钟楼，就像和龚柏神父的第一个设计那样，它看起来就
不会像一座宝塔，而是一座法国哥特式大教堂，就像徐家汇、广州和中国其他
城市的大教堂那样。[1]

　　最后，佘山大殿的独创性在于其三条轴线的玛利亚维度：①基督教的东西
轴线结束于头戴冠冕的进教之佑圣母雕像；②中国的南北轴线结束于胜利之后
圣母画像；③佘山圣母铜像矗立在宇宙垂直轴线的最顶端，高出平原 100 多米（图
C.15）。圣母玛利亚与圣婴耶稣的这三种不同的图像表现当然指的是同一个神，
但在这里呈现了一个非常独特的综合，占据了这座观音圣山。

1　　特别是济南（山东）、沈阳（辽宁）、大同（山西）、嘉兴（浙江）等地的哥特式主教座堂和圣堂。

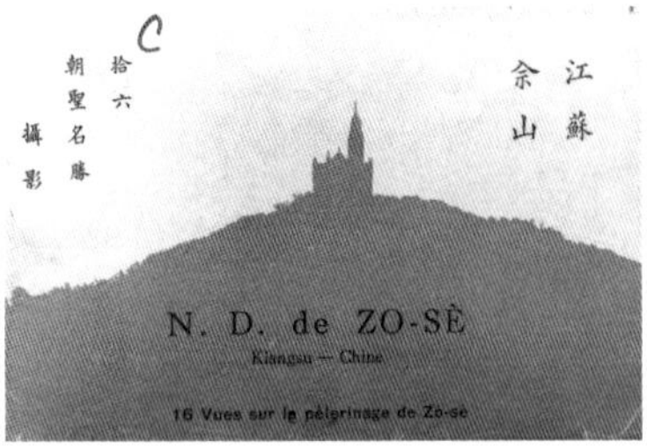

C.15

* * *

　　我们通过两组照片结束对佘山建筑的象征意义和宇宙意义
的思考。两者都展示了山丘东侧的秀道者塔与新建基督教建筑
之间的关系。它们证明耶稣会士将他们的世界观与佛塔的废墟
相对照，直面新与旧、过去与未来、"迷信与真理"。

　　第一组照片来自1900年左右装订的大本耶稣会相册，其页面的装饰性的
新艺术（Art Nouveau）风格框证实了这一点（图C.16）。[1] 左边的照片是20名
中国修生和云启祥（Hyacinthe Moisan）神父在哥特式露德圣母亭前的合影，
该亭由葛承亮修士于1897年在山腰平台上建造。右边的照片是秀道者塔废墟
的非凡景色，以及五名中国和法国耶稣会士"游客"，其中两人从较低的入口
爬进了塔内。这并不是不可能的：这张具有考古价值的专业照片是葛承亮修士
于1900年左右拍摄的，作为土山湾的孤儿们制作模型的资料。游客中的一位
正在画画，而塔内的那两个人可能正忙于测量。我们已经看到，1915年在旧
金山举行的巴拿马-太平洋国际博览会展出的85座佛塔模型之一的佘山佛塔模
型，忠实地再现了已被毁坏的佛塔（图4.25）。佘山宝塔因此成为过去文明的
遗迹，外国游客前来观赏和学习，而哥特式露德圣母亭则是活生生的敬礼对象。
换句话说，基督教正在建立，而佛教的废墟则成为遗产。从1946年印刷的一
份中文材料可见，当时耶稣会利用荒废的佘山老禅院及古塔来对比宣传"巍然
独尊"的新佘山教堂（图C.17）。

　　另外一张照片表达了同样的观点：山脚是遗迹和一座小观音庙，山顶上大
教堂正在建设中（图8.24）。

　　第二组照片拍摄于1930年代后期大殿建成之后。这两张照片清晰地展示
了大殿的现代钟楼与古代秀道者塔之间的关系。其中一张是从山的东北部一个
不寻常的地方拍摄的低角度照片，在视觉上成功地将竹林中的宝塔与大殿的钟
楼在竖向上叠置起来（图C.18）。另一张是从大殿钟楼的一扇圆窗俯瞰东山的
鸟瞰图（图C.19），它展示了天文台的两个圆顶以及山脚下那座看似很小的宝塔。
耶稣会征服佘山并将那里发展为圣母朝圣地的计划，在地区和全国范围内连续
地分阶段进行，从1868年小圣堂的启用到1936年大殿的落成，在不到70年的
时间里实现了目标。

图C.15
佘山的轮廓突出了钟楼在景
观中的主导地位。画在装有
16张圣地明信片的文件袋上
的一幅绘图，约1936年
© AFSI 档案馆，Fi.C3

1   Vanves, AFSI, Album *Zikawei & les environs*, c. 1900.

Séminaristes avec le P. Moisan *La tour en ruine de Zo-cè*

C.16

图C.16
佘山上哥特式露德圣母亭和
破败的秀道者塔并列在一
起，约1900年的照片
© AFSI 档案馆，*Album Zikawei & les environs*

图C.17
颜辛傅神父关于佘山朝圣的
小手册（含中英文），图中
为中文版
© AFSI 档案馆，FCh337

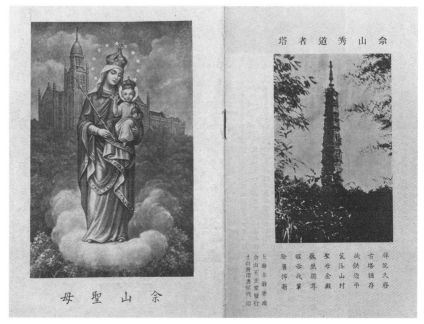

C.17

C.18

C.19

C.20

＊　＊　＊

　　如今，随着整个地区的城市化进程，佘山及其古迹都成了受保护的遗产：
1989 年 9 月 15 日佘山大殿被列为上海市级文物保护单位，2002 年 4 月 27 日秀
道者塔被列为上海市级文物保护单位；天文台自 2013 年起被列为中华人民共
和国国家级文物保护单位。佘山大殿于 2009—2010 年间进行了第二次翻修，
天文台也正在进行翻修。这座山是上海佘山国家森林公园的一部分，被列为
4A 级旅游景区。景区对朝圣者和游客开放（图 C.20）。

附录
APPENDICES

附录一

佘山教堂大事记

1863 年 5 月
鄂尔璧神父在佘山买下第一块地，在夏季建造了一座疗养院。

1867 年
杜若兰神父在山顶建造了得胜之母（又称胜利之后）小圣堂。

1868 年 3 月 1 日（星期日）
江南宗座代牧区郎怀仁主教到访小圣堂，并祝福陆伯都修士所绘制的得胜之母画像。

1868 年 5 月 24 日（星期日）
江南宗座代牧区郎怀仁主教在佘山得胜之母小圣堂首次举行大礼弥撒。

1870 年 7 月 4 日（星期一）
谷振声神父向佘山圣母矢愿。

1871 年 5 月 24 日（星期三）
南京宗座代牧区郎怀仁主教为还愿圣堂奠基。

1873 年 4 月 15 日（星期二）
南京宗座代牧区郎怀仁主教为还愿圣堂举行奉献礼（祝福圣堂）。

1873 年 5 月 1 日（星期四）
佘山进教之佑圣母朝圣地正式落成，包括还愿圣堂、苦路以及山顶平台上的圣若瑟小圣堂和圣天使小圣堂。

1874 年 9 月 10 日
教宗比约九世在特定条件下（领受告解和圣体圣事、根据教宗的意愿祈祷）颁给佘山朝圣者大赦。

1875 年 9 月 12 日（星期日）
为佘山驻院和团体小圣堂行奉献礼。

1876 年和 1887 年
露德圣母山洞和第一座露德圣母亭建于山腰平台之上。

1894 年 11 月 4 日（星期日）
为马历耀和顾培原修士所设计的中山圣堂举行奉献礼。

1897 年
在山腰平台上建造葛承亮修士所设计的第二座露德圣母亭。

1904 年
在山腰平台上建造耶稣圣心亭。

1905 年
在山腰平台上建造圣若瑟亭。

1899—1901 年
建设佘山天文台。

1917—1918
葛承亮修士制作圆顶教堂设计方案的比例模型。

1920 年 10 月
和羹柏神父的哥特式教堂设计方案被拒绝。

1923 年 2 月
和羹柏神父完成罗马式教堂的设计。

1923 年 8 月 27 日（星期二）
开始拆除还愿圣堂。

1924 年 5 月 15 日（星期四）至 6 月 12 日（星期四）
中国天主教第一届全国主教会议在上海举行。

1924 年 6 月 14 日（星期六）
教宗驻华代表刚恒毅总主教到访佘山并将中国奉献给圣母。

1925 年 5 月 24 日（星期日）
姚宗李主教为佘山新教堂奠基。

1935 年 9 月 16 日（星期一）
教宗驻华代表蔡宁总主教访问佘山，并再次将中国奉献给圣母。

1935 年 11 月 16 日（星期六）
上海代牧区惠济良主教为佘山新教堂举行奉献礼。

1935 年 11 月 17 日（星期日）
上海代牧区惠济良主教在新教堂举行首次弥撒，并向公众开放。

1936 年 3 月 25 日（星期三）
惠济良主教撰写牧函，讲解佘山进教之佑圣母朝圣。

1937 年 11 月 9 日至 10 日（周二至周三）
佘山会战。

1942 年 9 月 12 日（星期六）
教宗比约十二世将佘山教堂提升为乙级圣殿。

1946 年 5 月 8 日（星期三）
教宗比约十二世颁布法令，为佘山圣母加冕。

1946 年 5 月 18 日（星期六）
为佘山圣母加冕。

1981 年
佘山圣母大殿归还上海教区。

1985 年
经过几年的修复工程，佘山圣母大殿重新举行奉献礼。

1989 年 9 月 15 日
佘山大殿被列为上海市市级文物保护单位。

2002 年 4 月 27 日
秀道者塔被列为上海市市级文物保护单位。

2000 年
新制佘山圣母雕像安放在大殿塔顶。

2013 年 3 月 5 日
天文台被列为全国重点文物保护单位。

附录二

参考资料

1. 档案

Vanves (Paris, France), AFSI / Archivum Franciae Societatis Iesu, Jesuits Archives of the West European French-speaking Province (Archives Jésuites, Europe occidentale francophone)

Archives of the French Province of Paris, Series on Mission in China, Jiangnan:

○ Chevestrier, Étienne (S. J.), *Notre Dame de Zô-cè. Histoire d'un Pèlerinage à N.D. Auxiliatrice en Chine*, tapuscrit inédit, Shanghai, 1942, 200 p. (FCh 337).

○ Diaries 1875-1938, motes, brochures, photos (FCh 339).

○ Iconographie C1-C8 : Zo-Ce / Sheshan.

○ Album C8 – Kiang-Nan.

○ Photos : 1414 (FCh 362), Shanghai, Chrétientés L-Z (Zocè)

○ 1913 Photo Album: *Mission du Kiang-Nan. Églises. Hommage reconnaissant de Tou-sé-wè au Rév. P. Provincial. Souvenir. 1913.*

○ Black Photo Album, Shanghai.

○ Photo album: *ZI-KA-WEI & les environs* 昭萃园滙

○ Plans: dessin autel et détail chapiteau dans farde sans numéro

Leuven (Belgium), KU Leuven / University of Leuven, KADOC Documentation and Research Centre on Religion, Culture and Society

Archives of the Congregartion of the Immaculate Heart of Mary (Scheut Fathers)

○ Lettre d'Alphonse De Moerloose à Karel Van de Vyvere, Yangjiaping, 15 février 1925 (traduit du Néerlandais), KADOC, C.I.C.M., T.I.a.14.3.2.

○ Picture De Moerloose

Archives of the Flemish Franciscans

○ OFM album 1646/1.

Saint Louis (Missouri, USA), The Jesuit Archives & Research Center
California Province Archive:

○ China Mission films, 408
Film on Mainland China, includes 5-6 minutes on Sheshan Marian coronation ceremony pf 18 May 1946.

Shanghai (China), Shanghai Library Bibliotheca Zikawei 上海图书馆徐家汇藏书楼

○ [Beck, Aloisius], *Description d'un pavillon d'architecture chinoise...*, [1903]: A541 222 0012 9330B (eds.).

○ Datin, François (S. J.), *Un centenaire de la mission de Shanghai*, 1942 [copy at Xujiahui Library].

○ E.C. [Chevestrier, Etienne], *Notre-Dame de Zo-cé*, Shanghai, 1947, 21 p. [no. 1329].

○ Haouisée, Auguste 惠济良 (S. J.), *Lettre pastorale sur Notre-Dame Auxiliatrice de Zosé et la dévotion à la Sainte Vierge à l'occasion de l'ouverture du nouveau Sanctuaire*, Shanghai-Xujiahui: T'ou-sè-wè, 26 March 1936. [no. C4-168].

○ X, *Université L'Aurore 1936. Constructions nouvelles. Exposition du livre français* / 震旦大學. 新築落成. 法文書展. 紀念册, Shanghai, 12 September 1936 [no. 2.38-1491].

2. 一手出版物资料

A.B., "Nécrologie. Le Père Léopold Gain", *Relations de Chine*, April 1932, p. 130-134.

Annales de l'Observatoire astronomique de Zô-sè (Chine) fondé et dirigé par les missionnaires de la Compagnie de Jésus, Shanghai-Xujiahui, from 1907 to 1940.

Arámburu, Zenón 蒲蘆 (S. J.), *Vicariato de Ngan-hoei, China. Misiones de Hoai-se, Ngan-K'ing, Ou-hou de la Compaña de Jesús*, Shanghai-Xujiahui: T'ou-sè-wè press, 1924.

Beaucé, Eugène 山宗泰 (S. J.), "Fête de N.-D. Auxiliatrice à Zô-sè", *Lettres de Jersey*, 27/2, November 1908, p. 151-152.

Belval, Henri 白於珩 (S. J.), "Le Musée d'Histoire Naturelle de Zi-ka-wei et le nouveau Musée Heude", *Relations de Chine*, 31/2, 1933, p. 428-437.

Benedict XV 本笃十五世, *Maximum illud*, apostolic letter, 1919 (November 30).

Bies, Jacques 卞良弼 (S. J.), "Tribulations d'un architecte...", *Lettres de Jersey*, 24, 1905, p. 142-144.

Bonnichon, André 包志仁 (S. J.), "Antiquité – Jeunesse", *Relations de Chine*, 32, 1934, p. 101-107.

Bortone, Fernando 包志仁 (S. J.), *Un celebre Santuario cinese iniziato da un missionario italiano, Maria Ausiliatrice di Scjoescjan* (Estratto da il Marco Polo, 1), Shanghai, 1939.

[Brandstetter] Ildephonse 伊神父 (O.S.B.), "A Journey to Hsuan Hua Fu [Xuanhua]: On Occasion of the Consecration of Bishop Peter Ch'eng", *Bulletin of the Catholic University of Peking*, 5, October 1928, p. 22-36.

Brière, Octave 毕保郊 (S. J.), "La guerre et la Mission de Changhai. Après deux mois de guerre: 13 août-13 octobre 1937", *Lettres de Jersey*, 47-1, May 1939, p. 107-115.

Brou, Alexandre (S. J.), *Les Jésuites en Chine. La mission du Kiang-nan*, Blois, 1909.

Bugnicourt, Louis 步瀛洲 (S. J.), "Le charme de Zo-sé", *Relations de Chine*, 33/3, July-September 1935, p. 189-194.

Bulletin of the Catholic University of Peking / 輔仁大學, 1-8, 1926-1931.

Bulletin de l'Université l'Aurore / 震旦雜誌, 1-39, 1909-1949.

Bulté, Henri 步天衢 (S. J.), "Lettre du P. Bulté au P. Dorr à St Acheul. Zo-sé le 9 Mai 1867", in: *Lettres des nouvelles missions de la Chine. Vol. 6 : 1866-1868*, Paris, 1868, p. 115-116.

Burkhardt, Franz 蒲敏道 (S.J.), "Ein Marientag in China", *Bethlehem*, 39-5, May 1934, p. 217-220.

Bureau sinologique de Zi-ka-wei 徐家滙光啓社, *Annuaire des missions catholiques de Chine 1934* / 中華全國教務統計, Shanghai, 1934.

Chen Ruose, Joseph 陈若瑟,《游佘山记》, 聖教襍誌 / *Revue Catholique*, 3/5 May 1914, p. 226-228.

Chénos, Alphonse 童保真 (S. J.), "Une fête de Pâques, et le Pélerinage de Zo-Sé", *Lettres des Scholastiques de Jersey*, 1, 1882, p. 282-285.

Chevalier, Stanislas 蔡尚質 (S. J.), "Le nouvel Observatoire de Zo-Cé", *Lettres de Jersey*, 19/1, January 1900, p. 188-189.

Chevestrier, Étienne 顏辛傳 (S. J.), "Ts'ing-Yang. Origine du pèlerinage de N.-D. de Lourdes", *Relations de Chine. Kiang-Nan*, 11/1, 1913, p. 5-15.

—, "Tsing-Yang. La Fête du Patronage de N.-D.", *Relations de Chine. Kiang-Nan*, 11/2, 1913, p. 66-69.

——, "Zo-cé. Mois de Marie", *Relations de Chine*, 33, 1935, p. 207-210.

—, "Le Pèlerinage de 1936", *Relations de Chine*, 33/4, 1936, p. 481-488.

——, "Chez les païens, autour de Zo-cé. Lettre du père Chevestier aux croisés de Mans", *Relations de Chine. Shanghai*, July 1937, p. 155-158; October 1937, p. 156-211-220.

——, "Zo-cè. Un peu d'histoire", *Relations de Chine. Shanghai*, October 1937, p. 211-220.

——, "Lettre du P. Chevestrier", *Relations de Chine. Shanghai*, October 1937, p. 220-222.

——, "Un procès à propos de Zo-cè", *Relations de Chine. Shanghai*, October 1937, p. 222-224.

——, "Lettre du P. Chevestrier. 12 Octobre [1937]", *Relations de Chine. Shanghai*, 1938, p. 298.

——, "Zo-Ce. Pèlerinage pendant la guerre", *Relations de Chine*, 37-2, 1939, p. 84-90.

——, "Districts du sud, 2. Zo-ce", *Relations de Chine*, 37-4, 1939, p. 209-211.

——, "Pèlerinage à Zo-ce", *Relations de Chine*, 37-3, 1939, p. 74-76.

—— [E.C.], *Notre-Dame de Zo-cè*, Shanghai, 1947, 21 p.

Ciyin hui kan. 慈音会刊. *Shanghai jiaoqu Xujiahui sheng yi na jue gong wue shengmu shi tai hui hui kan*. 上海教區徐家匯聖依納爵公學聖母始胎會會刊 [Journal of Saint Ignace College at Xujiahui, Shanghai], 2/1-2, January-February 1936, cover.

Codex iuris canonici / Canon Law of the Catholic Church / 教会法（天主教会）, Rome, revised in 1983, http://www.vatican.va/archive/cod-iuris-canonici/cic_index_en.html

Colombel, Augustin 高龍鞶 (S. J.), *Histoire de la mission du Kiang-nan 江南. 3/1. Du P. Claude Gotteland 1840, à l'épiscopat de Mgr Languillat 1865*, Shanghai-Xujiahui: T'ou-sè-wè, [1899-1900].

——, *Histoire de la mission du Kiang-nan 江南. 3/2. L'épiscopat de Mgr Languillat 1865-1878*, Shanghai-Xujiahui: T'ou-sè-wè, [1899-1900].

——, *Histoire de la mission du Kiang-nan. 3/3. L'épiscopat de Mgr Garnier 1879-1898. Mgr. Simon 1899*, Shanghai-Xujiahui: T'ou-sè-wè, [1900].

——, "Le Kiang-nan", in: Piolet, Jean-Baptiste (S. J.) (ed.), *Les Missions Catholiques Françaises au XIXe siècle. 3. Chine et Japon*, Paris: Armand Colin, [1902-1903], p. 161-231.

—— 江南传教史 [History of the Jiangnan Mission], translated by Zhou Tu-liang 周士良, Taipei: Fujen University Press, 3 vol., 2009-2014.

Compagnon, Pierre-Marie, *Le culte de Notre-Dame de Lourdes dans la Société des Missions-Étrangères*, Paris: Pierre Téqui, 1910.

Conseil d'administration municipale de la Concession Française à Changhai. Compte-rendu de la gestion pour l'exercice 1924. Budget 1925, Shanghai: Imprimerie municipale, 1925, p. 69, 90, 94, 112, 161. file:///C:/Users/u0016480/Downloads/CREF_1924-300.pdf

Costantini, Celso 剛恒毅 (S. J.), "Proper Style of Church Architecture for the Chinese Mission (letter of the Apostolic Delegate to China Addressed to the American and Irish Missionaries)", *The Ecclesiastical Review*, 69/3, September 1923, p. 288-293.

——, "The Need of Developing a Sino-Christian Architecture for our Catholic Missions (A letter addressed by His Excellency the Apostolic Delegate in China to the Rt. Rev. Msgrs. James E. Walsh and Edward J. Galvin)." *Bulletin of the Catholic University of Peking*, 3, 1927, p. 7-15.

——, "L'universalité de l'art chrétien", *Collectanea Commissionis Synodalis / Dossiers de la Commission Synodale*, 1932, 5, p. 410-417.

——, *Con i missionari in Cina (1922-1933): Memorie di fatti e di idee*, Rome: Unione missionaria del clero, 1946.

Couturier Joseph 邱多廉 (S. J.), *Un séminariste chinois fidèle imitateur de saint Jean Berchmans: Bartélemy Zin [秦秋芳], 1er septembre 1903 – 4 juillet 1925*, Shanghai-Xujiahui: T'ou-sè-wè.

Crouillère, François 葛宗默 (S. J.), "Pèlerinage de Zo-sé. Lettre du P. Crouillère au P. G. Le Bail", *Lettres des Scholastiques de Jersey*, 1, April 1882, p. 285-289.

Damboriena, Prudencio 唐波渡 (S. J.), "Les missions protestantes en Chine", *Bulletin de l'Université l'Aurore / 震旦雜誌*, 29, 1947, p. 1-98.

Datin, François (S. J.), *Un centenaire de la mission de Shanghai*, 1942.

de Bascher, Henri 師恩理 (S. J.), "Le port de Lao-yao (Kiangsu N.E.) terminus du Lung-hai. Travaux, projets, espoirs", *Bulletin de l'Université l'Aurore / 震旦雜誌*, 27, 1934, p. 38-42.

——, "T'ou-sè-wè – L'orphelinat. Une œuvre des frères coadjuteurs", *Relations de Chine*, 1937, p. 140-143.

——, "Chronique. Campagne topographique à Zô-cè", *Bulletin de l'Université l'Aurore / 震旦雜誌*, 35, December 1936, p. 137-139.

de la Largère, Jean 賴志鴻 (S. J.), "La dévotion à la Sainte Vierge en Chine", *Lettres de Jersey*, 45, 1934-35, p. 188-201.

de Lapparent, Joseph 孔明道 (S. J.), "Un orphelin de T'ou-sè-wè. Le Fr. Joseph Yang (S. J.) 1853-1926", *Relations de Chine*, 8/11, Octobre 1927, p. 587-594.

——, "Notre Dame de Chine – Regina Sinarum. Historique", *Bulletin catholique de Pékin*, 28, 1941, p. 359-360.

—— [J.L.], "Mort du R.P. François-Xavier Diniz (S. J.)", *Bulletin catholique de Pékin*, 30/361, 1943, p. 499-501.

de La Sayette, Henri 沙守堅 (S. J.), "À Haimen", *Lettres de Jersey*, December 1905, p. 10-11.

de La Servière, Joseph 史式徽 (S. J.), *Croquis de Chine*, Paris: Beauchesne, 1912.

——, *L'orphelinat de T'ou-Sè-Wè. Son histoire. Son état présent*, Shanghai-Xujiahui: T'ou-sè-wè, 1914.

——, *Histoire de la mission du Kiang-Nan. Jésuites de la province de France (Paris) 1840-1899*, 2 vol., Shanghai-Xujiahui: T'ou-sè-wè, [1914] 2nd ed. 1925.

——, *La nouvelle mission du Kiang-nan (1840-1922)*, Shanghai-Xujiahui: T'ou-sè-wè, 1925.

——, "Une université catholique en Chine. L'Aurore à Shanghai", *Relations de Chine*, 23-2, April 1925, p. 65-86.

de La Villemarqué, Edmond 衛爾甘 (S. J.), "Le père Stanislas Chevalier (1852-1930)", *Bulletin de l'Université l'Aurore / 震旦雜誌*, 26, 1933-34, p. 39-53.

——, "Abaques transparents, tournants à marques mobiles", *Bulletin de l'Université l'Aurore / 震旦雜誌*, 29, 1934-35, p. 16-36.

——, "La conduite méthodique des grands calculs astronomiques", *Bulletin de l'Université l'Aurore / 震旦雜誌*, 39, 1938-39, p. 1-45.

Dehergne, Joseph 荣振華 (S. J.), "L'université l'Aurore à Shanghai", *Bulletin de l'Université l'Aurore / 震旦雜誌*, serie 3, 9/2, 1948, p. 207-219.

Della Corte, Agnello 谷振聲 (S. J.), "Il Santuario di Suo-Sé nel Kiang-Nan", *Missione Cattolica*, 5, Milan, 1876, p. 79-82.

de Raucourt, Gaetan 顧鴻飛 (S. J.), "La Science et l'Église en Occident", *Bulletin de l'Université l'Aurore / 震旦雜誌*, 35, December 1936, p. 1-24.

——, "Nécrologie. Le Père Joseph de la Servière 1866-1937", *Lettres de Jersey*, 47-1, May 1939, p. 191-255.

Desnos, René 石资训 (S. J.), "Le Père Thomas Ou, 1866-1934", *Bulletin de l'Université l'Aurore*, 28, 1934, p. 108-109.

Doré, Henri 祿是遒 (S. J.), *Recherches sur les Superstitions en Chine. Première partie: les pratiques superstitieuses*, 1/1 and 1/2 (Variétés sinologiques, 32), Shanghai-Xujiahui: Imprimerie de la Mission catholique à l'orphelinat de T'ou-sé-wé, 1911.

——, *Recherches sur les Superstitions en Chine. Première partie: les pratiques superstitieuses*, 2/3 and 2/4 (Variétés sinologiques, 34), Shanghai-Xujiahui: Imprimerie de la Mission catholique à l'orphelinat de T'ou-sé-wé, 1912.

——, *Recherches sur les Superstitions en Chine. Deuxième partie: le panthéon chinois*, 6 (Variétés sinologiques, 39), Shanghai-Xujiahui: Imprimerie de la Mission catholique à l'orphelinat de T'ou-sé-wé, 1914.

——, "Le pèlerinage de N.-D. Auxiliatrice à Mou-yeou-dang (Hai-men)", *Relations de Chine. Kiang-Nan*, 12/5, 1914, p. 307-310.

——, "Le pèlerinage de Notre-Dame 'secours des Chrétiens' à Choei-tong (Ngan-hoei)", *Relations de Chine*, October 1932

Dugout, Henry 屠恩烈 (S. J.), *Carte de la province du Kiang-Sou au 200.000e. 1e feulle (Chang-hai – Wou-sieh)*, (Variétés sinologiques, 54), Shanghai: T'ou-sè-wè, 1922.

Durand, Jean-Nicolas-Louis, *Précis des leçons d'Architecture données à l'École polytechnique*, 2 vol., Paris: Bernard, 1802.

Durand, Achille 舒德惠 (S. J.), "L'Aurore", *Lettres de Jersey*, 24, 1905, p. 59-66.

Fink, C., *Si-ka-wei und seine Umgebung*, Shanghai-Qingdao: Deutsche Druckerei und Verlagsanstalt, [ca 1900].

Froc, Louis 劳积勋 (S. J.), "Note sur les opérations militaires à l'Observatoire les 22 et 23 octobre", *Relations de Chine*, 4/1, January 1911, p. 21-22.

G.M., "Les Joséphistes-Maristes. Notes sur une œuvre de Catéchistes dans la Mission du Kiang-Nan", *Relations de Chine*, 3/6, July 1909, p. 339-345.

Gauthier, Henri 田国柱 (S. J.), "L'observatoire de Zi-ka-wei", *Relations de Chine*, 17/1, January-April 1919, p. 137-146.

Germain [G.G.], Georges 才尔孟 (S. J.), "Le Père Louis de Jenlis 1875-1938", *Bulletin de* l'Université l'Aurore, 38, p. 1-7.

Ghesquières, Albert 盖斯杰 (S. J.) and Muller, Paul, "Comment bâtirons-nous dispensaires, écoles, missions catholiques, chapelles, séminaires, communautés religieuses, en Chine?", Collectanea Commissionis Synodalis, 14/2, 1941, p. 1-80.

Gilot, Henri 倪汝洛 (S. J.), "En vacances à Zô-sè. Lettre du F. Gilot au P. Cosson", Lettres de Jersey, 18/2, December 1898, p. 328-331.

Gresnigt, Adelbert 葛利斯 (O.S.B.), "Reflections on Chinese Architecture", Bulletin of the Catholic University of Peking, 8 (1931), p. 3-26.

——, "Réflexions sur l'architecture chinoise", Collectanea Commissionis Synodalis / Dossiers de la Commission Synodale, 1932, 5, p. 441-443.

Haouisée, Auguste 惠济良 (S. J.), "Inauguration de l'église Saint-Ignace à Zi-Ka-Wei", Relations de Chine, 9/1, 1911, p. 15-22.

——, Lettre pastorale sur Notre-Dame Auxiliatrice de Zosè et la dévotion à la Sainte Vierge à l'occasion de l'ouverture du nouveau Sanctuaire, Shanghai-Xujiahui: T'ou-sè-wè, 26 March 1936.

——, "L'histoire du pèlerinage", Relations de Chine, 33/4, 1936, p. 469-474.

Havret, Henry 夏鳴雷 (S. J.), La mission du Kiang-nan. Son histoire, ses œuvres, Paris: Mersch, 1900.

Helbig, Jules, Le Baron Bethune, fondateur des Ecoles Saint-Luc. Etude biographique, Lille-Bruges: Société Saint-Augustin, 1906.

Hennet, Charles 文光焕 (S. J.), "A Zo-Cé", Lettres de Jersey, 24, December 1905, p. 7-9.

Hermand, Louis 双国英 (S. J.), "Chronique musicale", Relations de Chine, 15, January 1907, p. 46-51.

——, "Portiques chinois", Relations de Chine, 5, July 1913, p. 175-184, and January 1914, p. 326-333.

——, "Monsieur le doyen bâtit...", Relations de Chine, 31, May 1923, p. 92-97.

——, "Un sanatorium de mission", Lettres de Jersey, 41, July 1928, p. 87-91.

——, Les étapes de la Mission du Kiang-nan 1842-1922. Chine. Jésuites – Province de France, Shanghai-Xujiahui: T'ou-sè-wè, 1926.

——, Les étapes de la Mission du Kiang-nan 1842-1922 et de la Mission de Nanking 1922-1932. Chine. Jésuites – Province de France, Shanghai-Xujiahui: T'ou-sè-wè, 1933.

Japonicus, "Les Zones Jacquinot", Lettres de Jersey, 47-1, May 1939, p. 93-106.

Hugon, Joseph 许钟岳 (S. J.), Mes paysans chinois, Paris: Editions Dillen, 1930.

Kavanagh, D.J. (S. J.), Collection of China's Pagodas Achieved by the Siccawei Catholic Mission, Technical School, Near Shanghai, to the World's Panama Pacific Exposition 1915, San Francisco, 1915.

L.D. (S. J.), "Au District Sud. 3. Zo-cé", Relations de Chine. Shanghai, 1938, p. 412-415.

Lamoureux, Léon 那承福 (S. J.), "Dang-mou-ghiao", Lettres de Jersey, 27, December 1905, p. 14-15.

——, "Le mois de Mai à Zô-cé", Lettres de Jersey, 26/2, October 1907, p. 226-227.

Lazaristes du Peit'ang, Les missions de Chine. Treizième année (1935-1936), Shanghai: Procure des Lazaristes, 1937.

Lebreton, François 安国栋 (S. J.), "Nos morts. Le Frère Eu", Relations de Chine. Shanghai, 35/4, October 1937.

Le Coq, François 关汝雄 (S. J.), "Un pèlerinage à Zo-cè (22 novembre 1909)", Lettres de Jersey, 29/1, June 1910, p. 32-36.

——, "Pèlerinage de N.-D. Auxiliatrice à Zo-cé", Lettres de Jersey, 29/2, December 1910, p. 110-111.

Le Chevallier, Jules 褚建烈 (S. J.), "Notre-Dame de Tsong Ming", Lettres de Jersey, 18/2, December 1898, p. 264-283.

——, "À Tsong Ming", Lettres de Jersey, 24/1, December 1905, p. 7-10.

Lefebvre, Pierre 桑馥翰 (S. J.), "Les vingt-cinq ans de Dang-Mou-Ghiao", Relations de Chine, 21/3, septembre-décembre 1923, p. 155-160.

Ledochowski, Wlodimir (S. J.), "California Jesuits in China", Woodstock Letters, 66/1, February 1937, p. 87-92.

Les Missions catholiques, 4, 1871-1872, p. 41.

Les Missions catholiques, 5, 1873, p. 398.

Leyssen, Jacques 桑世晞 (C.I.C.M.), "Un pèlerinage en Chine", Missions de Scheut, 30/10, October 1922, p. 223-226.

Loh Pa-Hong, Joseph 陆伯鸿, "Conversion et guérison obtenues par la médaille miraculeuse", Relations de Chine. Kiang-Nan, 12/5, 1914, p. 311-317.

Lou Tseng-Tsiang, Pierre Célestin 陆徵祥, "Le Tricentenaire du grand Chrétien chinois Paul Siu-Koang-k'i", Le Bulletin des Missions, 133/3, September 1934, p. 105-118.

Loiseau, Gabriel 左懋修 (S. J.), "Le jour de l'Ascension à Zô-cè", Relations de Chine, 33/4, 1936, p. 474-481.

Mariot [L.M.], Léon 馬历耀 (S. J.), "Le F. Jean-Baptiste Goussery. 1828-1896", Lettres de Jersey, 16, 1897, p. 465-468.

Masson, Joseph (S. J.), Un millionaire chinois au service des gueux. Joseph Lo Pa Hong, Shanghai 1875-1937 (Le Christ dans ses témoins, 1), Tournai-Louvain, 1950.

Mellon, Paul, "L'observatoire de Zi-ka-wei. Extrait du 'Journal des Débats', 20 juillet 1904", Relations de Chine, October 1904, p. 357-360.

Moreau, Edmond 茅承動 (S. J.), "Le culte de la Très Sainte Vierge dans la mission du Kiang-Nan", Relations de Chine. Kiang-Nan, 1/5, January 1905, p. 403-416.

Nève, Théodore (O.S.B.), "Shanghai catholique", Le Bulletin des Missions, 14/1, March 1935, p. 1-9.

Nuyts, Jozef XX (C.I.C.M.), "En tournée à travers le Vicariat", Missions de Scheut, 1938, p. 218-219.

Olivier, Gervais 何礼伟 (S. J.), "Pèlerinage à Notre-Dame de Zo-cé", Lettres de Jersey, 31, June 1912, p. 113-120.

Palatre, Gabriel 栢立德 (S. J.), Le pèlerinage de Notre-Dame Auxiliatrice à Zô-sè, dans le vicariat apostolique de Nan-kin, Shanghai: T'ou-sè-wè, 1875.

——, "Il Monte del Zo-Se (Cina)", Missione Cattolica, 6, Milan, 1877, p. 366-368.

——, "Der Wallfahrtsort Mariahilf auf dem Sose in Kiangnan (China)", Die katholischen Missionen, 6, Freiburg, 1878, p. 89-94.

——, L'infanticide et l'œuvre de la Sainte-Enfance en Chine, Shanghai: Tou-sè-wè, 1878.

——, "Variétés. La montagne de Zô-sè (Chine)", Les missions catholiques, 9, 13 July 1877, p. 333 and 342-344.

Pénot, Jean 班懋爵 (S. J.), "La basilique de Zo-sè...", Relations de Chine, 8, January 1926, p. 305-306.

Pfister, Louis 费赖之 (S. J.), "Correspondance. Kiang-nan (Chine)", Missions catholiques, 5, 22 August 1873, p. 398-399.

Pierre (abbé), La vie et les œuvres de Mgr Languillat, vicaire apostolique du Kiang-Nan, 2 vol., Belfort, 1892.

Pierre, Auguste 陈士谦 (S. J.), "La Sainte Vierge & les Chrétiens Chinois", Relations de Chine, 6, 1904, p. 284-287.

Pierre, M. (S. J.), "Un Catholique Chinois. Lo Pa Hong", Xaveriana, 16/190, October 1939.

Pius XI 庇護十一世, Rerum ecclesiae, encyclical lettre, 1926 (February 28).

——, Ab ipsis pontificatus primordiis, apostolic lettre, 1926 (June 15).

Pontificale Romanum summorum..., 1598.

Primum Concilium Sinense. Anno 1924, a die 14 maii ad diem 12 junii in ecclesia S. Ignatii de Shanghai (Zi-ka-wei) celebratum. Acta – decreta et normae – vota, etc., Shanghai-Xujiahui: Typographia missionis catholicae (T'ou-sè-wè), 1930.

Pugin, Augustus W.N. / King, Thomas H., Les vrais principes de l'architecture ogivale ou chrétienne..., Bruges: Petyt, 1850.

Rabouin, Paul 应儒望 (S. J.), "Nouvelles. Kiang-nan (Chine)", Missions catholiques, 2, 17 September 1869, p. 300-301.

Raquin, Yves 甘易逢 (S. J.), "P. Joseph Diniz, 1904-1989", Compagnie, 248, May 1991, p. 98-99.

Relations de Chine, Mission du Kiang-Nan, 1903-1943.

Shen Gongbu 沈公布,《文苑:纪余山朝圣十二绝》, 聖教襍誌 / Revue Catholique, 11/6, June 1922, p. 268.

Shen Qinzao 沈钦造,《文苑:余山 (七律四首)》, 聖教襍誌 / Revue Catholique, 9/6, June 1920, p. 265-266.

Shengjiao zazhi 聖教襍誌 / Revue Catholique, Shanghai, 1912-1937.

Shengtijun yuekan 圣体军月刊. Sheshan shengmu zhuan hao 畬山圣母专号 [The monthly magazine of the Legion of the Eucharist; special issue on Our Lady of Sheshan], 13/5, May 1947, cover and p. 137-139.

Status missionis Nankinensis Societatis Jesu, anno 1920-1921, Xujiahui: T'ou-sè-wè Press, September 1920.

Van de Velde, Auguste 德朋善 (C.I.C.M.), "Mongolie sud-ouest (Ortos). La chrétienté de Ho-kiao au Heou-chan", *Missions de Scheut*, 26, 1914, p. 159-166.

Van Dijk, Frans, "Basilique des S.S. Michel et Pierre, avenue du Sud, à Anvers, 1894-1896", *L'Émulation. Publication mensuelle de la Société centrale d'Architecture de Belgique*, 24, 1899, Pl. 28-33.

Van Dijk, Leo 狄化淳 (C.I.C.M.), *Wenda Xiangjie* 問答像解 [Catechism], Shanghai: Pu Ai Tang,1928.

Viollet-le-Duc, Eugène Emmanuel, *Dictionnaire raisonné de l'architecture française du XIe au XVIe siècle*, 10 vol., Paris: Edition Bance-Morel, 1854-68.

Vinchon, Albert 文思安 (S. J.), "Journal de voyage du P. A. Vinchon. Shanghai, Zi-ka-wei, Zo-sé", *Lettres des Scholastiques de Jersey*, 1, 1882, p. 275-282.

X, *A Guide to Catholic Shanghai*, Shanghai: T'ou-sè-wè, 1937.

X, "Aurora University. Shanghai, China", *Woodstock Letters*, 66/1, February 1937, p. 51-78.

X, "Bénédiction et pose de la première pierre de l'église Saint-Ignace", *Lettres de Jersey*, 26, April 1907, p. 4-6.

X, "Chronique. 8 septembre 1928, bénédiction de la nouvelle salle des fêtes de l'Aurore", *Bulletin de l'Université l'Aurore* / 震旦雜誌, 18, April 1929, p. 72.

X, "Chronique. 9 septembre 1935, ouverture des cours", *Bulletin de l'Université l'Aurore* / 震旦雜誌, 32, 1935, p. 117.

X, "Correspondance. Kiang-Nan (Chine)", *Missions catholiques*, 1, 6 November 1868, p. 153-157 (156).

X, "High on a Hilltop !", *China Letter* / 中華通訊. The Jesuits of California: Nanjing, Haichow, Shanghai, Peiping, 35, Spring 1940, p. 1-2.

X, "L'assassinat de M. Loh Pa-hong", *Relations de Chine. Shanghai*, April 1938, p. 355-361.

X, "Le pèlerinage de N.-D. Auxiliatrice à Zo-Cé", *Relations de Chine*, 2, 1903, p. 81-97.

X, "Le Père Louis de Jenlis", *Paris-Changhai*, November 1938.

X, "Le Père R. de Beaurepaire", *La Mission de Maduré*, December 1916, p. 24.

X, "Les Paroisses Catholiques de Shang-haï: Notre-Dame de la Paix", *Relations de Chine*, 2, 1935, p. 79-85.

X, "Le Sen-mou-yeu. Quelques notes de la supérieure de l'établissement", *Relations de Chine. Kiang-Nan*, 1/2, October 1903, p. 120-127.

X, "Le travail scientifique à l'observatoire. 10 avril", *Relations de Chine. Shanghai*, 1938, p. 415.

X, "Le vingt-cinquième anniversaire de la fondation de l'Hôpital Sainte-Marie, 1907-1932", *Relations de Chine*, 31/2, 1933, p. 385-.

X, "Nécrologie. Échos et nouvelles [about: brother PierreTsu, Zhu Gengtao, Peter 朱耿陶]", *Relations de Chine*, April 1932, p. 155.

X, "Nécrologie. Le frère Léon Mariot", *Relations de Chine. Kiang-Nan*, 1, 1903, p. 141-142.

X, "Nécrologie. Le P. Augustin Colombel", *Relations de Chine*, April 1906, p. 127-128.

X, "Nos morts. Le Père Louis de Jenlis", *Relations de Chine. Shanghai*, January 1939, p. 63-64.

X, "Nouvelles. Kiang-nan (Chine)", *Missions catholiques*, 4, 3 November 1871, p. 41.

X, "Objections", *Collectanea Commissionis Synodalis / Dossiers de la Commission Synodale*, 1932, 5, p. 475-485.

X, "Observatoires de Shanghai. Chez nos savants", *Relations de Chine*, 33/3, July-September 1935, p. 165-174.

X, "Section de Song-kaong (P'ou-si)", *Relations de Chine*, 29, 1931, p. 328-329.

X, *The Popes and the Missions. Four Encyclical Letters*, London: Sword of the Spirit, 1957.

X, "Travaux pour la nouvelle église du pèlerinage de Zô Sé", *Relations de Chine*, 22/3, July 1924, p. 379-380.

X, *Université L'Aurore 1936. Constructions nouvelles. Exposition du livre français* / 震旦大學. 新築落成. 法文書展. 紀念冊, Shanghai, 12 September 1936.

X, "Zo-cè. Bénédiction de la nouvelle église", *Relations de Chine*, 33, 1936, p. 377-383.

X, "Zo-cè", *Relations de Chine*, 34/4, 1936, p. 469-488.

X, 《今昔之佘山》 [Sheshan past and present], 聖教襍誌 / *Revue Catholique*, 2/5, May 1913, p. 1.

X,《近事：本国之部：江苏：五月十六日为上海公教进行会发起佘山拜圣母队出发之期》, 聖教襍誌 / *Revue Catholique*, 4/6, June 1915, p. 266-267.

X,《近事：本国之部：三月三日元首策令给予上海徐家汇气象台前台长芳绩勋松江畲山天文台台长蔡尚质以五等嘉禾章》, 聖教襍誌 / *Revue Catholique*, 5/4, April 1916, p. 184.

X,《近事：本国之部：五月二十日徐汇公学全体学生约四百人往佘山朝拜圣母》, 聖教襍誌 / *Revue Catholique*, 5/6, June 1916, p. 279-280.

X,《近事：本国之部：佘山：五月六日上海公教信友陆伯鸿朱志尧等组织朝觐圣母团》, 聖教襍誌 / *Revue Catholique*, 6/6, June 1917, p. 282-283.

X,《近事：本国之部：佘山本堂廖司铎来函云本年来山朝拜圣母者甚形拥挤》, 聖教襍誌 / *Revue Catholique*, 6/7, July 1917, p. 324.

X,《外省男教友赴佘山朝拜圣母摄影》, 聖教襍誌 / *Revue Catholique*, 6/11, November 1917, p. 1 [照片].

X,《外省女教友赴佘山朝拜圣母摄影》, 聖教襍誌 / *Revue Catholique*, 6/11, November 1917, p. 1 [照片].

X,《近事：本国之部：佘山十月中旬有湖州男女教友八十四名》, 聖教襍誌 / *Revue Catholique*, 6/11, November 1917, p. 521.

X,《佘山拟建之圣母堂：畲山现在之圣母堂》, 聖教襍誌 / *Revue Catholique*, 7/5, May 1918, p. 1 [照片].

X,《佘山拟建新堂记(附图)》, 聖教襍誌 / *Revue Catholique*, 7/5, May 1918, p. 249-253.

X,《本国之部：佘山：五月一日瞻礼四为圣母日第一日因天气晴朗教友首往朝拜圣母者》, 聖、教襍誌 / *Revue Catholique*, 7/7, July 1918, p. 331.

X,《近事：本国之部：佘山来函云阳历十一月十八日为圣母主保瞻礼》, 聖教襍誌 / *Revue Catholique*, 7/11, November 1918, p. 522.

X,《近事：本国之部：佘山母志盛》, 聖教襍誌 / *Revue Catholique*, 8/6, June 1919, p. 283-284.

X,《近事：本国之部：徐汇天文台前任台长芳积勋司铎及畲山星台台长蔡尚质司铎前由中政府给予五等嘉禾章》, 聖教襍誌 / *Revue Catholique*, 8/7, July 1919, p. 332.

X,《近事：本国之部：佘山：廖司铎来函云本年十一月十六日畲山圣母主保瞻礼》, 聖教襍誌 / *Revue Catholique*, 8/12, December 1919, p. 564-565.

X,《和沈钦造佘山七律原韵四首》, 聖教襍誌 / *Revue Catholique*, 9/8, August 1920, p. 362.

X,《近事：本国之部：江苏：国庆日之佘山朝觐团》, 聖教襍誌 / *Revue Catholique*, 9/11, November 1920, p. 1.

X,《近事：本国之部：佘山行圣母主保瞻礼大礼》, 聖教襍誌 / *Revue Catholique*, 9/12, Decembre 1920, p. 565-566.

X,《近事：本国之部：三主教同莅松江佘山》, 聖教襍誌 / *Revue Catholique*, 10/5, May 1921, p. 232-233.

X,《近事：本国之部：佘山朝觐圣母志盛》, 聖教襍誌 / *Revue Catholique*, 10/6, June 1921, p. 283-284.

X,《近事：本国之部：江苏：上海进行会朝觐团佘山朝觐圣母记》, 聖教襍誌 / *Revue Catholique*, 10/7, July 1921, p. 325-326.

X,《题登佘山随众信友朝拜十四处苦路事迹联并序》, 聖教襍誌 / *Revue Catholique*, 10/9, September 1921, p. 410.

X,《近事：本国之部：江苏：畲山天文台台长蔡尚质金庆志盛》, 聖教襍誌 / *Revue Catholique*, 10/11, November 1921, p. 520-523.

X,《佘山拜母日遇雨记》, 聖教襍誌 / *Revue Catholique*, 11/8, August 1922, p. 344-346.

X,《佘山新堂南首侧面图》, 聖教襍誌 / *Revue Catholique*, 12/5, May 1923, p. 1 [照片].

X,《刚恒使及主教等奉献中国于佘山圣母》, 聖教襍誌 / *Revue Catholique*, 13/7, July 1924, p. 1 [照片].

X,《姚主教祝圣佘山新堂奠基石》, 聖教襍誌 / *Revue Catholique*, 14/7, July 1925, p. 1 [照片].

X,《教中新闻：浙江定海信友佘山朝圣记略》, 聖教襍誌 / *Revue Catholique*, 19/7, July 1930, p. 333-334.

X,《教中新闻：江苏佘山圣母大殿落成后朝圣近讯》, 聖教襍誌 / *Revue Catholique*, 25/1, January 1936, p. 1 [照片] and 63.

X,《教中新闻：佘山圣母新堂落成开幕》, 聖教襍誌 / *Revue Catholique*, 25/5, May

1936, p. 1 [照片] and 318.

X., 《教中新闻：佘山进教之佑瞻礼盛况空前》, 聖教雜誌 / *Revue Catholique*, 25/7, July 1936, p. 445-446.

X., 《教中新闻：吴县初次公拜佘山圣母》, 聖教雜誌 / *Revue Catholique*, 26/8, August 1937, p. 510.

Ye Nong 葉農 / Shao Jian 邵建 (eds.), *Ren guo liu hen: Zhongguo Yesuihui danganguan cang. Shanghai Yesuhui xiushi mu mubei tapian* / 人過留痕：中國耶穌會檔案館藏上海耶穌會修士墓碑拓片 / *Traces As Left: Rubbings of Tombstones of Shanghai Jesuit Brothers in the French Jesuit Archives*, Jinan: Jinan daxue / Macao: Aomen yanjiuyuan and Aomen jijinhui / Shanghai: Shanghai shekeyuan lishi yanjiusuo, 2020.

3. 二手文献

Ackerman, Peter / Martinez, Dolores P., *Pilgrimages and Spiritual Quests in Japan*, London: Routledge, 2009.

Agostino, Marc, "The Golden Age of Pilgrimages in France in the Nineteenth Century", in Pazos, Antón M., *Nineteenth-Century European Pilgrimages: A New Golden Age*, Abingdon: Routledge, 2020, p. 121-137.

Aubin, Françoise, "Christian Art and Architecture", in Tiedemann, R. Gary, *Handbook of Christianity in China. Volume Two: 1800 to the Present*, Leiden-Boston: Brill, 2010, p. 733-741.

Avon Dominique / Rocher Philippe, *Les Jésuites et la société française, XIXe- XXe siècles*, Toulouse: Privat, 2001.

Bandmann, Günter, *Early Medieval Architecture as Bearer of Meaning*, New York: Columbia University Press, 2005.

Bault, Marie Pascale / Bercé, Françoise / Durliat, Marcel (eds), *Paul Abadie, architecte (1812-1884): entre archéologie et modernité*, Angoulême: Musée d'Angoulême, 1984.

Bercé, Françoise, *Viollet-le-Duc*, Paris: Editions du Patrimoine, 2013.

Beylard, Hugues, "Tournesac Magloire", in Duclos, Paul (ed.), *Les Jésuites de 1802 (Concordat) à 1962 (Vatican II), Dictionnaire du monde religieux dans la France contemporaine*, Paris: Beauchesne, 1985, p. 251-252.

Bohr, Richard, "Taiping Religion and Its Legacy", in Tiedemann, R. Gary, *Handbook of Christianity in China. Volume Two: 1800 to the Present*, Leiden-Boston: Brill, 2010, p. 371-395.

Bortone, Fernando 包志仁 (S. J.), *Lotte e trionfi in Cina. I Gesuiti nel Ciannan, neli' e nel cuantun. Dal loro ritorno in Cina alla divisione del Ciannan in tre Missioni indipendenti (1842-1922)*, Frosinone: Abbazia di Casamari, 1975.

Brizay, Bernard, *La France en Chine, du XVIIe siècle à nos jours*, Paris: Perrin, 2013.

Brockey, Liam Matthew, *Journey to the East. The Jesuit Mission to China, 1579–1724*, Cambridge MA: Harvard University Press, 2008.

Bruntz, Courtney, "Pilgrimage in China", *Oxford Bibliographies*, 27 June 2017. DOI: 10.1093/OBO/9780195393521-0241

Burnichon, Joseph (S. J.), *Histoire d'un siècle 1814-1914. La Compagnie de Jésus en France*, 4 vol., Paris: Beauchesne, 1914-1922.

Byls, Henk, "Les Belges à Paris. Une communauté?", in: Rainhorn, Judith / Terrier, Didier (eds), *Étranges voisins. Altérité et relations de proximité dans la ville depuis le XVIIIe siècle*, Rennes: Presses Universitaires de Rennes, 2010, p. 163-177.

Cakpo, Érik, "L'exposition missionnaire de 1925. Une affirmation de la puissance de l'Église catholique", *Revue des sciences religieuses*, 87/1, 2013, p. 41-59.

Carbonneau, Robert E., "The Catholic Church in China 1900-1949", in: Tiedemann, R. Gary (ed.), *Handbook of Christianity in China. Volume Two: 1800 to Present*, Leiden-Boston: Brill, 2010, p. 516-525.

Caspers, Charles M.A, "No places of pilgrimages without devotion(s)", in: Coomans, Thomas / De Dijn, Herman / De Maeyer, Jan / Heynickx, Rajesh / Verschaffel, Bart (eds) *Loci Sacri. Understanding Sacred Places* (Kadoc Studies on Religion, Culture and Society, 9.), Leuven: Leuven University Press, 2012, p. 125-137.

Charleux, Isabelle, *Nomads on Pilgrimage: Mongols on Wutaishan (China), 1800-1940*, Leiden-Boston: Brill, 2015.

Chen Tsung-ming, Alexandre 陳聰銘, "Les réactions des autorités chinoises face au protectorat religieux français au cours du XIXe siècle", in: Chen Tsung-ming, Alexandre 陳聰銘 (ed.), *Le Christianisme en Chine aux XIXe et XXe siècles: Évangélisation et Conflits* (Leuven Chinese Studies 25), Leuven: Leuven University Press, 2014, p. 125-171.

——, "Jiaozong zhuhua daibiao Gang Hengyi yu Faguo baojiao quan 教宗驻华代表刚恒毅与法国保教权" [Apostolic Delegate Celso Costantini vs. French Protectorate in China], in: Ku Weiying 古伟瀛 / Zhao Xiaoyang 赵晓阳 (eds), *Jidu zongjiao yu jindai Zhongguo* 基督宗教与近代中国 / *Multi-aspect Studies on Christianity in Modern China. From Antoine Thomas (S. J.) to Celso Costantini*, Beijing: Social

Sciences Academic Press 社会科学文献出版社, 2014, p. 472-498.

Cinzia Capristo, Vincenza, "Celso Costantini in Cina tra diplomazia e religion", in: Goi, Paolo (ed.), *Il Cardinale Celso Costantini e la Cina*, Pordenone: Edizioni Rizma, 2008, p. 119-140.

Clark, Anthony E. 柯学斌, *China Gothic. The Bishop of Beijing and His Cathedral*, Seattle: University of Washinghton Press, 2019.

Clarke, Jeremy (S. J.), Our Lady of China. Marian Devotion and the Jesuits, *Studies in the Spirituality of Jesuits*, 41/3, 2009, p. 1-47.

——, "The Chinese Rites Controversy's Long Shadow over the Restored Society of Jesus", in: Maryks, Robert Aleksander / Wright, Jonathan (eds), *Jesuit Survival and Restoration. A Global History, 1773-1900* (Studies in the History of Christian Traditions, 178), Leiden-Boston: Brill, 2014, p. 315-330.

——, *The Virgin Mary and Catholic Identities in Chinese History*, Hong Kong: Hong Kong University Press, 2013.

Clunas, Craig, *Art in China*, Oxford: Oxford University Press, 1997.

Cody, Jeffrey W., "Striking a Harmonious Chord: Foreign Missionaries and Chinese-Style Buildings", 1911-1949, *Architronic*, 1996, V5n3.

——, "American Geometries and the Architecture of Christian Campuses in China", in: Bays, Daniel H. / Widmer, Ellen (eds), *China's Christian Colleges. Cross-Cultural Connections, 1900-1950*, Redwood CA: Stanford University Press, 2009, p. 27-56.

Cohen, Paul A., *China and Christianity: The Missionary Movement and the Growth of Chinese Anti-Foreignism, 1860–1870* (Harvard East-Asian Series, 11), Cambridge MA: Harvard University Press, 1963.

Coleman, Simon, "Mary on the Margins? The Modulation of Marian imagery in Place, meomory, and Performance", in: Hermkens, Anna-Karina / Jansen, Willy / Notermans, Catrien (eds), *Moved by Mary: The Power of Pilgrimage in the Modern World*, Aldershot: Ashgate, 2009, p. 17-32.

——, Eade, John (eds), *Reframing Pilgrimage: Cultures in Motion*, Abingdon: Routledge, 2004.

Coomans, Thomas 高曼士, "Pierre Langerock (1859-1923). Architecte et restaurateur néo-gothique", *Revue des Archéologues et Historiens d'Art de Louvain*, 24, 1991, p. 117-140.

——, "Saint-Christophe à Liège: la plus ancienne église médiévale du mouvement béguinal", *Bulletin monumental*, 164/4, 2006, p. 359-376.

——, La création d'un style architectural sino-chrétien. L'œuvre d'Adelbert Gresnigt, moine-artiste bénédictin en Chine (1927-1932), *Revue Bénédictine*, 123, 2013, p. 128-170.

——, "Sint-Lucasneogotiek in Noord-China: Alphonse De Moerloose, missionaris en architect", *M&L. Monumenten, landschappen en archeologie*, 32, 2013, p. 6-33.

——, "Die Kunstlandschaft der Gotik in China: eine Enzyklopädie von importierten, hybridisierten und postmodernen Zitaten", in: Brandl, Heiko / Ranft, Andreas / Waschbüsch, Andreas (eds), *Architektur als Zitat: Formen, Motive und Strategien der Vergegenwärtigung*, Regensburg: Verlag Schnell & Steiner, 2014, p. 133-161.

——, "Indigenizing Catholic Architecture in China: From Western-Gothic to Sino-Christian Design, 1900-1940", in: Chu Yik-yi, Cindy 朱益宜 (ed.), *Catholicism in China, 1900-Present. The Development of the Chinese Church*, New York: Palgrave Macmillan, 2014, p. 125-144.

——, "Dom Adelbert Gresnigt, agent van de roomse inculturatiepolitiek in China (1927-1932)", *Bulletin KNOB – Koninklijke Nederlandse Oudheidkundige Bond*, 113/2, 2014, p. 74-91.

——, "China Papers: The architecture archives of the building company Crédit Foncier d'Extrême-Orient (1907-59)", *ABE Journal. European architecture beyond Europe*, 5, 2014, n° 689. http://dev.abejournal.eu/index.php?id=689

——, "Gothique ou chinoise, missionnaire ou inculturée? Les paradoxes de l'architecture catholique française en Chine au XXe siècle", *Revue de l'Art*, 189, 2015, p. 9-19.

——, "Une utopie missionnaire? Construire des églises, des séminaires et des écoles catholiques dans la Chine en pleine tourmente (1941)", in: Chen Tsung-ming, Alexandre 陳聰銘 (ed.), *Le Christianisme en Chine aux XIXe et XXe siècles. Figures, événements et missions-œuvres* (Leuven Chinese Studies, 31), Leuven: Leuven University Press, 2015, p. 45-79.

——, "Pugin Worldwide. From Les Vrais Principes and the Belgian St Luke Schools to Northern China and Inner Mongolia", in: Brittain-Catlin, Timothy / De Maeyer Jan / Bressani, Martin (eds), *Gothic Revival Worldwide: A.W.N. Pugin's Global Influence*, Leuven: Leuven University Press, 2016, p. 156-171.

——, "The St Luke Schools and Henry van de Velde: Two Concomitant Theories on the Decorative Arts in Late Nineteenth-Century Belgium", *Revue Belge d'Archéologie et d'Histoire de l'Art*, 85, 2016, p. 123-148.

——, "Sinicising Christian Architecture in Hong Kong: Father Gresnigt, Catholic Indigenisation, and the South China Regional Seminary, 1927-31", *Journal of the Royal Asian Society Hong Kong Branch*, 56, 2016, p. 133-160.

——, "Vaulting Churches in China: True Gothic or Imitation?", in: Van Balen, Koen / Verstrynge, Els (eds), *Structural Analysis of Historical Constructions – Anamnesis, diagnosis, therapy, controls* (International conference on structural analysis of historical constructions, SACH 2016, Leuven, 13-15 September 2016), London: Taylor & Francis Group, 2016, p. 535-541.

—— 高曼士, 从西式基督教风格到中式基督教风格：作为在华本土化文化适应手段的建筑，1919—1939 [From Western-Christian to Sino-Christian: Architecture as Tool of Inculturation in China, 1919-1939], in: Jia, Jun 贾珺 (ed.), 建筑史 [*Architectural History*], (清华大学建筑学院 [Qinghua daxue jianzhu xueyuan / Tsinghua University Architecture Institute Series, 38], Beijing: 中国建筑工业出版社 [China Architecture & Building Press], 2016, p. 190-200

——, "The 'Sino-Christian Style'. A Major Tool for Architectural Indigenisation", in: Zheng Yang-wen 鄭揚文 (ed.), *Sinicizing Christianity*, Leiden-Boston: Brill, 2017, p. 197-232.

——, "East Meets West on the Construction Site. Churches in China, 1840s-1930s", *Construction History*, 33/2, 2018, p. 63-84.

——, "Notre-Dame de Sheshan à Shanghai, basilique des Jésuites français en Chine, 1867-1936", *Bulletin monumental*, 176 (2), 2018, p. 129-156.

—— 高曼士,「人造天穹：中国教堂中的哥特拱顶」[Building the Sky – Gothic Vaults in Chinese Churches], in: Xu Yitao 徐怡涛 / Coomans, Thomas 高曼士 / Zhang, Jianwei 张剑葳 (eds), 建筑考古学的体与用在中国和欧洲 [*Essence and Applications of Building Archaeology in China and Europe*], 北京大学中国考古学研究中心稽古系列丛书 [Peking University Ancient Chinese Archaeology Research Centre Series], Beijing: 中国建筑工业出版社 / China Architecture and Building Press, 2019, p. 145-155.

——, "Unexpected Connections. The Benedictine Abbey of Maredsous and Christian Architecture in China, 1900-1930s", *Revue bénédictine*, 131/1, 2021, p. 264-299.

——, "Architectural Iconology and Visual Culture: Mediaeval Monasteries in the Duchy of Brabant", in: Becker, Julia / Burkhardt, Julia (ed.), *Kreative Impulse und und Innovationsleistungen religiöser Gemeinschaften im mittelalterlichen Europa* (Klöster als Innovationslabore. Studien und Texte, 9), Regensburg: Verlag Schnell & Steiner, 2021, p. 209-236.

——, "Neo-Gothic: Style and Ideology in Nineteenth-Century Belgium", in: De Maeyer, Jan / Margy, Peter-Jan (eds), *Material Change. The Impact of Reform and Modernity on Material Religion in North-West Europe 1780-1920* (KADOC, Artes 18), Leuven: Leuven University Press, 2021, p.244-257.

——, "Western, Modern and Postmodern Gothic Churches in Twentieth Century China: Styles, Identities and Memories", in: Borngässer, Barbara / Klein, Bruno (eds.), *Global Gothic. Neogothic Church Architecture in the 20th and 21st centuries* (KADOC Artes 19), Leuven: Leuven University Press, 2022, p. 179-201.

——, "Reconquering a Lost Visibility: Catholic Revival in Early Industrial Belgium", in: De Maeyer, Jan / Margy, Peter-Jan (eds.), *Material Change. The Impact of Reform and Modernity on Material Religion in North-West Europe 1780-1920* (KADOC, Artes 18), Leuven: Leuven University Press, 2021, p.140-153.

——, "Church Architecture and Church Buildings: China", in: Chu Yik-yi, Cindy 朱益宜 / Leung Kit-fun, Beatrice 梁潔芬 (eds), *The Palgrave Handbook of the Catholic Church in East Asia*, Singapore: Springer, 2023, chapter 8.1.

——, "Islands on the Mainland. Catholic Missions and Spatial Strategies in China, 1840s-1940s", in: Coomans, Thomas (ed.), *Missionary Spaces. Imagining, Building, Contesting Christianities in Africa and Asia, 1840-1960* (KADOC Artes 17), Leuven:

Leuven University Press, 2023, chapter 3.

——, "Gender Segregated Spaces in Catholic Compounds of Late Ching China", in: Coomans, Thomas (ed.), *Missionary Spaces. Imagining, Building, Contesting Christianities in Africa and Asia, 1840-1960* (KADOC Artes 17), Leuven: Leuven University Press, 2023, chapter 6.

——, "Gender Designed Catholic Churches in North China, 1830s-1920s", in: Coomans, Thomas (ed.), *Missionary Spaces. Imagining, Building, Contesting Christianities in Africa and Asia, 1840-1960* (KADOC Artes 17), Leuven: Leuven University Press, 2023, chapter 7.

Coomans, Thomas 高曼士 / Ho Puay-peng 何培斌, "Architectural Styles and Identities in Hong Kong: The Chinese and Western Designs for St Teresa's Church in Kowloon Tong, 1928-32", *Journal of the Royal Asiatic Society Hong Kong Branch* 香港皇家亞洲學會學報, 58, 2018, p. 81-109.

Coomans, Thomas 高曼士 / Luo Wei 罗薇, "Exporting Flemish Gothic Architecture to China: Meaning and Context of the Churches of Shebiya (Inner Mongolia) and Xuanhua (Hebei) built by Missionary-Architect Alphonse De Moerloose in 1903-1906", *Relicta. Heritage Research in Flanders*, 9, 2012, p. 219-262.

——, Luo Wei 罗薇, "Mimesis, Nostalgia and Ideology: The Scheut Fathers and home-country-based church design in China", in: *History of the Catholic Church in China from its Beginning to the Scheut Fathers and 20th Century* (Leuven Chinese Studies, 29), Leuven: Leuven University Press, 2015, p. 495-522.

——, Luo Wei 罗薇, "Missionary-Builders: Scheut Fathers as Church Designers and Constructors in Northern China", in: Chen Tsung-ming, Alexandre 陳聰銘 (ed.), *Catholicism's Encounters with China. 17th to 20th Century* (Leuven Chinese Studies, 39), Leuven: Leuven University Press, 2018, p. 333-364.

Coomans Thomas 高曼士 / Xu Yitao 徐怡涛, 舶来与本土 ——1926 年法国传教士所撰中国北方教堂营造之研究 / *Building Churches in Northern China. A 1926 Handbook in Context*, Beijing: 知识产权出版社 / Intellectual Property Rights Publishing House, 2016.

Davies, Paul / Howard, Deborah Pullan, Wendy (eds), *Architecture and Pilgrimage, 1000-1500, Southern Europe and beyond*, Aldershot: Ashgate, 2013.

de Finance, Laurence / Leniaud, Jean-Michel (eds), *Viollet-le-Duc. Les visions d'un architecte*, Paris: Norma, Cité de l'architecture et du patrimoine, 2014.

De Maeyer, Jan (ed.), *De Sint-Lucasscholen en de neogotiek 1862-1914*, Leuven: Leuven University Press, 1988.

——, "The Neo-Gothic in Belgium. Architecture of a Catholic Society", in: De Maeyer, Jan / Verpoest, Luc (eds), *Gothic Revival. Religion, Architecture and Style in Western Europe 1815-1914*, Leuven: Leuven University Press, 2000, p. 29-34.

Denison, Edward / Ren, Guang Yu, *Building Shanghai. The Story of China's Gateway*, Chichester: Wiley-Academy, 2006.

——, Ren, Guang Yu, *Modernism in China. Architectural Visions and Revolutions*, Chichester: Wiley & Sons, 2008.

Di Stefano, Roberto / Solans, Francisco Javier (eds), *Marian Devotions, Political Mobilization, and Nationalism in Europe and America*, Cham: Palgrave Macmillan, 2016.

Dong Li 董黎 / Xu Haohao 徐好好 / Luo Wei 罗薇, 西方教会势力的在华扩张马教会建筑的发展 [Spread and church architectural developments of Western Christians in China], in Lai Delin 赖德霖 / Wu Jiang 伍江 / Xu Subin 徐苏斌 (eds), 中国近代建筑史 [*History of Modern Architecture of China*] (第一卷), 北京：中国建筑工业出版社, 2016, p. 317-402.

Einarsen, John (ed.), *The Sacred Mountains of Asia*, Boston: Shambhala, 1995.

Eliade, Mircea, "Symbolism of the 'Centre'", in: Eliade, Mircea, *Images and Symbols. Studies in Religious Symbolism*, London: Harvill Press, 1961, p. 27-56. Translation of the French edition: *Images et symboles. Essais sur le symbolisme magico-religieux*, Paris: Gallimard, 1952.

Ferreux, Octave, "Histoire de la Congrégation de la Mission en Chine (1699-1950)", *Annales de la Congrégation de la Mission*, 127, 1963, p. 3-530.

Fluck, Hans-R., *An der Wiege der westlichen Kunst in Shanghai. Bruder Aloysius Beck S.J. (1854-1931) - Architect, Maler, Holzschnitzer in Zikawei / T'ou-sè-wé (Shanghai)*, Bochum-Shanghai: White Phoenix Press, 2020.

Giacalone, Fiorella / Griffin, Kevin (eds) *Local Identities and Transnational Cults within Europe* (Religious Tourism and Pilgrimage Series), Wallingford-Boston: CAB International, 2018.

Gillman, Derek, "Ming and Qing Ivories: Figure Carving", in: Watson, William (ed.), *Chinese Ivories from the Shang to the Qing*, London: Oriental Ceramic Society and the British Museum, 1984, p. 39-41.

Griffith, Maureen / Wiltshier, Peter (eds) *Managing Religious Tourism* (Religious Tourism and Pilgrimage Series), Wallingford-Boston: CAB International, 2019.

Guillen-Nuñez, César, "The Gothic Revival and the Architecture of the New Society of Jesus in Macao and China", in: Maryks, Robert A. / Wright, Jonathan (eds) *Jesuit Survival and Restoration. A Global History 1773-1900*, Leiden-Boston: Brill, 2015, p. 280-300.

Henriot Christian / Zheng Zu'an, *Atlas de Shanghai. Espaces et représentations de 1849 à nos jours*, Paris : CNRS éditions, 1999.

Hermkens, Anna-Karina / Jansen, Willy / Notermans, Catrien (eds), *Moved by Mary: The Power of Pilgrimage in the Modern World*, Aldershot: Ashgate, 2009.

Ho, Joseph W., *Developing Mission. Photography, Filmmaking, and American Missionaries in Modern China* (The United States in the World), Ithaca: Cornell University Press, 2022.

Hofmann, Gert / Zoric, Snjezana (eds) *Topodynamics of Arrival: Essays on Self and Pilgrimage*, Amsterdam: Editions Rodopi, 2012.

Hsia, Florence C., *Foreigners in a Strange Land: Jesuits and Their Scientific Missions in Late Imperial China*. Chicago-London: University of Chicago Press, 2010.

Jami, Catherine / Engelfriet, Peter / Blue, Gregory (eds), *Statecraft & Intellectual Renewal in late Ming China. The Cross-Cultural Synthesis of Xu Guangqi (1562-1633)*, Leiden: Brill, 2001.

Johnston Tess / Deke, Erh, *God & Country. Western Religious Architecture in Old China*, Hong Kong: Old China Hand Press, 1996.

Join-Lambert, Arnaud / Servais, Paul / Shen, Chung Heng / de Payen, Éric (eds), *Vincent Lebbe et son heritage* (Religio, 3), Louvain-la-Neuve: Presses universitaires de Louvain, 2017.

King, Gail, "The Xujiahui (Zikawei) Library of Shanghai", *Libraries and Culture*, 32/4, 1997, p. 456-469.

——, "Candida Xu and the Growth of Christianity in China in the Seventeenth Century", *Monumenta Serica. Journal of Oriental Studies*, 46, 1998, p. 49-66.

King, Michelle T., *Between Birth and Death: Female Infanticide in Nineteenth-Century China*, Stanford University Press, Scholarship online, 2014. DOI:10.11126/stanford/9780804785983.003.0004

Kleeman, Terry F., "Mountain Deities in China: The Domestication of the Mountain God and the Subjugation of the Margins", The Journal of the American Oriental Society, 114, 1994, p. 226-238.

Koschorke, Klaus, "Indigenization", in: Betz, Hans Dieter (ed.), *Religion Past & Present: Encyclopedia of Theology and Religion*, vol. 6, Leiden-Boston: Brill, 2009, p. 459-460.

Kozyreff, Chantal, *The Oriental Dream: Leopold II's Japanese Tower and Chinese Pavilion at Laeken*, Antwerp: Mercatorfonds, 2001.

Lai Delin 赖德霖 / Wu Jiang 伍江 / Xu Subin 徐苏斌 (eds), 中国近代建筑史 [History of Modern Architecture of China], 5 vol., Beijing: 中国建筑工业出版社, 2016.

Lam, Anthony, "Archbishop Costantini and the First Plenary Council of Shanghai (1924)", *Tripod*, 28/148, 2008, online: http://hsstudyc.org.hk/en/tripod_en/en_tripod_148_04.html

Lamberts, Emiel (ed.), *The Black International 1870-1878: The Holy See and Militant Catholicism in Europe / L'internationale noire 1870-1878: le Saint-Siège et le catholicisme militant en Europe*, Rome: Institut Historique Belge de Rome, 2002.

Langlois, Claude, "Liturgical Creativity and Marian Solemnity: The Coronation of Pilgrimage Virgin Maries in France (1853-1964)", in: Di Stefano, Roberto / Solans, Francisco Javier (eds) *Marian Devotions, Political Mobilization, and Nationalism in Europe and America*, New York: Palgrave Macmillan, 2016, p. 29-56.

Lardinois, Olivier (S. J.) / Mateos, Fernando (S. J.) / Ryden, Edmund (S. J.), *Directory of the Jesuits in China from 1842 to 1955 / 耶穌會士在華名錄 1842-1955*, Taipei:

Taipei Ricci Institute, 2018.

Laroche, Claude (ed.), *Paul Abadie, architecte, 1812-1884*, Paris: Editions de la réunion des musées nationaux, 1988.

Launay, Marcel / Moussay, Gérard (eds) *Les Missions Étrangères. Trois siècles et demi d'histoire et d'aventure en Asie*, Paris: Perrin, 2008.

Le Bas, Antoine, *Des sanctuaires hors les murs. Églises de la proche banlieue parisienne 1801-1965* (Cahiers du Patrimoine, 61), Paris: Monum Éditions du Patrimoine, 2002, p. 125-149.

—— , "Notre-Dame du Raincy (Saine-Saint-Denis), chef d'œuvre des chapelles de banlieue ?", *In Situ. Revue des patrimoines*, 11, 2009, https://doi.org/10.4000/insitu.4718

Le Pichon, Alain, *Béthanie & Nazareth. French Secrets from a British Colony*, Hong Kong: The Hong Kong Academy for Performing Arts, 2006.

Li Haiqing 李海清 / Wang Xiaoqiang 王晓茜, *The Art of Architectural Integration of Chinese and Western*, Beijing: China Architecture and Building Press, 2015.

Li Mingyi 李明毅 (ed.), 历史上的徐家汇 [In history of Xujiahui], Shanghai: 上海文化出版社, 2015.

Lin Wei-Cheng, *Building a Sacred Mountain. The Buddhist Architecture of China's Mount Wutai*, Washington: University of Washington Press, 2014.

Liu Ping 刘平, *The Art of Catholic Church in China*, Beijing: China Intercontinental Press / 北京：梧州传播出版社, 2012.

—— , 中国天主教艺术简史 [A Brief History of Chinese Catholic Art], 北京：中国财富出版社 / Beijing: China Fortune Press, 2014.

Liu Xian 刘贤, "Two Universities and Two Eras of Catholicism in China: Fu Jen University and Aurora University, 1903-1937", *Christian Higher Education*, 8/5, 2009, p. 405-421.

Loyer, François, "Une basilique synthétique", in Laroche, Claude (ed.), *Paul Abadie, architecte 1812-1884*, Paris: Éditions de la Réunion des musées nationaux, 1988, p. 190-199.

Luo Wei 罗薇, *Transmission and Transformation of European Church Types in China: The Churches of the Scheut Missions beyond the Great Wall, 1865-1955*, unpublished PhD dissertation, Leuven, KU Leuven, Faculty of Engineering Science: Architecture, 2013.

Ma, William Hsingyo, *Pedagogy, Display, and Sympathy at the French Jesuit Orphanage Workshops of Tushanwan in Early-twentieth Century Shanghai*, unpublished PhD dissertation, Berkeley, University of California: History of Art, 2016.

—— , "From Shanghai to Brussels: the Tushanwan Orphanage Workshop and the Carved Ornaments of the Chinese Pavilion at Laeken Park", in: Chu–ten Doesschate, Petra / Milam, Jennifer (eds) *Beyond Chinoiserie: Artistic Exchange between China and the West during the late Qing Dynasty (1796-1911)* (East and West. Culture, Diplomacy and Interactions, 4), Leiden-Boston: Brill, 2019, p. 268-296.

Madsen, Richard, "The Catholic Church in China. Cultural Contradictions, Institutional Survival, and Religious Renewal", in: Link, Perry / Madsen, Richard / Pickowicz, Paul G. (eds), *Unofficial China. Popular Culture and Thought in the People's Republic*, New York-Abingdon: Routledge, 1989, p. 103-120.

—— , Fan Lizhu 范丽珠, "The Catholic Pilgrimage to Sheshan", in: Ashiwa, Yoshiko / Wank, David L. (eds) *Making Religion, Making the State: The Politics of Religion in Modern China*, Stanford: Stanford University Press, 2009, p. 74-95.

Mariani, Paul (S. J.), "The Phoenix Rises from its Ashes. The Restoration of the Jesuit Shanghai Mission", in: Maryks, Robert Aleksander / Wright, Jonathan (eds), *Jesuit Survival and Restoration. A Global History, 1773-1900* (Studies in the History of Christian Traditions, 178), Leiden-Boston: Brill, 2014, p. 299-314.

—— , "The Sheshan 'Miracle' and Its Interpretations", in: Chu Yik-yi, Cindy / Mariani, Paul P. (eds), *People, Communities and the Catholic Church in China* (Christianity in Modern China), Singapore: Palgrave Macmillan, 2020, p. 129-151.

Masson, Matthieu 马崇义 (M.E.P.), "Sancian: Landscape and Architecture in the Burial Place of St Francis Xavier", *Hong Kong Journal of Catholic Studies* 天主教研究學報, 10, 2019, p. 173-222.

Maury, Gilles (ed.), *Le baron Béthune à Roubaix: l'église Saint-Joseph et le couvent des Clarisses*, Tourcoing: Editions Invenit, 2014.

Maybon, Charles B. / Fredet, Jean, *Histoire de la Concession française de Chang-hai*, Paris: Plon, 1929.

Misonne, Daniel (O.S.B.), *En parcourant l'histoire de Maredsous*, Denée: Éditions de Maredsous, 2005.

Mo Wei 莫为, "The Gendered Space of the 'Oriental Vatican' – Zi-ka-wei, the French Jesuits and the Evolution of Papal Diplomacy", *Religions*, 9/9, 2018, 278 https://doi.org/10.3390/rel9090278

—— , "Assessing Jesuit Intellectual Apostolate in modern Shanghai (1847-1949)", Religions, 12, 2021, 159 https://doi.org/10.3390/rel12030159

Moledina, Sheza, *La Bibliothèque jésuite de Jersey: constitution d'une bibliothèque en exil (1880-1940)*, unpublshed thesis, Paris, École Pratique des Hautes Études, DEA Histoire de l'Écrit, 2002, p. 105-106.

Moore, Pius L. (S. J.), "Coadjutor Brothers on the Foreign Missions", *The Woodstock Letters: A Record of Current Events and Historical Notes Connected with the Colleges and Missions of the Society of Jesus*, 74, 1945, p. 5-20 and 111-124.

Moussay, Gérard (ed.), *The Missions Étrangères in Asia and the Indian Ocean*, Paris: MEP Indes Savantes, 2009.

Mungello, David E. (ed.), *The Chinese Rites Controversy: Its History and Meaning* (Monumenta Serica Monograph Series, 33), Nettetal: Steyler Verlag, 1994.

—— , *The Great Encounter of China and the West, 1500-1800*, 4th ed., Lanham-Plymouth: Rowman & Littlefield, 2013.

Naquin, Susan / Yü Chün-fang 于君方 (eds), *Pilgrims and Sacred Sites in China*, Berkeley-Los Angeles: University of California Press, 1992.

Nayrolles, Jean / Mange, Christian, "L'église du Jésus à Toulouse, architecture et décors", *Mémoires de la Société archéologique du Midi de la France*, 60, 2000, p. 193-210.

Nicolini-Zani, Matteo, *Christian Monks on Chinese Soil. A History of Monastic Missions to China*, Collegeville MN: Liturgical Press, 2016.

Noordholland de Jong, Theo, "Du roi Très Chrétien au Christ-Roi. Aspects iconologiques de l'architecture et de la décoration de la basilique du Sacré-Cœur de Montmartre à Paris", *Revue des archéologues et historiens d'art de Louvain*, 33, 2000, p. 97-113.

Olsen, Daniel H. / Trono, Anna (eds), *Religious Pilgrimage Routes and Trails. Sustainable Development and Management* (Religious Tourism and Pilgrimage Series), Wallingford-Boston: CAB International, 2018.

Piastra, Stefano, "Francesco Brancati, Martino Martini and Shanghai's Lao Tang (Old Church): Mapping, Perception and Cultural Implications of a Place", in: Paternicò, Luisa M. / von Collani, Claudia / Scartezzini, Riccardo (eds) *Martino Martini Man of Dialogue. Proceedings of the International Conference held in Trento on October 15–17, 2014 for the 400th Anniversary of Martini's Birth*, Università degli Studi di Trento, Trento: Università degli Studi di Trento, 2016, p. 159–181.

Pieragastini, Steven, "Jesuit and Protestant Encounters in Jiangnan: Contest and Cooperation in China's Lower Yangzi Region", in: Cañizares-Esguerre, Jorge / Maryks, Robert Aleksander / Hsia R.P. (eds), *Encounters between Jesuits and Protestants in Asia and the Americas* (Jesuit Studies 14), Leiden-Boston: Brill, 2018, p. 117-136.

Poisson, Georges / Poisson, Olivier, *Eugène Viollet-le-Duc*, Paris: Picard, 2014.

Renaud-Chamska, Isabelle / Vigne-Dumas, Claire / Le Bas, Antoine, *Paris et ses églises de la Belle Époque à nos jours*, Paris: Picard, 2017.

Ristaino, Marcia R., *The Jacquinot Safe Zone: Wartime Refugees in Shanghai*, Redwood CA: Stanford University Press, 2008.

Rodriguez, Miguel, "Du vœu royal au vœu national. Une histoire du XIXe siècle", *Cahiers du Centre de Recherches Historiques* [online], 21, 1998. http://ccrh.revues.org/2513

Rowe, Peter G. / Seng Kuan, *Architectural Encounters with Essence and Form in Modern China*, Cambridge MA: MIT Press, 2002.

Rule, Paul, "Restoration or New Creation? The Return of the Society of Jesus in China", in: Maryks, Robert A. / Wright, Jonathan (eds) *Jesuit Survival and Restoration. A Global History 1773-1900*, Leiden-Boston: Brill, 2015, p. 261-277.

Schraven, Minou / Delbeke, Maarten (eds.), *Foundation, Dedication and Consecration in Early Modern Europe* (Intersections, 22), Leiden-Boston: Brill, 2012.

Schüller, Sepp, *La Vierge Marie à travers les missions*, Braun, 1936.

——, *Die Geschichte der Christlichen Kunst in China* (Bucherei des Kunstsammlers, 5), Berlin: Klinkhardt und Biermann Verlag, 1940.

——, *Neue christliche Malerei in China. Bilder und Selbstbiographien der bedeutendsten christlich-chinesischen Künstler der Gegenwart*, Düsseldorf: Mosella Verlag, 1940.

Severn, Paul, "A History of Christian Pilgrimage", *International Journal for the Study of the Christian Church*, 19/4, 2019, p. 323-339.

Shinde, Kiran A. / Olsen, Danheil H. (eds), *Religious Tourism and the Environment* (Religious Tourism and Pilgrimage Series), Wallingford-Boston: CAB International, 2020.

Shu Changxue 舒畅雪, "From the Blue to the Red: Changing Technology in the Brick Industry of Modern Shanghai", in: Bowen, Brian / Friedman, Donald / Lesli, Thomas / Ochsendorf, John (eds) *Proceedings of the Fifth International Congress on Construction History. Chicago, June 2015*, Chicago: Construction History Society, 2015, vol. 1, p. 313-320.

——, and Coomans, Thomas 高曼士, "Towards Modern Ceramics in China. Engineering Sources and the Manufacture Céramique de Shanghai", *Technology and Culture*, 61/2, 2020, p. 437-479.

Sibre, Olivier, *Le Saint-Siège et l'Extrême-Orient (Chine, Corée, Japon) de Léon XIII à Pie XII (1880-1952)* (Collection de l'Ecole française de Rome, 459), Rome: Ecole française de Rome, 2012.

Soetens, Claude, *L'Église catholique en Chine au XXe siècle*, Paris: Beauchesne, 1997.

Song Haojie 宋浩杰 (ed.), 历史上的徐家汇 *Lishi shang de Xujiahui* [Zikawei History], 上海: 上海文化出版社 / Shanghai: Shanghai Culture Publishing House, 2005.

——(ed.), 土山湾记忆 *Tushanwan jiyi / Memory of T'ou-Sè-Wè*, 上海: 学林出版社 / Shanghai: Xuelin Press, 2010.

——(ed.), 影像土山湾 *Yingxiang Tushanwan / Images of T'ou-sè-wè*, 上海: 上海文化出版社 / Shanghai: Shanghai Culture Publishing House, 2012.

Spence, Jonathan D. 史景迁, *The Search for Modern China*, New York-London: Norton & Company, 1990.

Standaert, Nicolas 钟鸣旦 (S. J.), "The Jesuit Presence in China (1580-1773): A Statistical Approach", *Sino-Western Cultural Relations Journal* / 中西文化交流史雜誌, 13, 1991, p. 4–17.

Standaert, Nicolas 鐘鳴旦 (S.J.), "The Chinese mission without Jesuits: The suppression and restoration of the Society of Jesus in China", *Ching Feng: A Journal on Christianity and Chinese Religion and Culture*, 16/1, 2017, 79-96.

——(ed.), Handbook of Christianity in China. Volume One: 635-1800. Leiden-Boston-Cologne: Brill, 2001.

Streit, Robert (O.M.I.) / Dindinger, Johannes (O.M.I.), *Bibliotheca Missionum. Vol. 12. Chinesische Missionsliteratur 1800-1884*, Freiburg: Verlag Herder, 1958.

——, Dindinger, Johannes (O.M.I.) / Rommerskirchen, Johannes (O.M.I.) / Kowalsky, Nikolaus (O.M.I), *Bibliotheca Missionum. Vol. 13. Chinesische Missionsliteratur 1885-1909*, Rome-Freiburg-Vienna: Herder, 1959.

——, Dindinger, Johannes (O.M.I.) / Rommerskirchen, Johannes (O.M.I.) / Kowalsky, Nikolaus (O.M.I.), *Bibliotheca Missionum. Vol. 14. Chinesische Missionsliteratur 1910-1950*, Rome-Freiburg-Vienna: Herder, 1960-1961.

Strong, David (S. J.), *A Call to Mission – A History of the Jesuits in China 1842-1954. Vol. 1: The French Romance*, Adelaide: ATF Press, 2018.

——, *A Call to Mission – A History of the Jesuits in China 1842-1954. Vol. 2: The Wider European and American Adventure*, Adelaide: ATF Press, 2018.

Sweeten, Alan Richard 史维東, *China's Old Churches. The History, Architecture, and Legacy of Catholic Sacred Structures in Beijing, Tianjin, and Hebei Province* (Studies in the History of Christianity in East Asia, 2), Leiden-Boston: Brill, 2020.

Swerts, Lorry / De Ridder, Koen 孔之昂, *Mon Van Genechten (1903-1974). Flemish Missionary and Chinese Painter. Inculturation of Christian Art in China*, Leuven: Ferdinand Verbiest Institute, 2002.

Taveirne, Patrick 譚永亮 (C.I.C.M.), "Re-reading the Apostolic Letter Maximum Illud", in: Ku Weiying 古偉瀛 / Zhao Xiaoyang 赵晓阳 (eds), 基督宗教与近代中国 *Jidu zongjiao yu jindai Zhongguo* [Multi-aspect Studies on Christianity in modern China], Beijing: Social Sciences Academic Press 社会科学文献出版社, 2014, p. 64-87.

Ticozzi, Sergio 田英杰 (P.I.M.E.), "Celso Constantini's Contribution to the Localization

and Inculturation of the Church in China", *Tripod*, 28/148, Spring 2008.

——, "Ending Civil Patronage: The Beginning of a New Era for the Catholic Missions in China, 1926", in: Chu Yik-yi, Cindy (ed.), *Catholicism in China, 1900-Present: The Development of the Chinese Church*, New York: Palgrave Macmillan, 2014, p. 87-104.

Tiedemann, R. Gary 狄德满, *Reference Guide to Christian Missionary Societies in China from the Sixteenth to the Twentieth Century*, Armonk-London: M.E. Sharpe, 2009.

——(ed.), *Handbook of Christianity in China. Volume Two: 1800 to Present*, Leiden-Boston: Brill, 2010.

——, "The Chinese Clergy", in: Tiedemann, R. Gary (ed.), *Handbook of Christianity in China, vol. 2: 1800 to Present*, Leiden-Boston: Brill, 2010, p. 571-586.

——, "Protestant Missionaries", in: Tiedemann, R. Gary (ed.), *Handbook of Christianity in China, vol. 2: 1800 to Present*, Leiden-Boston: Brill, 2010, p. 532-552.

Tingle, Elizabeth C., *Sacred Journeys in the Counter-Reformation: Long-Distance Pilgrimage in Northwest Europe*, Berlin: Medieval Institute Publications, 2020.

Touvet, Chantal, *Histoire des sanctuaires de Lourdes. Volume 1: 1858-1870: les orignes du pèlerinage*, Lourdes: NDL Ediditons, 2007.

——, *Histoire des sanctuaires de Lourdes. Volume 2: 1870-1908: la vocation de la France*, Lourdes: NDL Ediditons, 2008.

Udías, Augustín, *Searching the Heavens and the Earth: The History of Jesuit Observatories* (Astrophysics and Space Science Library 286), Dordrecht-Boston-London: Kluwer, 2003.

Van Hecken, Joseph 贺歌南 (C.I.C.M.), "Alphonse Frédéric De Moerloose C.I.C.M. (1858-1932) et son œuvre d'architecte en Chine", *Neue Zeitschrift für Missionswissenschaft / Nouvelle Revue de science missionnaire*, 24/3, 1968, p. 161-178.

Van Loo, Anne (ed.), *Dictionnaire de l'Architecture en Belgique de 1830 à nos jours*, Antwerp: Mercator Fonds, 2003.

Vandeperre, Nathalie, "A King's Dream: The Museums of the Far East and their Collections", *Arts of Asia*, 42/4, 2012, p. 61-73.

Verhelst, Daniel / Pycke, Nestor (eds), *C.I.C.M. Missionaries Past and Present 1862-1987. History of the Congregation of the Immaculate Heart of Mary (Scheut/Missionhurst)*, Leuven: Leuven University Press, 1995.

Vermander, Benoît 魏明德 (S. J.), "Jesuits and China", *Oxford Handbooks, online publication*, Oxford University Press, 2015 [DOI: 10.1093/oxfordhb/9780199935420.013.53].

Vidal-Casellas, Dolors / Aulet, Silvia / Crous-Costa, Neus (eds), *Tourism, Pilgrimage and Intercultural Dialogue. Interpreting Sacred Stories* (Religious Tourism and Pilgrimage Series), Wallingford-Boston: CAB International, 2019.

Wang Jiyou, Paul, *Le premier concile plénier chinois, Shanghai 1924. Droit canonique missionnaire forgé en Chine*, Paris: Cerf, 2020.

Wang Liangming 王廉明, *Jesuitenerbe in Peking: Sakralbauten und transkulturelle Räume, 1600-1800*, Heidelberg: Universitätsverlag Winter, 2020.

Wang Renfang 王仁芳, "The Evolution of Early T'ou-Sè-Wè Printing House / 早期土山湾印书馆革", in: Song Haojie 宋浩杰 (ed.), 土山湾记忆 *Tushanwan jiyi / Memory of T'ou-Sè-Wè*, 上海: 学林出版社 / Shanghai: Xuelin Press, 2010, p. 120-125.

Wiest, Jean-Paul 魏扬波, "Bringing Christ to the Nations: Shifting Models of Mission among Jesuits in China", *The Catholic Historical Review*, 83/4, 1997, p. 654-681.

——, "La Chine et les Chinois du XIXe siècle vus à travers le Kaléidoscope des 'revenants' de Chang-hai", in: Chen Tsung-ming, Alexandre (ed.), *Le Christianisme en Chine aux XIXe et XXe siècles. Evangélisation et conflits* (Leuven Chinese Studies, 25), Leuven: Ferdinand Verbiest Institute, 2013, p. 47-82.

——, "Les Jésuites français et l'image de la Chine au XIXe siècle", in: Cartier, Michel (ed.), *La Chine entre amour et haine*, Paris: Desclée de Brouwer, 1998, p. 283-308.

——, "Marian Devotion and the Development of a Chinese Christian Art During the Last 150 Years", in: Ku Weiying 古伟瀛 / Zhao Xiaoyang 赵晓阳 (eds), 基督宗教与近代中国 *Jidu zongjiao yu jindai Zhongguo* [Multi-aspect Studies on Christianity in modern China], Beijing: Social Sciences Academic Press 社会科学文献出版社, 2014, p. 187-221.

Wu Jiang 伍江, 上海百年建筑史 1840-1949 / Shanghai bainian jianzhushi [A History of Shanghai Architecture 1840-1949], 2nd edition, Shanghai: Tongji University

Press, 2008.

Xu Xiaoqun 徐小群, "The Dilemma of Accommodation : Reconciling Christianity and Chinese Culture in the 1920s", *The Historian*, 60/1, 1997, 21-38.

Yashuda, Shin / Raj, Razaq / Griffin, Kevin (eds), *Religious Tourism in Asia. Tradition and Change through Case Studies and Narratives* (Religious Tourism and Pilgrimage Series), Wallingford-Boston: CAB International, 2018.

Young, Ernest P., *Ecclesiastical Colony. China's Catholic Church and the French Religious Protectorate*, Oxford: Oxford University Press, 2013.

Yü Chün-fang 于君方, "Feminine Images of Kuan-Yin in Post-T'ang China", *Journal of Chinese Religions*, 18/1, 1990, p. 61-89.

——, *Kuan-yin: The Chinese Transformation of Avalokitesvara*, New York: Columbia University Press, 2001.

Zeng Xiang-wei 曾祥谓 / Xie Jin-zhong 谢锦忠 / Zhu Chun-ling 朱春玲 / Sun Hai-jing 孙海菁 / Wang Rui 王锐,《上海佘山国家森林公园主要森林群落的结构特征和植物多样性》Shanghai Sheshan guojia senlin gongyuan zhuyao senlin qunluo de jiegou tezheng he zhiwu duoyang xing [Characteristics of Structure and Plant Species Diversity of Main Forest Communities in Sheshan National Forest Park in Shanghai], 林业科学研究 *Linye kexue yanjiu* [Forest Research], 23/3, 2010, p. 375-381.

Zhang Xiaoyi 张晓依,《那些被淡忘的灵魂——土山湾印书馆之历任负责人》, in: Song Haojie 宋浩杰 (ed.), 土山湾记忆 *Tushanwan jiyi / Memory of T'ou-Sè-Wè*, 上海: 学林出版社 / Shanghai: Xuelin Press, 2010, p. 184-185.

Zhang Xiaoyi 张晓依, "Those Souls which Fade from the Memory: Successive Leaders of T'ou-Sè-Wè Printing House", in: Song Haojie 宋浩杰 (ed.), 土山湾记忆 *Tushanwan jiyi / Memory of T'ou-Sè-Wè*, 上海: 学林出版社 / Shanghai: Xuelin Press, 2010 p. 186-189.

Zhang Wei 張偉 / Zhang Xiaoyi 張曉依, 土山灣: 中國近代文明的搖籃, *Tushanwan: zhongguo jindai wenming de yaolan* [Tushanwan: the cradle of modern civilisation], Taipei: Xiuwei zixun keji, 2012.

Zheng Shiling 郑时龄, 上海近代建筑风格 *Shanghai jindai jianzhu fengge* [The Evolution of Shanghai Architecture in Modern Times], new edition, Shanghai: Tongji University Press, 2020.

Zheng Yangwen 鄭揚文 (ed.), *Sinicizing Christianity* (Studies in Christian Mission 49), Leiden-Boston: Brill, 2017.

Zhou Jin 周进, *Shanghai Church* / 上海教堂建筑底图, Shanghai: Tongji University Press, 2014.

Zhu Jianfei, *Architecture of Modern China. A Historical Critique*, Abingdon: Routledge, 2009.

4. 网络资源和数据库

On architect Dowdall: http://www.scottisharchitects.org.uk/architect_full.php?id=203385

Shanghai catholique, map published by the Jesuits in 1933, online: http://www.virtualshanghai.net/Asset/Preview/vcMap_ID-136_No-1.jpeg

Domus Ecclesiae. Norms for the Granting of the Title of Minor Basilica. Congreagation for Divine Worship and the Discipline of the Sacraments, November 9, 1989, online: https://www.usccb.org/committees/divine-worship/policies/minor-basilica

The Hierarchy of the Catholic Church https://www.catholic-hierarchy.org/

http://www.flysfo.com/museum/exhibitions/tushanwan-pagodas-models-1915-panama-pacific-international-exposition

Dictionnaire des élèves architectes de l'École des Beaux-Arts (1800-1968) – INHA , http://agorha.inha.fr/inhaprod/servlet/LoginServlet

附录三

索引

1. 人名

2. 地名

图书在版编目（CIP）数据

佘山教堂寻踪 : 朝圣建筑和历史图景 / (比) 高曼士 (Thomas Coomans) 著 ; 田炜帅, 任轶译. -- 上海 : 同济大学出版社, 2023.5

（开放的上海城市建筑史丛书 / 卢永毅主编 ; 3）

ISBN 978-7-5765-0816-1

Ⅰ. ①佘… Ⅱ. ①高… ②田… ③任… Ⅲ. ①教堂 - 宗教建筑 - 介绍 - 上海 Ⅳ. ①TU252

中国国家版本馆 CIP 数据核字 (2023) 第 066367 号

上海市高校服务国家重大战略出版工程入选项目

佘山教堂寻踪
朝圣建筑和历史图景

[比] 高曼士（Thomas Coomans） 著

田炜帅　任轶　译

出版人 : 金英伟

策划 : 秦蕾 / 群岛工作室

责任编辑 : 李争

责任校对 : 徐逢乔

平面设计 : 付超

丛书封面概念 : 胡佳颖

版次 : 2023 年 5 月第 1 版

印次 : 2023 年 5 月第 1 次印刷

印刷 : 上海雅昌艺术印刷有限公司

开本 : 710mm×1000mm　1/16

印张 : 19

字数 : 380 000

书号 : ISBN 978-7-5765-0816-1

定价 : 128.00 元

出版发行 : 同济大学出版社

地址 : 上海市杨浦区四平路 1239 号

邮政编码 : 200092

网址 : http://www.tongjipress.com.cn

经销 : 全国各地新华书店

luminocity.cn

"光明城" 是同济大学出版社城市、建筑、设计专业出版品牌，致力以更新的出版理念、更敏锐的视角、更积极的态度，回应今天中国城市、建筑与设计领域的问题。